现代农业技术丛书·畜禽养殖系列

肉羊场标准化示范技术

权 凯 魏红芳 编著

河南科学技术出版社

·郑州·

图书在版编目（CIP）数据

肉羊场标准化示范技术/权凯，魏红芳编著.—郑州：河南
科学技术出版社，2014.10

（现代农业技术丛书·畜禽养殖系列）

ISBN 978 - 7 - 5349 - 7120 - 4

Ⅰ.①肉…　Ⅱ.①权…②魏…　Ⅲ.①肉用羊 - 饲养管理　Ⅳ.①S826.9

中国版本图书馆 CIP 数据核字（2014）第 212267 号

出版发行：河南科学技术出版社
地址：郑州市经五路66号　邮编：450002
电话：（0371）65737028　65788613
网址：www.hnstp.cn

策划编辑：杨秀芳　申卫娟
责任编辑：申卫娟
责任校对：李振方
封面设计：张　伟
版式设计：栾亚平
责任印制：张　巍
印　　刷：郑州龙洋印务有限公司
经　　销：全国新华书店
幅面尺寸：140 mm×202 mm　印张：12.5　彩插：11　字数：320千字
版　　次：2014年10月第1版　2014年10月第1次印刷
定　　价：25.00元

如发现印、装质量问题，影响阅读，请与出版社联系并调换。

前　言

　　羊是以食草为主的复胃动物，胃肠发达，采食植物的种类较多，具有适应性强，耐粗饲、耐渴、耐寒，抗病能力强等特点。羊全身都是宝，其毛皮可制成多种毛织品和皮革制品；羊肉肉质细嫩，容易消化，高蛋白，低脂肪，含磷脂多，胆固醇含量少，是绿色畜产品的首选；羊血、羊骨、羊肝、羊奶、羊胆等可用于多种疾病的治疗，具有较高的药用价值。

　　中国的养羊历史悠久，原始社会人类从渔猎生产方式逐渐过渡到畜牧生产方式首先是从养羊开始的，早在5 000年以前，野生绵羊和山羊已被驯化为家畜，为人们提供肉、奶、毛、皮等生活资料。由于各种原因，近代中国养羊业远远落后于欧美，甚至落后于南美、非洲等。现代化、工厂化养羊，是中国养羊必须要经历的一条路。工厂化养羊，不仅要有现代化的人才，也要充分利用现代化设施设备，借鉴猪、鸡、牛等养殖模式，结合羊的生理特点，减少劳动力使用，实现现代化的饲养和管理。充分利用现代化技术体系，加速肉羊养殖模式的转变。现代化企业的经营理念是发展现代肉羊养殖的前提，要以现代化企业的经营理念去经营肉羊产业。因此，要改变传统的养殖模式，需要"解放思想、创新观念"，实现技术创新、思想创新、价值创新、管理创新。同时，要充分利用当地资源，结合羊的生理特点，充分利用现代化饲料生产加工设备。

针对我国目前养羊场经营管理模式落后，养殖户对相关知识技术了解掌握不足，养殖技术人员缺乏，基础环节薄弱等问题，编者根据养羊生产实际和对现代羊产业发展及相关政策、法规的理解，编写本书。内容包括肉羊的品种、肉羊场建设规划、肉羊繁殖技术、肉羊的营养与饲料、肉羊的饲养管理及肉羊常见病防治技术等。本书力求内容丰富、技术实用，可操作性强。本书可供基层畜牧兽医科技人员、养羊企业和养羊从业人员参考。

　　由于编者的水平所限，书中若有不当和错漏之处，诚望批评指正。

编者

2013 年 12 月

目　录

第一章　了解肉羊

肉羊包括绵羊和山羊，属哺乳纲、偶蹄目、牛科、羊亚科，羊为六畜之一。羊是纯食草动物，羊肉肉质细嫩，容易消化，高蛋白，低脂肪，含磷脂多，胆固醇含量少，是绿色畜产品的首选。

一、肉羊的生物学特性

肉羊属于食草反刍家畜，绵羊和山羊有很多相似的生物学特性，但也有一些差别，总的说来，相同点多于相异点。

（一）行为特点

绵羊性情温顺，行动较迟缓，缺乏自卫能力，合群性较强，警觉机灵，觅食力强，适应性广，全身覆盖毛绒，属沉静型小型反刍动物。山羊则勇敢活泼，动作灵活，合群性不及绵羊，善于攀登陡峭的山岩，有一定抵御兽害的能力。山羊比绵羊分布广，适应性更强，其被毛较稀短，多为发毛，较绵羊耐热、耐湿而不耐寒，属活泼型小型反刍动物。

（二）生活习性

1. 采食力强，利用饲料广泛　绵羊和山羊具有薄而灵活的嘴唇和锋利的牙齿，能啃食短草，采食能力强。嘴较窄，喜食细叶小草，如羊茅和灌木嫩枝等。四肢强健有力，蹄质坚硬，能边行走边采食。能利用的饲草饲料广泛，包括多种牧草、灌木、农副产品以及禾谷类籽实等。

2. 合群性强 羊的合群性强于其他家畜，绵羊又强于山羊，地方品种强于培育品种，毛用品种强于肉用品种。驱赶时，只要有"头羊"带头，其他羊只就会紧紧跟随，如进出羊圈、放牧、起卧、过河、过桥或通过狭窄处等。羊的合群性有利于放牧管理，但羊群之间距离太近时，往往容易混群。

3. 喜干燥、怕湿热 羊喜干燥，最怕潮湿的环境。放牧地和栖息场所都以高燥为宜。潮湿环境易感染各种疾病，特别是肺炎、寄生虫病和腐蹄病，也会使羊毛品质降低。山羊比绵羊更喜干燥，对高温、高湿环境适应性明显高于绵羊。绵羊因品种不同对潮湿环境的适应性也不同，细毛羊喜欢温暖、干旱、半干旱的气候条件，肉用羊和肉毛兼用羊则喜欢湿润、温暖的气候。

4. 爱清洁 羊遇到有异味、污染、沾有粪便或腐败的饲料和饮水，甚至自己踩踏过的饲草，宁可忍饥挨饿也不食用。因此，舍饲的羊要有草架、料槽、水槽要清洁，饮水要勤换，放牧草场要定期更换，实行轮牧。

5. 性情温顺，胆小易惊 绵羊、山羊性情温顺，胆小，自卫能力差，突然受到惊吓，容易"炸群"。所以，要加强放牧管理，保持羊群安静。

6. 母性强 羊的嗅觉灵敏，母羊主要凭嗅觉鉴别自己的羔羊，视觉和听觉起辅助作用。羔羊出生后与母羊接触几分钟，母羊就能通过嗅觉鉴别出自己的羔羊，在大群的情况下，母仔也能准确相识，利用这一特点可解决孤羔代乳的问题。

7. 抗病力强 羊对疫病的耐受力比较强，在发病初期或遇小病时，往往不像其他家畜表现那么敏感。

8. 善游走 绵羊、山羊均善游走，有很好的放牧性能。但由于品种、年龄及放牧地的不同，也有差别。地方品种比培育品种游走距离大；肉用羊、奶用羊比其他羊游走距离小；年龄小的和年龄大的比壮年羊游走距离小；在山区游走比平地上的距离小。在游牧地区，从春季草场至夏季草场的距离有 200 千米以上，羊群都能顺利进行转移。

（三）适应性

喜干厌湿，羊宜在干燥通风的地方采食和卧息，湿热、湿冷的棚圈和低湿草场对羊不利。我国北方宜多在舍内勤换垫土，以保持圈舍干燥。羊蹄虽已角质化，但遇潮湿易变软，行走硬地，易磨露蹄底，影响放牧。绵羊蹄叉之间有一趾腺，易被淤泥堵塞而引起发炎，导致跛行。不同品种的绵羊对潮湿气候的适应性也不一样，细毛羊喜欢温暖干燥、半干燥的气候，而肉用羊和肉毛兼用羊喜温暖湿润、全年温差不大的气候。

怕热耐寒，绵羊全身披覆羊毛较长且密，能更好地保温抗寒，但在炎夏时，羊体内的热量不易散发，出现呼吸紧迫，心率加快，并相互抵头于他羊的腹下簇拥在一起，呼呼气喘，俗称"扎窝子"，尤其细毛羊最为严重，这样就须每隔半小时轰动驱散一次，以免发生"热射病"。由于绵羊不怕冷，在气候适当季节，羊只喜露宿舍外，群众把这种羊在露天过夜的方式叫"晾羊"。一般山羊比绵羊耐热而较怕冷，原因是山羊体较轻小，毛粗短，皮下脂肪少，散热性好，因此，当绵羊扎窝子时，山羊则行动如常。

（四）耐饿耐渴

肉羊抗灾度荒能力很强，在绝食绝水的情况下，可存活 30 天以上。

（五）喜净厌污

羊的嗅觉灵敏，食性清洁，绵羊、山羊都喜欢干净的水、草和用具等，对污浊的水、霉烂或被其他牲畜及自身踩踏过的草拒食，因此，应设置草架投喂。喂料时，可把长草切短些，拌料喂给，以免浪费。羊喜饮清洁的流水和井水，一般习惯在熟悉的地方饮水。如果放牧时间过长，羊饥渴时也会喝污水，这时应加以控制，以免感染寄生虫病，故在放牧前后，应让羊饮足水。

（六）繁殖力高

肉用品种羊多四季发情，常年配种多胎多产，高繁殖力是它兼有的优良特性之一。中国大尾寒羊、小尾寒羊、湖羊以及山羊中的济宁青山羊、成都麻羊、陕南白山羊等母羊都是常年发情，一胎多产，最高一胎产 7 ~ 8 只羔羊。多年来，小尾寒羊常是父配女、母子交配，虽高度近交，却很少发生严重的近亲弊病。

二、肉羊的生长发育规律

（一）体重增长规律

生产上一般以初生重、断奶重、屠宰活重以及平均日增重反映羊的体重增长及发育状况。体重增长受遗传基础和饲养管理两方面因素的影响，增重为高遗传力性状，是选种的主要指标之一。

1. 胎儿期（妊娠期）　在妊娠初期，即母羊怀孕的前 2 个月，胎儿生长发育缓慢，以后逐渐加快。维持生命活动的重要器官如头部、四肢等的发育较早，而肌肉、脂肪发育较迟。羔羊的初生重与断奶重呈正相关，因此，在妊娠后期应供给母羊充足的养分。

2. 哺乳期（出生至断奶）　体重占成年体重的 28% 左右，是羊一生中生长发育的重要阶段，也是定向培育的关键时期。此阶段增重的顺序是内脏→骨骼→肌肉→脂肪，体重随年龄的增长而迅速增长。羊从初生重 3.1 千克左右，增长到断奶重 9.6 千克左右。

3. 幼年期（断奶至配种前）　体重占成年体重的 70% 左右，这一阶段性发育已趋于成熟，但仍是羊增重最快的阶段，日增重为 180 克左右。增重的顺序为生殖系统→内脏→肌肉→骨骼→脂肪。

4. 青年期（12~24 月龄） 青年羊体重占成年羊体重的 85% 左右。这个时期，羊的生长发育接近成熟，体形基本定型，生殖器官已发育完善，绝对增重达到高峰，随后增重缓慢。增重的顺序是肌肉→脂肪→骨骼→生殖器官→内脏。

5. 成年期（24 月龄至 6 岁） 这一阶段的前期，羊的体重还会有缓慢的上升，48 月龄后增长基本停滞。此期增重的主要是脂肪。

（二）体组织的生长发育规律

1. 骨骼的生长发育规律 羊在出生后体形及各部位的比例都会发生很大的变化。这种变化主要是躯体各部位骨骼的生长变化引起的。羊在胚胎期，生长速度最快的骨骼是四肢骨，主轴骨生长较慢；出生以后则相反，主轴骨生长加快，四肢骨生长缓慢。就体躯部位而言，出生时头和四肢发育快，躯干较短而浅，腿部发育差；生后首先是体高和体长增加，其后是深度和宽度增加，二者有规律地更替。刚出生的羔羊骨骼已经能够负担整个体重，四肢的相对长度高于成年羊，以保证随母羊哺乳。

2. 肌肉的生长发育规律 肌肉的生长主要是肌纤维体积增大、增粗，因此，随羔羊年龄增大，肉质的纹理变粗。初生羔羊肌肉生长速度快于骨骼，体重逐渐增加。

3. 脂肪的沉积规律 脂肪在羊体生长过程中的作用主要是保护关节的润滑、保护神经和血管及储存能量。从初生到 12 月龄，脂肪沉积缓慢，但仍稍快于骨骼，以后逐渐加快。其中，肠系膜脂肪首先沉积，其次是皮下，最后沉积肌间脂肪和肌内脂肪，使肉质变嫩，并呈现出一定的风味。

（三）组织器官的生长发育规律

羊的组织器官生长发育也具有不均衡性，不同组织器官的生长速度是不相同的。皮肤和肌肉无论在胚胎期还是生后期，生长强度都占优势，脂肪组织在生长后期才加快生长。脂肪沉积的部位也随年龄不同而有区别，一般先储存在内脏器官附近，其次在肌肉之间，继而在皮下，最后储积于肌肉纤维中，形成肌肉大理石纹。

羊各器官生长发育的迟早和快慢，主要取决于该器官的来源及其形成时间。在个体发育中出现较早而结束较晚的器官，生长发育较缓慢，如脑和神经系统；相反凡出现较晚的器官，它们的生长发育则较快，结束也较早，如生殖器官。

（四）补偿生长发育规律

羊遭受长时间的营养限制后，解除营养限制，饲喂营养丰富的饲料，生长速度要比未遭受营养限制的同龄羊或同体重的羊快，此现象称为补偿生长。在生产实践中，营养限制有两种情况：一是由于客观条件所限，如冬季草料不足及长期缺乏优质饲草而引起的营养限制；二是在条件许可的育肥场，在羔羊阶段进行限制性生长，以降低饲养成本，并在以后获得补偿生长。但是，值得注意的是，羊在生命早期（如胎儿期、哺乳期）遭受营养限制后，则难以进行补偿生长。

（五）体组织的化学组成

羊体组织的常规化学成分主要有水、蛋白质、脂肪等物质。各成分的相对含量与羊的生长阶段、肥育程度有关。羔羊比老龄羊含水量高、脂肪含量少；较肥的羊脂肪含量高，蛋白质和水分含量低。

肌肉中同样含有水分、蛋白质和脂肪，但脂肪含量较低。肌肉中脂肪的含量与皮下脂肪、肠系膜脂肪和腹脂肪含量呈正相关。

第二章　肉羊产业特点

肉羊养殖应该以肉羊为根本、以市场为导向、以饲料为基础、以技术为保证、以资金为后盾、以效益为中心，建立一套完善的现代化企业的经营管理模式。

一、肉羊养殖现状

羊具有食谱广泛、繁殖率高、适应性强、易管理等特点。20世纪50年代前，国外养羊业一般以饲养毛用羊为主，肉用羊为辅，即"毛主肉从"。50年代以后，随着化纤合成工业和服装业的飞速发展，羊毛在纺织工业中的比重逐渐下降，毛用羊的饲养受到了很大冲击。同时，由于人民生活水平的提高及自身保健意识的增强，人类对羊肉的需求量逐年增加，羊肉的生产效益远高于羊毛生产。因此，国外养羊业的发展逐渐由毛用型转向了肉用型。而全球羊肉消费的巨大需求，也必将促使羊生产迅速发展。随着我国西部大开发战略的实施、退耕还林还草工程的整体推进，羊肉越来越受到人们的喜欢，农区肉羊养殖迎来了良好的发展机遇。

（一）世界养羊业现状

1. 羊肉需求缺口大　世界羊肉产量增长迅速。随着世界经济的发展和人类膳食结构的改变，国际市场对羊肉需求量逐年增加，使得羊肉产量持续增长。据统计，1969~1970年，全世界生产羊肉 727.2 万吨，2002 年增加到 1 162.3 万吨。

但同其他肉类消费相比，全球人均羊肉的消费量依然很低，仅为 2 千克/年。年产羊肉 50 万吨以上的国家依次是中国、印度、澳大利亚、新西兰和巴基斯坦，这些国家羊肉产量占世界总产量的 48.1%。在过去的十多年中，羊肉生产呈现由发达国家向发展中国家转移的趋势，与 1990 年产量相比，发达国家的产量下降了 20%，而发展中国家的产量上升了 43%，使发展中国家的份额由 58% 上升到 71%。

2. 羔羊肉消费加快　世界各国重视肉羊生产，尤其是羔羊肉的消费需求增加更快。为顺应日益增长的国际市场需求，英国、法国、美国、新西兰等养羊大国现今养羊业主体已变为肉用羊的生产，历来以产毛为主的澳大利亚、阿根廷等国，其肉羊生产也居重要地位。世界养羊业出现了由毛用转向肉毛兼用甚至肉用的趋势，一些国家将养羊业的重点转移到羊肉生产上，用先进的科学技术建立起自己的羊肉生产体系。

由于羔羊生后最初几个月生长快、饲料报酬高，生产羔羊肉的成本较低，同时羔羊肉具有瘦肉多、脂肪少、味美、鲜嫩、易消化等特点，一些养羊比较发达的国家都开始进行肥羔生产，并已发展到专业化生产程度。

3. 重视科学、环保养殖　重视科学研究，绿色环保型羊肉备受消费者青睐。羊肉是世界公认的高档食品，国际贸易中价格较高，兽药和饲料添加剂使用少、使用时间短，没有有害物质残留；在草原上自由运动，自然生长的肉羊是真正的纯天然绿色食品，具备产品竞争优势，深受消费者青睐。

4. 肉羊品种良种化　世界肉羊品种良种化，杂交繁育发展迅猛。世界各国重视新的高产优质肉羊培育。新西兰是著名的肉羊业发达的国家之一，牧草终年繁茂，有"草地羊国"之称。美国的养羊业也是以生产羊肉为主，他们将萨福克羊作为肉羊的终端品种，重点生产羔羊肉。这两个国家羔羊肉的生产都占羊肉生产比例的90%以上，而英国是30多个肉用绵羊品种的育成地，这些绵羊品种对世界各国肉羊业的发展有很大影响。羊肉是英国养羊业的主产品，约占养羊业产值的85%。近年来，英国又培育出了新的肉羊品种，考勃来羊的育成是英国养羊业的一个重大突破。在羔羊生产方面，英国在山区利用山地品种羊纯繁，母羊育成后转到平原地区与早熟公羊品种杂交，其后代公羔用于羔羊生产，母羔转回再用早熟品种做终端品种进行杂交，获得了很高的经济效益。

这些新品种的主要特点是经济早熟，产肉性能好，繁殖力高，全年发情、配种与产羔，遗传性稳定，适应性强等，主要有夏洛莱羊、剑桥羊、波利特羊、阿尔科特羊、南江黄羊等。杂交繁育已成为获取量多、质优和高效生产羊肉的主要手段，多数国家的绵羊肉生产以三元杂交为主，终端品种多用萨福克羊、无角或有角陶赛特羊、汉普夏羊等；山羊肉生产以二元杂交为主，终端品种多用波尔山羊、简那巴利羊、纽宾羊等。

这些模式既充分利用了地区资源条件，又利用了杂种优势，给中国的养羊业提供了有益的启示。

5. 现代标准化肉羊养殖快速发展 就目前农区养羊的总体情况来看，肉羊业尚处于发展初期。农民自养绵、山羊仍占较大比重。长期以来主要是利用淘汰老残羊和去势公羊生产羊肉。其特点是规模小，饲养管理粗放，经营方式落后，生产水平低，远远不能满足市场的需求。而舍饲羊即将羊群置于圈舍进行人工饲养，是由传统养羊方式向现代化、集约化养羊发展的重要转变。其优点不仅表现在可以充分利用本地的良种繁育、杂种优势、配合饲料、疫病防治等科学技术，还表现在舍饲比放牧可平均减少维持消耗25%（放牧羊只的行进、爬高等），增加收入20%～30%。英国是世界养羊生产水平最高的国家之一，近年来，也积极提倡"零牧制度"，推广舍饲养羊。可见，舍饲养羊是养羊业的发展趋势。

（二）中国养羊业现状

肉羊业是畜牧业的重要组成部分。在世界肉羊业迅猛发展的今天，中国肉羊业也取得了长足的发展，养殖方式进一步转变，生产水平不断提高，饲养量和产量持续快速增长。随着产业结构调整步伐的加快，肉羊业比重不断增加，已成为推动中国农村经济发展的重要产业。2003 年，国家发布了《肉牛肉羊优势区域发展规划（2003～2007 年)》，划定了中国 61 个县，4 个肉羊发展优势区域，对推动优势区域肉羊业全面发展起到了积极的引导作用。

1. 羊肉消费持续增加　长期以来，中国肉类产品市场消费结构中，猪肉比重较大，羊肉所占比重仅为 5.5%。随着中国城乡居民收入水平的不断提高，消费观念逐步转变，羊肉消费量呈上升趋势。据国家统计局资料，2002 年中国人均家庭消费羊肉0.79 千克，到 2007 年上升到 1.06 千克，年均递增约 6%。按这一趋势外推，预计 2015 年中国家庭人均消费水平将达到 1.69 千克，按 13.7 亿人口估测，届时中国羊肉家庭消费需求量将达231.5 万吨，再加上无法精确统计的户外消费部分，羊肉需求量更大。

2. 良种肉羊备受青睐　在引进肉羊良种、加强肉羊原种场、繁育场建设的基础上，杂交改良步伐加快，肉羊良种供种能力明显提高，无角陶赛特、德国肉用美利奴、波尔山羊等良种肉羊开始大面积用于生产实际。

3. 农区肉羊养殖步伐加快　牧区广泛推行草原牧区禁牧、休牧、轮牧等草原生态保护建设措施，肉羊饲养由粗放放牧方式逐步向舍饲和半舍饲转变；农区半农区着重推广肉羊科学饲养管理技术，由饲喂单一饲料逐步向饲喂配合饲料转变，反刍配合饲料使用量逐步提高。通过良种良法相配套，改变了肉羊饲养多年出栏的传统习惯，羔羊当年育肥出栏比例由 2002 年的 20% 左右提高到 35%，出栏肉羊平均胴体重提高到 15.5 千克，瘦肉率明显提高，羊肉品质明显改善。

4. 养羊模式正在改变 养羊模式正在从传统养殖朝科学化、合理化到标准化转变。中国是世界上养羊历史最为悠久的国家，原始社会人类从渔猎生产方式逐渐过渡到畜牧生产方式首先是从养羊开始的，早在 5 000 年以前，野生绵羊和山羊已被驯化为家畜，为人们提供肉、奶、毛、皮等生活资料，后魏时期已有羊的繁殖、疾病治疗等方面的记载。

世界进入工业革命以后，西方等发达国家首先将工业化技术以及机械等与养羊业相结合，在养殖模式上，也从单一的放牧形式向集约化、规模化转变，使得发达国家的养羊业取得了快速的发展。进入 20 世纪后期，绿色、健康食品开始快速发展，养羊业又开始从追求标准化，从单一追求数量开始朝数量、质量和生态效益并重的方向发展。

由于历史原因，中国近代的养羊业远远落后于世界其他国家，限制了中国羊业产业化发展。目前，中国在养羊的技术领域取得了快速的进展，但中国 98% 的养羊模式还停留在 5 000 年前老祖宗的放养形式。同时，中国羊业不同程度地存在种羊质量和肉、毛、绒、皮等产品市场不稳，科技开发、推广滞后，疫病防治难，繁殖障碍，行业无序竞争等问题，严重阻碍了行业的发展。

近年来，国内外羊肉市场发生了一些变化，为肉羊产业的发展提供了巨大空间，由于市场对羊毛和羊肉的需求关系发生了变化，养羊业由毛用为主转向肉毛兼用，进而发展到肉羊为主，肉羊生产发展迅速。尤其随着国家西部大开发战略的实施、退耕还林还草工程的整体推进、畜牧业结构的不断调整优化以及人们膳食结构的改变，农区养羊将迎来良好的发展机遇。目前肉羊在养殖业中经济效益突出，增长势头迅猛，将有新一轮的发展空间，农区肉羊生产也将呈现快速发展势头，逐渐成为农区小康建设的重点产业和农村经济新的增长点。然而，受根深蒂固的传统放养思想的限制，中国肉羊的标准化养殖还处在很落后的状态，相比较猪、鸡等的现状，落后至少在 10 年以上。另外，也存在着对养羊的相关知识技术了解掌握不足，养殖技术人员缺乏，基础环节薄弱等问题。

二、中国肉羊产业发展中所存在的主要问题

（一）肉羊产业经济发展中所存在的主要问题

1. 肉羊生产过于分散、单位规模较小、生产方式仍显落后

我国当前肉羊养殖的主要模式是农户小规模散养（饲养规模在 100 只以下），年出栏量占全国 80% 以上，其中农区一半以上的农户饲养规模在 10 只以下。虽然在现行土地政策条件下，农村劳动力过剩以及农产品生产的相对低效益使农牧户散养肉羊成为增收的重要方式，也就是说这种散养形态有其经济合理性；而自给型的饲料资源及经营上的灵活性使这种模式的长期存在成为可能，有着技术与经济上的合理性。但这种千家万户式分散饲养，受资金约束不能形成规模，小生产与大市场的矛盾突出。这种生产方式既给重大疫病防治和畜产品质量安全提高带来巨大隐患，也严重影响着畜禽良种、动物营养等先进肉羊生产技术的推广普及，表现为肉羊良种化程度不高、羊肉生产时间长、商品率低、饲养成本高、个体胴体重小、羊肉品质较差、出口量少。因此，近年来我国肉羊业在有些地方出现萎缩趋势，品种良种化程度低，生产力水平不高，与养猪业、奶牛业、肉牛业、养禽业相比，肉羊业发展后劲和比较效益明显下降，养羊的机会成本增加。

2. 肉羊产业发展日益受到资源、环境的约束　作为畜牧业中的一个子产业，肉羊产业的发展与资源、环境的承载力密切相关。我国是一个人口大国，人均资源占有率较低，肉羊产业增长首先受到客观资源条件的制约。受国际粮食价格上涨和国内深加工消耗量增加等因素影响，主要饲料原料价格持续高价位运行，供应紧张的状况在短期内难以缓解。虽然与生猪、家禽等耗粮型畜牧业相比，肉羊养殖属于节粮型畜牧业，但一头肉羊一年平均要耗费玉米、豆粕、豆饼等精饲料 32.8 千克，耗费牧草、农作物秸秆等青粗饲料 201.9 千克。同时在我国肉羊养殖的主产区，随着城市化的拉力和农村自身发展的推力，农村青壮年劳动力迅速向非农产业转移，导致肉羊养殖的机会成本增加，发展肉羊养殖的劳动力成本明显加大，无论是规模化养殖场工人及技术人员，还是散户的自身用工折价、工资都有不同程度的提高，养羊人工成本不断增加。受制于现行的土地政策，土地使用权流转的交易成本加大，无论是牧区的草原畜牧业还是农区的耕地畜牧业，土地问题已成为制约加快规模养殖发展的重要因素；由于前期草原畜牧业的过度发展，导致草原沙化严重，承载力严重下降，牧区超载过牧已是普遍现象，因此从可持续发展角度来看，牧区肉羊产业发展从数量上来说不但不能扩大，而且应该削减下来；农区规模化养殖所产生的粪便等废弃物的污染等环境问题已越来越受到社会关注，为了保护环境，各地政府出台了一系列限制政策，制约了肉羊产业的进一步发展。

3. 肉羊的产业化经营水平较低　养羊户与龙头企业缺乏紧密的联结，肉羊生产虽然有向规模化饲养方向发展的趋势，但发展十分缓慢。同时在某些肉羊饲养专业村由于规模过度，出现了疫病暴发、饲草不足、环境污染等问题。近年来在各级政府的支持下，虽然建立了一些养殖小区，但很多养殖小区的经营效益不好。分散的农户养殖仍然是肉羊生产的主体。各地缺乏能够带动养羊户发展的公司与合作社，公司与养羊户之间主要体现为买卖关系，缺乏利益共享机制。一些养羊合作社基本由公司控制，建立合作社常常是公司为了得到政府的补贴，由于没有按照专业合作社的法律要求去做，合作社的作用没有发挥出来，养羊户难以从合作社的发展中得到互助合作的好处。

4. 现代化屠宰加工水平较低，现代加工业常常竞争不过私屠乱宰 肉羊产业的发展有赖于肉羊加工业的发展，但农户的小规模生产、肉羊加工业的原料——专门化肉羊品种的缺乏、优质肥羔供应的严重不足，使加工业"巧妇难为无米之炊"，不仅严重制约了羊肉加工的专业化和规模化，也使现有的规模加工业开工不足、设备闲置，阻碍了优质肉羊生产及其产业的发展。我国一方面肉羊缺乏现代屠宰加工业，另一方面现代肉羊屠宰加工业又普遍开工率不足。其原因首先在于存在着私屠乱宰现象，作坊式屠宰的成本远远低于工厂化屠宰。由于政府监管严重不足，私屠乱宰现象广泛存在，在一般市场上，私屠乱宰凭借成本优势占据主导地位，即在相当大程度上存在着"柠檬市场"。其次是工厂的设计能力远远地超出了可宰羊源，大部分现代屠宰加工企业的生产加工能力只能利用20%～30%。据调查90%的企业没有建立自己的研发机构，企业技术人员不到企业总人数的5%，技术创新能力较弱，现有产品大部分为热鲜肉，占90%以上，冷却肉、调理产品等精深加工产品缺乏，产品普遍存在货架期短、品质不稳定、包装粗糙、质量安全问题突出等。

5. 羊肉及其制品在整个畜产品消费中比例偏低 相关调查研究表明，虽然我国城乡居民在畜产品消费量和支出上差异显著，但消费结构趋同化倾向明显。总体上城乡居民畜产品消费结构呈现出过于向肉类集中，肉类又过于向猪肉集中的"双集中"趋势。通过对我国城镇居民畜产品消费结构变化的量化分析，可以很明显地发现这一趋势。在整个畜产品消费中，从绝对量上

看，猪肉、牛肉、羊肉、禽肉、蛋类和奶制品人均消费量分别由
1992 年的 17.7 千克、2.15 千克、1.56 千克、5.08 千克、9.45
千克和 6.32 千克增加到 2008 年的 19.26 千克、2.22 千克、1.22
千克、8.00 千克、10.74 千克、19.30 千克，增幅为 8.81%、
3.26%、-21.79%、57.48%、13.65%、205.38%，所有的肉
蛋奶的消费量都在增长，唯独羊肉消费由 1992 年的 1.56 千克下
降到 2008 年的 1.22 千克，降幅为 21.79%。从相对指标上看，
猪肉消费比例逐步下降，禽肉、奶类消费比例大幅上升，城镇居
民猪肉消费量占整个畜产品消费比例由 1985 年的 47.49% 下降到
31.71%，禽肉由 9.23% 增长到 13.17%，奶类由 18% 增长到
31.77%。而牛、羊肉分别由 1992 年的 5.08%、3.69% 降到
3.65%、2.01%。虽然猪肉消费比例出现微降，但在整个肉类消
费中猪肉仍占有举足轻重的地位，因此我国居民肉类消费中猪肉
比重偏高，牛、羊肉消费比重明显偏低，这样既不利于居民身体
健康，也加剧了粮食供应压力。

　　牛、羊肉消费份额的偏小对节粮型畜牧业的发展产生了不利
影响，反映到生产上就是与农业发达国家相比，我国畜牧业生产
结构不尽合理且调整缓慢。在我国，"耗粮型"畜禽的生产比重
过高，而"节粮型"草食畜的比重偏低，与发达国家恰好相反。
在 2008 年，我国猪肉占肉类总产量比重高达 63.5%，远高于世
界平均水平 38.8%，禽肉占 21.1%；而草食畜比重却很低，牛
肉比重仅有 8.4%，远低于世界平均水平 26.3%，羊肉比重更
低，只有 5.2%。在粮食安全问题日益突出，城乡居民收入水平
不断提高，对畜产品的需求结构日益多元化的大背景下，这种被
有的学者称之为"粮—猪"结构的生产模式明显与我国的资源
结构和市场需求不相适应。虽然这种发展方式也能带来畜牧业总
产值的快速增长，但这一略显畸形的生产模式显然是不利于我国
畜牧业可持续发展的。

6. 肉羊产业的市场竞争加剧，国际竞争力偏低　我国加入WTO（世界贸易组织）后，肉羊业发展的市场竞争加剧。这主要体现在两个方面：其一，肉羊产业规模的扩大，在生产上受到其他种养业发展的限制，当前我国畜牧业发展中"一猪独大"的局面就是很真实的写照；在消费上特别是在羊肉作为非必需品消费的地区，猪肉、牛肉、禽肉都能对其造成相当大程度的替代。形成这一局面的一个很重要因素就是国家畜牧业发展政策的"生猪偏向"，肉羊产业发展缺少专门的特殊政策，导致肉羊生产的比较效益下降，在同其他种养业的竞争中，比较优势不明显。其二，加入WTO后，我国畜产品市场的逐步放开，国外肉羊发展强国像澳大利亚、新西兰的羊肉产品对我国的羊肉产品在国际、国内两个市场上形成挤压，主要表现为，我国羊肉产品出口额的下降，出口市场的狭小和进口的不断增加，贸易逆差的不断扩大。造成这一局面的根本原因就是我国羊肉产品国际竞争力偏低。通过反映国际竞争力最直接常用的指标国际市场占有率的变化就可以很明显地体现出来，中国作为当前世界上最大的羊肉生产国，在世界羊肉贸易中占的比例非常小，只有不到0.2%的羊肉产量用于出口，从1980年以来占世界出口额的比重一直保持在0.1%~1.6%。相比之下，各自占世界肉羊生产量5%不到的澳大利亚和新西兰，2007年占世界出口额的比重高达25.3%和40.1%，两者合计将近占世界出口总额的2/3。羊肉进入国际市场的难度较大，一是世界贸易量的限制，主要出口国大都是发达国家，竞争力很强；二是我国羊肉质量难以满足多数进口国的要求，主要表现为不能满足卫生及动物检疫标准，其中包括鲜嫩度、卫生保障、疫病控制、兽药残留等。从总体上看，我国羊肉出口产品质量指数总体表现出下降的趋势，从1996年的0.70下降到2007年的0.49，虽然近年来有所回升，但始终在低水平处徘徊，这说明我国羊肉的出口质量竞争力差且出口附加值趋于下降，从质量上看基本不具备国际竞争力；而大洋洲两大羊肉出口国澳大利亚和新西兰的羊肉出口产品质量指数（指一国某种出口产品的单位价格指数）与该国出口商品价格总指数的比率，能够间接反映某一产品出口质量水平的高低。从理论上讲，如果出口产品质量指数呈上升趋势，则表明该产品出口附加值在增长，即在国际市场上的质量竞争力在上升；如果出口产品质量指数呈下降趋势，则表明该产品出口附加值下降，即在国际市场上的质量竞争力在下降。澳大利亚和新西兰羊肉出口产品质量指数从20世纪90年代以来一直趋于稳步上升的态势，尤其是新西兰所有年份均大于1，表现出很强的质量竞争优势。

（二）肉羊育种与繁殖所存在的主要问题

1. 缺乏当家肉羊品种，盲目引种，混乱杂交，引进品种只引不选 目前为止，各地肉羊还是以当地土种羊和杂交羊为主，生产性能低下，专门化的肉羊品种很缺乏，与国外品种有较大的差距，主要表现在体格小、繁殖率低、生长发育速度慢、饲料报酬率低等方面。虽然不少地区利用从国外引进的肉羊品种与本地羊杂交，拟培育地方性肉羊品种，但杂交比较混乱，缺乏有计划的引导。

引入的新品种仅有少数在企业和科研单位进行繁育提纯，而大多数都直接流入市场，品种质量和杂交效果无法进行监测。另外，引入的肉羊品种，由于没有系统的技术指导，养羊户还不能确立科学的杂交组合，形成乱交乱配的混乱局面，甚至出现近交。在种羊育种中普遍存在"重引进，轻选育"现象。

2. 育种工作滞后，育种基础设施薄弱 我国肉羊育种工作不仅落后于发达国家，同时也滞后于我国猪、牛、鸡等畜禽育种。由于育种经费、人力等投入滞后猪、禽等，我国绵、山羊良种化程度依然不高，生产水平高的专门化肉羊品种只是近几年少量从国外引进，杂交利用也仅限于小范围的试验阶段，肉羊生产仍以地方品种或细毛杂种羊为主。我国肉羊生产大多处于偏远、贫困和落后地区，这些地区政府、企业和养羊户都缺乏经济实力，致使种羊场、人工授精站、测定场等基础建设缺乏资金投入，养羊业的配套设施非常落后，使得地方优良品种的改良工作难以启动。

3. 肉羊遗传资源保护和开发利用不够 我国拥有非常丰富的肉羊遗传资源，有些品种不仅具有高繁殖力，还具有肉质优良、抗应激、适应性强等特点。肉羊遗传资源的保护需要政府承担重要的责任，但中央和地方政府并未将此纳入战略保护规划，缺乏资金投入，有些品种处于自生自灭状态。我国还有一些优秀的地方品种，但基本处于只繁不育状态，退化现象严重。

4. 良种繁育体系不健全 良种繁育体系是推广和普及良种的重要载体，在实现良种化的工作中起着十分重要的作用，但从总体上看，我国肉羊良种繁育体系十分不健全。多年来，由于体制、机制、投入、工作等方面的因素，现在全国的许多育种场和扩繁场或名不副实，或倒闭破产，或虽能维持，但处境艰难。育种技术研究课题重复、结构不清。许多基层技术服务推广单位工作条件差，队伍不稳，服务不到位，没有起到应有的作用。

（三）肉羊饲料与营养所存在的主要问题

1. 生产中缺乏肉羊饲养标准和常规饲料的营养参数 肉羊产业正向舍饲、半舍饲、规模化和产业化方向发展，标准化饲养肉羊生产的关键，科学配制饲料是肉羊生产成功的主要因素。目前我国没有自己的肉羊营养需要量标准，导致肉羊饲料的配制无据可依，缺少常用饲料参数，使得在肉羊饲料配制过程中，不知道基础饲料的营养价值，这是饲料配制浪费、成本上升、饲料转化率低的主要原因。饲养标准和营养参数的缺乏在很大程度上制约了肉羊产业的健康发展，建立肉羊饲养标准和常规饲料的营养参数已经到了刻不容缓的地步。

2. 禁牧后舍饲养殖成本增加 随着全国禁牧、休牧制度的实施，肉羊舍饲取代了传统放牧或半放牧养殖方式，导致肉羊产业的饲养投入和养殖成本增加、效益降低，舍饲养羊与养殖成本增加的矛盾导致一些地区肉羊养殖积极性降低、养殖数量下降。

3. 粗饲料加工调制技术亟待改进 粗饲料常为肉羊养殖中的主要饲料，有时是唯一种类。粗饲料常为当地产量高、价格低的农作物秸秆，而秸秆饲料营养价值普遍偏低，表现为适口性差、粗蛋白质含量低、粗纤维含量高、消化率低。很多肉羊养殖者以玉米秸秆作为肉羊的主要粗饲料，在饲喂时，玉米秸秆未经合理加工、粉碎或揉碎，有的甚至未经铡短直接投喂，秸秆利用率低。由于很多地区肉羊养殖的粗饲料品种单一，加之氨化、黄贮等加工调制技术不普及，常发生妊娠母羊流产、羔羊白肌病、初生重偏低等情况，造成肉羊养殖效果差、经济效益低。青贮饲料已经被证明是反刍动物的优质粗饲料，然而在肉羊饲料供给中，青贮饲料很少，青贮质量不高，并且大多为不带穗的玉米秸秆青贮，现代青贮技术没有得到很好的推广。

4. 饲料品种单一，配合不科学 很多肉羊养殖者对肉羊的营养需要缺乏了解，未掌握肉羊日粮配合技术。很多情况下，肉羊日粮中的饲料品种取决于价格和供应量，常出现某一时期仅给肉羊投喂一种饲料，如仅以玉米秸秆或酒糟为唯一饲料的情况，未能根据当地的饲料资源，合理搭配粗饲料、青绿饲料、精饲料、食品工业副产品等，以保证低饲料成本的情况下肉羊营养尽可能全面。

5. 精饲料配方不科学，营养不全面 肉羊精饲料常缺乏科学配方，无法做到科学配制，原料品种单一，配制相对随意，往往根据经验以玉米、麸皮、豆粕为主简单地配制母羊的补饲料和羔羊育肥料。肉羊养殖者，包括一些大型肉羊养殖企业，对肉羊矿物质营养普遍缺乏认识，忽视精饲料中矿物质添加剂的使用。

一些养殖者使用了微量元素预混料，但使用的是奶牛用预混料，甚至是猪用预混料，无法保证精饲料的营养全面与均衡，特别是矿物质营养。肉羊养殖者在饲喂精饲料时，常根据经验投喂，针对不同生理阶段肉羊的精饲料饲喂量也缺乏科学依据。肉羊养殖者往往只配制一种类型的精饲料，对于不同生理阶段的肉羊仅仅是饲喂量不同，忽视了各生理阶段肉羊的营养需要特点，未能针对不同生理阶段肉羊配制相应的精饲料。

6. 羔羊培育技术落后　一些肉羊养殖场忽视羔羊的营养供给和培育。特别是一胎产羔羊，由于母羊泌乳的差异，羔羊的生长速度差别很大，加之缺乏专门化的羔羊代乳粉、开食料，羔羊往往随母羊采食成年羊精饲料，羔羊生长往往受阻，快速生长潜力无法充分发挥，导致断奶体重偏低，羔羊培育效益低下。

（四）肉羊疫病防控所存在的主要问题

1. 部分羊用疫苗无法满足市场需求，出现一"苗"难求的局面　除口蹄疫疫苗能完全满足养羊市场需求外（羊口蹄疫为法定强制免疫），绝大部分动物生物制品企业以追求利润为目的，从市场需求角度出发，很少生产，甚至停止生产羊用疫苗，使得羊用疫苗无法满足市场需求。如对规模化养羊业危害十分严重的羊传染性胸膜肺炎、羊口疮疫苗等市场供应严重短缺。为摆脱这一困境，部分科研单位试图通过"自家组织灭活苗"的方式解决生产实际问题，但是由于相关法律法规要求动物疫苗的市场准入前提必须是"GMP"标准，使得这一想法胎死腹中。于是便出现了有能力生产动物生物制品的企业不生产，而可以解决问题的科研单位"不能"出手相助的尴尬局面。

2. 绝大部分羊病检测试剂严重缺乏　行政主管部门因肉羊养殖数量有限，对羊病重视不够，使得公益性科研资金投入严重不足，针对羊病基础研究的科研力量极为薄弱甚至没有。除口蹄疫有商品化的能进行抗原、抗体检测的试剂盒外，其他羊传染病很少或没有抗原、抗体检测快速诊断试剂盒可以大面积临床使用。即使有些疾病有试剂盒可以使用，但因技术停留在病原分离鉴定等传统检测手段水平，程序复杂而无法大面积临床推广应用。例如目前我国使用的羊布氏杆菌检疫技术，主要为经典的平板凝集试验和试管凝集试验，该方法不能区分疫苗免疫抗体与野毒感染抗体，所以在注射布鲁杆菌病疫苗的地区，普查或监测布病变得十分困难。而布鲁杆菌病流行区必须全面注射布鲁杆菌病疫苗，针对这一情况研制新型、安全、有效疫苗和配套的有鉴别功能的诊断方法，非常必要。同时由于科研经费投入严重不足，使得用来制苗生产的菌（毒）株未能做到"与时俱进"的更新，加上病原体的不断变异，疫苗保护效率有所下降，而及时更新的疫苗株也因经费投入不足，生产工艺流程简陋和疫苗滴度有待提高等因素使疫苗保护效率降低。如笔者在云南调研时发现羊传染性胸膜肺炎灭活疫苗，免疫效果不佳，保护率仅为20%左右。因此针对羊病公益性科研投入，抗原、抗体检测试剂盒研发及应用已经成为制约我国肉羊产业疾病预防和控制的瓶颈。

3. 养殖技术不规范，导致疾病复杂化、常态化 调研组通过走访养殖户（场）发现，几乎所有养殖户均未实行严格的人员出入消毒措施，日常环境消毒和以疾病预防为主的观念很淡薄或没有，认为羊一般无大病。例如调查发现在甘肃省西部地区部分养殖户，甚至个别养殖企业把猪、牛、羊混合饲养；青海牧区的部分养殖户除村级兽医主动上门免疫口蹄疫疫苗外，其他一切疾病顺其自然。

4. 生产经营方式的改变导致疫病流行加剧 肉羊生产由放牧向舍饲，由散养向规模化，由当地生产向异地育肥，由有什么养什么到全国范围内的调种，活羊由场户交易到大规模集市交易的发展变化，加之防疫和检疫不到位，使得羊的疫病流行加剧、危害加重。如在散养中很少发生的羊传染性胸膜肺炎、羊口疮已经成为危害规模化羊场的主要疾病，布鲁杆菌病等传染性疫病在较大范围内发生。

5. 基层兽医技术力量薄弱，羊病诊断技术落后　通过调研发现，基层养殖场（户）无专职兽医。如在山西调查了4个羊场，其中2个羊场没有专职兽医；在宁夏调研时发现，平罗县头闸肉羊繁育中心和金福来10万只肉羊养殖基地两个辐射场均未设置驻场专职兽医。对青海牧区危害严重的寄生虫病，由于基层技术力量薄弱加上无相应的检测试剂盒可以使用，当地兽医技术人员只知道是寄生虫病，但是具体到是哪一种寄生虫并不清楚。调研组在北京地区调研时也发现，羊场流行的寄生虫病危害较为严重，具体病原（虫种）并不知道，盲目使用广谱驱虫药驱虫，虽然当时解决了问题，但是长期下去可能会产生抗药性，使疾病控制复杂化。其他传染病例如羊痘、羊口疮、羊传支、羊衣原体性流产、羊弓形虫病等在本地区或本场是否存在也不十分清楚，日常监测和常见病检查由饲养人员代替，这种状况难免会出现误诊、漏诊等情况，无法保障养羊业的健康发展。

6. 政府补贴力度不够，导致有些疾病难以预防控制　按照相关法律法规的规定，羊口蹄疫、布鲁杆菌病及结核等必须捕杀发病动物和阳性带毒（菌）动物，由于政府出台的相关补贴标准和当时的市场价相差很远，农户（企业）扑杀的积极性不高，甚至为了逃脱扑杀、减小损失而违反法律法规瞒报疫情，即使疫情上报当地政府，由于财政原因，也以"能不扑杀尽量不扑杀"的措施对待。补贴政策不到位使得疫病控制和净化成为纸上谈兵。

三、加快我国肉羊产业发展的政策建议

（一）提高肉羊产业化经营水平

产业化经营是提升肉羊产业发展水平的组织保证。肉羊产业

化经营要以市场为导向，以养羊户经营为基础，以"龙头"组织为依托，以经济效益为中心，以系列化服务为手段，通过实行种养加、产供销、农工商一体化经营，将肉羊再生产过程的产前、产中、产后诸环节联结为一个完整的产业系统，引导分散的养羊户的小生产转变为社会化的大生产。这里有以下几项政策必须正确把握和完善。

1. 肉羊生产要坚持以农户养羊为基础　国内外农业发展的历史证明，农业家庭经营是农业最基本的经营组织形式，这是由农业产业的特点所决定的，我国农村改革开放 30 多年的经验也充分验证了这一点。因此，各级政府对肉羊产业的扶持政策应认真考虑对养羊户的需求。如对养羊户的贴息贷款、良种补贴、机械补贴、圈舍改造补贴、技术培训与指导、市场信息提供等政策措施。支持养羊户对提升我国肉羊产业市场竞争力具有根本性意义，这不仅会全面提高羊肉质量和养羊户的经济效益，而且会提高农副产品与农业剩余劳动力的利用率，因此，具有重要的经济、社会和政治意义。

2. 正确引导肉羊相关公司和专业合作社的发展　实践证明，肉羊相关公司和专业合作社的发展对整个肉羊产业整体实力的提升起到引领作用。目前从事肉羊相关领域的公司主要是品种繁育、饲料加工、肉羊屠宰加工，在这些行业，一般农户缺乏资金、技术支持，而公司可以大有作为。政府对这些公司的支持有助于带动整个肉羊产业的发展，目前政府对其支持不足与支持过度并存。某些羊场和屠宰厂在政府的财政支持下搞得非常大，经营成本高于养羊户，加工能力利用不到 30%，实际上出现了规模不经济。因此，政府对公司的支持要坚持公平性原则、有助于带动养羊户发展的原则。另外，在我国肉羊产业中合作社的发展严重不足，其原因除了肉羊产业本身发展水平较低外，还与政府的法制和政策有关。因此，各级政府对合作社的扶持应该遵照农民专业合作社法，使已建立的合作社能够按照合作社的机制运行、发挥合作社的功能，注重对合作社经营者的培训，注意政策的公平性，避免给钱了事。

3. 加强屠宰加工、质量安全管理和市场流通体系建设 屠宰加工是提高羊肉及其产品质量安全的关键环节之一。但由于政府监管不力，造成很多现代化屠宰场竞争不过私屠滥宰，羊肉及其产品不能够做到优质优价。因此，政府应依法取缔私屠滥宰点，严格执行肉羊屠宰加工标准，提高准入门槛，加强质量安全监管，建立健全各级检疫检验制度，建立有序竞争的规范市场体系。

4. 大力推广肉羊标准化生产 积极发展健康养殖业，引导养殖户转变养殖观念，推进标准化规模养殖。在农区专业养羊户和大型养羊场建立标准化生产体系，并推行标准化生产规程。加快专业化养殖小区建设，在养殖小区突出抓好品种、饲料、防疫、养殖技术和产品等五方面的标准化工作，逐步实现品种良种化、饲养标准化、防疫制度化和产品规格化，促进安全优质羊肉产品生产。在优势区域扶持建立现代肉羊标准化生产示范基地，对示范基地内养殖户建标准化羊舍、青贮窖及其相关设施予以支持。

（二）加强肉羊良种繁育体系建设

1. 科学指导和管理引种 由于我国缺乏优良肉羊品种，随着肉羊产业的发展，引种成为人们的必然选择。但目前引种具有较大的盲目性，并且重复引种，造成了较大的浪费。因此国家应利用专家制订科学的引种规划，通过宏观管理使引种走向健康的发展道路。引种应首先遵循生态条件相似性原则，即注意引入地区的自然生态条件与该品种原产地的自然生态条件相似或差异不大，引种才容易成功，并能较好地发挥生产潜力；其次是社会、经济发展需要的原则，即引种还要考虑社会和经济发展需要，特别要考虑市场需求和经济效益。

2. 大力支持肉羊良种的选育　肉羊良种繁育在肉羊产业发展中起到至关重要的作用，因此通过引进国外优良品种，改进本地品种，培育适合我国的肉羊新品种、新品系。对引进的优良种羊在纯繁选育的基础上通过高科技生物技术（同期发情、胚胎移植等）快速扩繁种羊群，最大限度地为社会提供优良的种羊，同时结合良种繁育技术服务体系建设、冷冻精液配种技术等改良本地绵、山羊，提高其产肉量，改变目前养羊业中存在的良种化程度低、生产水平低的局面，提高养羊业生产效益。广泛开展杂交优势利用，在优势产区二元及三元杂交生产肉羊的基础上，根据不同肉羊优势区域的生态条件和品种资源情况，筛选推广相对稳定优良的杂交组合。肉羊良种需要很长时间的投入，一般企业难以支撑，因此，政府对肉羊育种企业的扶持就成为其能否可持续发展的关键。

3. 加强对现有种羊场的管理　为适应肉羊生产需求，根据国务院《种畜禽管理条例》和农业部《种畜禽管理条例实施细则》，尽快验收、整顿现有种羊场，颁发种畜生产许可证，建立良种登记制度，并要引进良种肉羊，充实良种构成。新建种羊场要严格按照审批程序办理。根据具体情况制订不同品种的种羊内部质量标准，凡不符合种羊质量标准和种畜管理条例的种羊场一律取消其种羊场资格，并加大对种羊管理力度，定期开展种羊生产经营许可证审核、发放工作，确保种羊的质量。对合格种羊场要强化其种羊质量的管理，按照种羊质量标准做好选种、选育工作，杜绝劣质种羊上市，确保为养殖户提供合格种羊。

4. 大力支持肉羊良种推广工作　为了使肉羊良种迅速推广开来，政府可采取以下政策措施：第一，政府通过支持育种企业或事业单位通过人工授精推广良种；第二，通过对农民购买种羊补贴来推广良种（目前国家已出台绵羊种羊补贴政策，建议迅速启动山羊种羊补贴政策);第三,通过支持养羊合作社来提高种羊利用率。

5. 保护、开发和利用地方肉羊品种资源　我国拥有较多的肉羊品种资源,有些品种资源虽然群体较小,但有很多特殊性,政府应通过专家审定,启动肉羊品种资源保护计划,并在保护中加以开发和利用。中央政府和省级政府对此应承担主要责任,并给予持续性的资金支持。中央和省级政府应制定品种繁育的战略规划,大力支持国内地方肉羊品种资源的保护与利用,鼓励和支持优良新品种和新品系的培育。

(三)提高肉羊饲养科学化水平

1. 加快舍饲半舍饲基础设施建设　为改善牧区因超载过牧而恶化的生态环境,增加农牧民收入,应在稳定养殖数量基础上,依靠科技进步,推广舍饲半舍饲养殖,提高生产性能。根据草场面积、草场生产力和季节变化,合理调整载畜量,达到草畜平衡,使草地真正发挥生态和经济双重功能。建议国家出台对实行舍饲半舍饲的、饲养规模较大的养殖户在饲养设施设备建设方面的补贴政策,通过就业培训政策,使牧区过剩的劳动力转移出来,对超载过牧地区实施减少羊只饲养量给予补贴的政策。

2. 推广异地育肥的肉羊养殖模式　为解决禁牧后舍饲养殖成本增加的矛盾,可在农牧交错带推广牧区放牧繁育、农区舍饲育肥的模式,充分利用牧区放牧繁育低成本的优势,将繁育羔羊断奶后转往农区强度育肥。这样一方面可以缓解牧区草场的生态压力,另一方面又可利用羔羊早期生长发育快、饲料报酬高的优势,提高肉羊养殖的经济效益。这种异地育肥方式在河北、山东等省证明是一种成功的区域间优势互补、协调组织羊肉生产的养殖模式。但在异地育肥中需要政府解决的最大问题是肉羊的检疫与防疫,目前处于失控状态。

3. 加强饲料生产与饲草生产基地建设　饲草料是养羊业的

基础，饲草料均衡供应体系是发展现代肉羊产业的物质保障。在肉羊生产向舍饲和半舍饲发展的情况下，要充分利用农作物秸秆，建立专用饲料作物基地，大力推广氨化等粗饲料加工调制技术，开发专用羊饲料及饲料添加剂，改变传统饲料结构。在牧区、半农半牧区推广草地改良、人工种草和草田轮作方式。加快建立现代草产品生产加工示范基地，推动草产品加工业的发展。因此，政府要委托科研单位进行饲养标准、营养与饲料参数、饲料配制技术的研究开发和推广，提高肉羊饲养管理水平。

（四）完善肉羊疫病防控体系

1. 加大羊病科研投入，加快疫苗检测试剂的研发、生产和推广 羊病的基础性研究属于国家公益性事业，政府部门应通过加大科研投入，加快对肉羊产业危害严重疾病的基础性和应用性研究，研制相应的抗原、抗体检测试剂盒，推广试剂盒的临床应用。为羊病的快速诊断和疫苗免疫效果评价以及免疫程序的制定提供有效的、便捷的工具。政府应通过财政补贴或税收优惠政策，调动动物生物制品企业生产羊用疫苗的积极性，满足市场对羊用疫苗的需求，从而为羊病预防和控制提供强大的物质支撑。

2. 组织制定饲养标准和羊病综合防控技术规范，减少疾病的发生和流行 政府应组织制定不同区域、不同饲养模式下肉羊饲养标准和疾病综合防控技术规范，使得肉羊饲养过程统一化、规范化，疾病综合防控标准化，进而减少肉羊疾病的发生和流行。

3. 提高政府扑杀补贴标准，净化危害较为严重的疾病 国内外的疾病防控经验证实，要有效控制一种疫病必须有足够的资金支持。而提高动物扑杀补贴标准，扑杀并无害化处理发病动物和带毒（菌）动物是净化烈性、高度危害性传染病的必要措施。因此，建议政府提高肉羊扑杀补贴标准，为控制、净化严重危害肉羊产业发展的疾病提供资金支持。

4. 增加基层兽医防疫人员数量，提高基层兽医防疫人员业务素质　基层兽医工作者，特别是农村兽医防疫人员和羊场兽医技术人员是肉羊疾病防控的一线工作者，他们人数的增加和业务素质的提高为预防和控制羊病提供了人力保障和技术储备。因此，建议增加农村和羊场兽医防疫人员数量，定期举行培训班提高其疫病防控的业务素质，为肉羊产业疫病防控提供人员储备和基础支撑。

四、农区肉羊产业发展模式

随着经济的发展和人类膳食结构的改变，市场对羊肉需求量逐年增加。但同其他肉类消费相比，人均羊肉的消费量依然很低。中国羊肉消费量呈快速的上升趋势，2002年中国家庭人均消费羊肉0.79千克，2007年为1.06千克，预计2015年中国家庭人均消费水平将达到1.69千克。就河南省而言，年人均消费羊肉每增加1千克，就意味着增加500万只的肉羊饲养数量。因此，羊肉和养羊消费市场空间巨大。

目前，中国的羊肉市场供应整体上仍然以北方牧区和农牧结合区为主体。西部草原存在90%不同程度的退化，载畜过牧严重，草原得不到休养，生产力下降等。国家实施了退耕还林还草的整体推进工程，使传统牧区养羊受到一定制约，原羊肉主产区的商品羊出栏率进一步减少，加速了羊肉的供不应求。按目前发展规模，10年之内羊肉供应依然紧张。相对牧区养羊而言，农区则有着巨大的优势，丰富的品种、优良的饲草资源、适宜的生态环境，另外，交通优势、国家从政策和资金扶持上也给予的重点倾斜等，为农区养羊业的发展提供了有力保障。

从整体来看，发展现代化、规模化养羊，必须从以下几方面着手。

（一）改变传统养羊观念，充分采用现代化、工厂化肉羊养殖模式

大多数人对养羊的第一反应就是放羊，然而，放羊模式从5 000年前到现在始终没有变化，就目前而言，农区肉羊养殖的重点依然是数量，但传统的养殖模式不仅无法形成规模，其经营管理模式很难适应现代化、工厂化养殖要求。因此，必须要以现代化企业的经营理念去经营肉羊产业。

（二）科学合理规划设计羊场

羊场的科学规划设计，是生产出优质肉羊的保证。合理的规划设计可以使建设投资较少、生产流程通畅、劳动效率最高、生产潜力得以发挥、生产成本较低。反之，将导致生产指标无法实现，羊场直接亏损、破产。

1. 羊场场址的选择 选择场址时，既要考虑到有利于肉羊的生产、管理和防疫，同时也要保证当地的生态环境不受影响。

2. 羊场分区要合理 羊场通常分为生活管理区、辅助生产区、生产区和隔离区。生活管理区和辅助生产区应位于场区常年主导风向的上风处和地势较高处，隔离区位于场区常年主导风向的下风处和地势较低处。

3. 羊舍建设科学 羊舍是羊只生活的主要环境之一，羊舍的建设是否利于羊生产需要，在一定程度上成为养羊成败的关键。肉羊舍的规划建设必须结合不同地域和气候环境进行。

第一，要结合当地气候环境，南方地区由于天气较热，肉羊舍建设主要以防暑降温为主，而北方地区则以保温防寒为主；第二，尽量降低建设成本，经济实用；第三，创造有利于肉羊的生产环境；第四，圈舍的结构要有利于防疫；第五，保证人员出入、饲喂羊群、清扫栏圈方便；第六，圈内光线充足、空气流通、羊群居住舒适。同时，主要圈舍应选择南北朝向，后备羊舍、产羔舍、羔羊舍要合理布局，而且要留有一定间距。总之，

羊舍建设要结合当地气候环境条件，最小化成本投资，最大化利于羊的生产。

4. 羊场及羊舍配套设施设备 羊场基础设施的建设必须能够适应集约化、程序化肉羊生产工艺流程的需要和要求，整体规划经济合理，应注重方便、有效和实用，建筑需考虑取材方便、材料和用工的成本等问题；但对必需的设施一定得建，还要便于生产管理，节省财力、物力和人力，尽可能达到高产、优质和高效等目的。尽量为羊只提供一个较适宜的生产环境，使之尽可能避免不良气候等因素的影响。

充分利用现代化器械设备，实现工厂化的生产。例如，羊的饮水，养殖户（场）习惯用水泥砖块砌成的水槽，但在中国大部分地方冬季寒冷，夏季炎热，冬天槽里的水容易结冰上冻，夏季容易污染发霉。在猪、鸡、牛的养殖上，自动饮水嘴、饮水碗早已广泛使用，而羊场却极少使用。羊舍地面、羊床结合自动清粪装置既卫生，又节省劳动力，且成本也较低，但在羊场却很少应用。

（三）积极采用肉羊 TMR 饲养模式

降低成本投入，尤其是饲料成本投入，是实现养种羊盈利的前提。羊用 TMR 饲料（全混合日粮）是指根据羊在不同生长阶段对营养的需要，进行科学调配，将多种饲料原料，包括粗饲料、精饲料及饲料添加剂等成分，用特定设备经粉碎、混匀而制成的全价配合饲料。全混合日粮保证了羊所采食的每一口饲料都具有均衡性的营养。

（四）提高母羊繁殖率和羔羊成活率

提高繁殖，增加年产羔数和羔羊成活率，是实现养种羊盈利的基础。

1. 选择适宜的品种 盈利是养殖的目的，羊品种好是盈利的前提。要保证肉羊养殖盈利，品种的早期生长速度快、繁殖率高、适应性强、肉质好，这四个指标尽量满足。当然，每个品种都有一定的优势，但都有所不足。小尾寒羊作为世界上繁殖率最高的品种，在河南省大部分地区均有饲养，对河南省的资源、环境条件等均有其他品种无法相比的适应性，可以说是基础母羊的首选。因此，应根据当地的资源、环境条件等，选择适宜的肉羊品种。

2. 结合养殖规模，做好繁殖规划 羊场应根据自身的养殖规模，合理地选择和饲养种公羊，并做好繁殖规划，保证羊群的正常繁殖。

3. 充分利用现代繁殖技术 充分利用一些现代繁殖技术手段，如人工授精、同期发情、早期妊娠诊断等，提高羊群的繁殖力，实现现代化、工厂化养羊。

4. 羔羊代乳 在工厂化养羊场，产羔 2 只以上时，容易造成羔羊的死亡。如经过同期发情和人工授精后，母羊实现了相对集中产羔。母羊的母性较强，集中产羔后可将产 3 只或以上母羊的羔羊，转给产单羔的母羊代哺乳，以提高羔羊的成活率。

五、农区肉羊产业发展的优势

肉羊业是草食畜牧业的重要组成部分，是投资少、见效快、适宜面广的产业。开展肉羊优势区域布局有利于增强肉羊产业可持续发展能力，有利于增加农民收入，有利于保障城乡居民肉类供给。目前肉羊在养殖业中经济效益突出，增长势头迅猛，将有新一轮的发展空间，农区肉羊生产也将呈现快速发展势头，逐渐成为农区小康建设的重点产业和农村经济新的增长点。加快肉羊养殖对推进畜牧业结构调整、促进农民增收、建设社会主义新农村，具有十分重要的意义和作用。

（一）政策和区位优势

近年来，国家从政策和资金扶持上给予了重点倾斜，尤其是退耕还林还草工程的实施，为标准化肉羊业的发展创造了良好条件。北方牧区由于放牧过度，长期超载，加上滥垦、乱挖和鼠、虫害的严重破坏，使天然草场退化、沙化严重，国家已采取退耕还林还草政策，限制过牧，使得牧区牛羊发展的饲草资源受限，将直接导致北方牧区羊只的出栏数量减少，而要满足市场羊肉的紧缺，必须大力发展农区养羊。

中国耗粮型家畜占家畜总比例的58%，而世界耗粮型家畜所占比例平均为10%（1999年）。中国畜牧业中猪和草食动物发展极不平衡，以及居民肉类消费结构中草食动物比例偏低是一大特点。尽管这一现状与中国的历史和汉族群众的生活习惯有密切的关系，但世界上成功地实现饮食革命的美国、英国、日本等国的经验证实，随着人们饮食结构中动物蛋白平均消费量的增加，畜牧业在一定程度上必须朝草食动物方向发展。虽然我们的粮食供求已告别了紧缺时代，但也应该看到，现存的千家万户散养家畜这一养殖业生产模式，在一定程度上减少了饲料用粮，但它并不意味着在生产模式改变的情况下，我们这个人口大国"人畜争粮"的矛盾就不存在了。因此，畜牧业结构的调整势在必行。

农业部2002年制定了11个优势农产品区域发展规划，其中畜牧有两个，一个是奶牛，一个是肉用牛羊生产。这就明确了中国畜牧业结构调整的总体目标。如果我们以全年人均消费羊肉增加1千克计算，大约需增加羊只1亿只，因此，发展肉羊业，不仅是国情的客观要求，而且有相当大的发展空间。

（二）市场优势

国内外市场对羊肉需求量很大。随着生活水平的提高，群众的饮食结构正开始从温饱型向科学型、健康型变化。羊肉以其细嫩、多汁、味美、营养丰富、胆固醇含量低等特点愈来愈受到消费者的青睐，羊肉串、涮羊肉、烤羊排等已成为人们不可缺少的食物。羊肉的消费正在以每年成倍的速度增加，但这些羊肉的来源目前依然以牧区羊肉为主。同时，国际市场对羊肉的需求也不断增加，使肉羊生产前景乐观。国际国内市场上对羊肉的需求日趋旺盛，且价格一路上扬。

近几年来，随着人们对健康营养食品消费的追求，畜禽饲料中抗生素及抗菌药物的残留，矿物元素的超标，非法添加激素、镇静催眠药物以及环境化学污染的现状引起了社会的广泛关注。而中国居民肉类消费量较高的猪、鸡肉也因为"耗粮"所带来的安全问题、肉质风味品质下降等原因，使得人们对它们的消费产生了担忧。而羊肉则不同，由于羊以食草为主，很少喂精料和添加剂，加之羊具有较强的抗病力，用药少以及羊肉与其他日常的食用肉类相比，胆固醇含量低，可以减少人类心血管系统疾病的发生，所以，羊肉正在受到越来越多的消费者的青睐。随着羊肉消费者的增加，羊肉的市场价格也在持续上涨。

当前，针对西部草原存在 90% 不同程度的退化，草原载畜过牧严重，草原得不到休养生息，生产力下降的情况，国家出台了退牧禁牧等措施，使得原羊肉主产区的商品羊出栏率减少，这无疑为农区的舍饲肉羊业提供了客观的发展机遇和良好的政策环境。

（三）资源优势

1. 饲料资源 农区秸秆资源丰富。政府大力宣传严禁焚烧秸秆资源，但屡禁不止，不仅浪费了大量的资源，而且造成了极大的环境污染。如果利用这些秸秆进行养羊，不仅能节约资源，提高农民收入，而且能极大地推动养羊业及相关产业的发展。

羊可采食多种饲草，主要有青绿饲草和农副产品秸秆，农区在这两类草料的生产上具有得天独厚的优势。中国目前年产粮食4 亿多吨，同时也产生 5 亿吨的秸秆，这相当于北方草原每年打草量的 50 倍。充分合理、有效地利用农作物秸秆（如氨化、青贮、EM 处理等）将会大大促进草食家畜的发展。此外，中国农区有相当面积的草山、草坡和滩涂，农区每年产出各种饼粕约2 000万吨，糠麸5 000万吨，糟渣和薯类2 000万吨以上，这些丰富的草场、农副产品、作物秸秆资源，为农区发展肉羊业提供了可靠的物质保证。

当然，解决农区养羊业饲草供应问题不仅仅是利用农副产品和作物秸秆。饲草供应的主渠道，首先应考虑利用极少量的土地，种植优质高产牧草，来满足养羊业对饲草的75%～85%的需要量。

2. 品种资源 中国重要的农区主要有东南农区和黄淮海农区，约占中国土地面积的18.4%以上，饲养的山羊、绵羊分别占中国山羊、绵羊总数的40.2%和13.7%。其中肉用性能较好的绵羊品种有：分布在华北平原的大尾寒羊、黄淮海冲积平原较发达农区的小尾寒羊、太湖周围的湖羊；山羊品种有：黄淮山羊、湖南湖北一带的马头山羊、原产地是山东的济宁青山羊、江苏南通地区的海门山羊、四川的南江黄羊等。以上品种不仅具有良好的肉用性能，而且，湖羊还是中国特有的羔皮用绵羊，海门山羊羊毛则是制毛笔的上好原料。特别是中国古老的优良地方绵羊品种小尾寒羊，以其体格高大，生长发育快（周岁公母羊体重分别为60千克、40千克以上），公母羊性成熟早（母羊5～6月龄可发情，公羊7～8月龄可用于配种），母羊四季发情，多胎多产，大多数每胎两羔，平均产羔率为265%～281%，胴体品质好等优点受到国内外的关注。小尾寒羊目前已经推广到中国20余个省（区），作为肉羊经济杂交的母本品种或作为培育肉羊新品种的母系品种均具有非常好的应用前景。

近年来，农区已经引进了许多具有很好的肉用体形、体格大、适应性较好的国外品种羊，绵羊品种如夏洛莱和无角陶赛特羊，山羊品种如波尔山羊等。不少地区已经开展了杂交改良并取得了较显著的进步。这些，为农区的肉羊业生产奠定了坚实的品种基础。

畜禽品种、营养饲料、饲养环境已经成为现代化养殖业的三大支柱科学。从以上可以看出，农区养羊业有巨大的品种潜力、丰富的饲草资源、优良的生态环境，这些构成了农区舍饲肉羊业发展的强大优势。

六、农区肉羊养殖企业存在的问题

（一）缺乏现代化企业的经营理念

现代化企业的经营理念是发展现代标准化肉羊养殖的前提，要以现代化企业的经营理念去经营肉羊产业，必须改变传统的养殖模式，需要"解放思想、创新观念"，实现技术创新、思想创新、价值创新、管理创新。企业战略是在分析外部环境和内部条件的基础上，为求得企业的生存和发展而做出的总体的、长远的谋划。企业战略要具有全局性、纲领性、长远性、竞争性的特点。

（二）缺乏肉羊养殖的专业团队

要发展现代标准化肉羊养殖，企业家、资金、技术是成功经营的基础，缺一不可。但把三者集合于一个人身上是不可能的。一个高效能的核心团队应该是知识互补、能力叠加，性格相容和志同道合的创业群体，对于当代企业优秀的领导集团的作用是不容怀疑的。

（三）缺乏养殖一线的专业技术人员

目前，肉羊养殖的专业技术人员极其缺乏，现有的一些技术人员大多数缺乏现代化、标准化的肉羊生产模式下的技术体系。如按传统的养殖方法执行技术服务，只是解决眼前的一些问题，治标不治本，对长远的发展不利。

（四）羊场综合管理观念不强

目前许多羊场是以提高羊只出栏数为目标以求提高经济效益，但却往往忽略了因数量的提升而导致的质量下降。由于羊只数量扩大，羊舍不足、饲料供应增加、饲养人员缺乏、管理条件跟不上等许多问题会表现出来，从而产生一系列的恶性循环，进而影响羊场的正常生产和最终效益。

另外，场长、技术员等不同岗位之间人员各司其职，尽量互不干涉，不能拿传统的眼光去评判，而是要用管理生产数据去衡量。过多干涉，不仅造成人员关系疏通不畅，还对持续发展造成负面影响。

（五）硬件配套不齐

多数羊场在现代化、标准化养殖的硬件配套上不完善，如：羊场规划设计不合理、道路不畅、羊舍设计不合理等因素。"工欲善其事，必先利其器"，没有精良的设备就无法生产出高标准的产品。精良的设备、先进的技术加上科学的管理，企业就会如虎添翼。

（六）配套服务缺乏

常见的有饲草料供应不全、粪便等污物处理不当等。没有先进的技术水平就无法保证产品的先进性，企业就会在市场中处于劣势。

（七）肉羊养殖中存在的其他问题

（1）饲料营养配制不合理，导致生产成本增加、肉羊疫病增加。

（2）防疫不到位，导致传染病时有发生。

（3）管理不当，人力物力等资源浪费，养殖混乱。

（4）养殖人员能力低下。多数养殖场为了减少工资成本，养殖人员往往选择年龄大（甚至60岁以上的）、仅有过喂羊经验的人员。岂不知这些人员往往受传统养羊模式的影响，在标准化肉羊养殖上更难适应岗位要求，且还喜欢自作主张，造成不该有的损失。另外，养殖人员尽量精简，该用1人就不用2人，对可有可无的岗位尽量不设。

七、肉羊场的管理

现代化的管理模式，是肉羊产业发展的必备条件。

（一）企业文化

一个成功企业的发展离不开企业文化，肉羊场也如此。

（二）生产指标绩效管理

建立完善生产激励机制，对生产线员工进行生产指标绩效管理。规模化羊场最适合的绩效考核奖罚方案应是以每栋羊舍为单位的生产指标绩效工资方案。由于员工之间的工作是紧密相关的，有时是不可分离的，所以承包到人的方法不可取。所以对他们也不适合于以利润指标承包，只适合于以生产指标奖罚。生产指标绩效工资方案就是在基本工资的基础上增加一个浮动工资即生产指标绩效工资。生产指标也不要过多过细，以免造成结算困难，也突出不了重点。

（三）组织架构、岗位定编及责任分工

羊场组织架构要精干明了，岗位定编也要科学合理。一般来说，一个1 000只规模种羊场定编12人。责任分工以层层管理、分工明确、场长负责制为原则。具体工作专人负责，既有分工，又有合作，下级服从上级；重点工作协作进行，重要事情通过场领导班子研究解决。我们要求每个岗位、每个员工都有明确的岗位职责。

（四）生产例会与技术培训

为了定期检查、总结生产上存在的问题，及时研究出解决方案；为了有计划地布置下一阶段的工作，使生产有条不紊地进行；为了提高饲养人员、管理人员的技术素质，进而提高全场生产的管理水平，要制定并严格执行周生产例会和技术培训制度。

（五）制度化管理

羊场的日常管理工作要制度化，要让制度管人，而不是人管

人。要建立健全羊场各项规章制度，如员工守则及奖罚条例、员工休请假考勤制度、会计出纳电脑员岗位责任制度、水电维修工岗位责任制度、机动车司机岗位责任制度、保安员门卫岗位责任制度、仓库管理员岗位责任制度、食堂管理制度、消毒更衣房管理制度等。

1. 肉羊生产定额管理　重视肉羊场生产中管理制度和生产责任制。肉羊种羊和各个阶段肉羊的饲养管理操作规程、人工授精操作规程、饲料加工操作规程、防疫卫生的操作规程等。

2. 肉羊场的生产计划　为了提高效益，减少浪费，各肉羊场均应有生产计划。肉羊场生产计划主要包括：肉羊周转计划、配种产羔计划、肥育计划和饲料计划等。

3. 肉羊生产的经营管理　①目标管理。根据市场需求，确定全年肉羊的产量和质量、成本、利润及种羊扩繁等目标，并制订实施计划、措施和办法。目标管理是经营管理的核心。②生产管理。生产管理的内容主要包括：强化管理，精简并减少非生产人员，择优上岗；健全岗位责任制，定岗、定资、定员，明确年度岗位任务量和责任，建立岗位靠竞争、报酬靠贡献的机制；以人为本，从严治场，严格执行各项饲养管理、卫生防疫等技术规范和规章制度，使工作达到规范化、程序化；建立并完善日报制度，包括生产等各项日报记录，并建立生产档案。③技术管理。制订年度各项技术指标和技术规范，实行技术监控，开展岗位培训和新技术普及应用，及时做好技术数据的汇总、分析工作，并加以认真地总结，建立技术档案。④物资管理。肉羊场所需各种物资的采购、贮备、发放的组织和管理，这直接影响生产成本。因此，应建立药品、燃料、材料、低值易耗品、劳动保护等用品的采购、保管、收发制度，并实行定额管理。⑤财务管理。财务管理是一项复杂而政策性很强的工作，是监督企业经济活动中的一个有力手段。

（六）流程化管理

由于现代规模化羊场的周期性和规律性相当强，生产过程环环相连，因此，要求全场员工对自己所做的工作内容和特点要清晰明了，做到每周每日工作事事清。如每周工作流程、周六消毒等；每日工作流程如几时喂料、几时治疗病羊、几时搞卫生等。

现代规模化羊场在建场之前，其生产工艺流程就已经确定。生产线的生产工艺流程至关重要，如哺乳期多少天、空栏时间等都要有规律性，是固定不变的。只有这样，才能保证羊场满负荷均衡生产。

（七）规程化管理

在羊场的生产管理中，各个生产环节细化的科学的饲养管理技术操作规程是重中之重，是搞好羊场生产的基础，也是搞好羊病防治工作的基础。饲养管理技术操作规程有：生产操作规程、临床技术操作规程、卫生防疫制度、免疫程序、驱虫程序、消毒制度、预防用药及保健程序等。

（八）数字化管理

要建立一套完整的科学的生产线报表体系，并用电脑管理软件系统进行统计、汇总及分析。报表的目的不仅仅是统计，更重要的是分析，及时发现生产上存在的问题并及时解决。

报表是反映羊场生产管理情况的有效手段，是上级领导检查工作的途径之一，也是统计分析、指导生产的依据。因此，认真填写报表是一项严肃的工作，应予以高度的重视。各生产车间要做好各种生产记录，并准确、如实地填写周报表，交给上一级主管，查对核实后，及时送到场办并及时输入电脑。

羊场报表有生产报表，如种羊配种情况周报表、分娩母羊及产仔情况周报表、断奶母羊及羔羊生产情况周报表、种羊死亡淘汰情况周报表、肉羊转栏情况周报表、肉羊死亡及上市情况周报表、妊检空怀及流产母羊情况周报表、羊群盘点月报表、羊场生产情况周报表、配种妊娠舍周报表等；其他报表，如饲料需求计划月报表、药物需求计划月报表、生产工具等物资需求计划月报表、饲料进销存月报表、药物进销存月报表、生产工具等物资进销存月报表、饲料内部领用周报表、药物内部领用周报表、生产工具等物资内部领用周报表、销售计划月报表等。

（九）信息化管理

规模化肉羊场的管理者要有掌握并利用市场信息、行业信息、新技术信息的能力。作为养羊企业的管理者，应对本企业自身因素以及企业外各种政策因素、市场信息和竞争环境进行透彻的了解和分析，及时采取相应的对策，力求做到知己知彼，为企业调整战略、为顾客提供满意的高质量产品和做好服务提供依据。在信息时代，是反应快的企业吃掉反应慢的企业，而不是规模大的吃掉规模小的，提高企业的反应能力和运作效率，才能够成为竞争中的真正赢家。在信息时代以前，一个企业的成功模式可能是：规模＋技术＋管理＝成功，但是在信息时代，企业管理不是简单的技术开发、产品生产，而是要能够及时掌握市场形势的变化和消费者的新需求，及时做出相应的反应，适应市场需求。

经常参加一些养羊行业会议，积极加入并参与养羊行业的各种组织活动，要走出去，请进来；充分利用现代信息工具。

八、完善和健全羊场的制度、操作规程和档案

（一）制度

羊场制度是羊场成功经营的前提，羊场制度包括羊场岗位职责、门卫制度、员工制度等。各个羊场应根据自己的实际情况建立完善的制度。

1. 羊场人员岗位职责建立　羊场的人员包括负责人、办公室人员、门卫、内勤、外勤、技术员、饲养员等，应针对不同岗

位，结合场内实际情况建立人员岗位职责。如：总经理职责是全面负责。办公室档案管理人员职责是确定每周例会的举行并制定每周例会表（表 2.1），每周生产数据统计汇总，基地所有事务及人员协调，来人接待等。每周生产总结以短信形式汇报，每月书面总结。为提高每个员工的工作效率和工作效果，公司鼓励每个员工参加与公司业务有关的培训课程，并建立培训记录。这些记录将作为对员工的工作能力评估的一部分。公司在安排员工接受公司出资的培训时，可根据劳动合同与员工签订培训协议，约定服务期等事项。

表2.1 每周例会表

姓 名		职 责		时 间	
过去一周所做工作总结：					
下周预期工作：					
工作体会和对公司的意见和建议：					

场长职责：对生产区整体负责。每月向总经理以书面形式提交工作进展和下月预期工作，重大决策需经总经理决定。羊饲养管理、卫生防疫和疫病防治，羔羊肥育、繁殖，场内羊饲养管理技术监督及执行。负责羊的周转，饲喂程序和饲喂量的制定，饲养员工作情况监督。

兽医职责：每周向办公室以书面形式提供 1 周内工作进展和下周预期工作。负责羊的防疫、场内消毒、疫病防治。

繁殖技术员职责：每周向办公室以书面形式提供 1 周内工作进展和下周预期工作。负责羊的发情鉴定，人工授精，助产及羔羊护理；羊的周转。

饲料生产人员职责：每周向办公室以书面形式提供 1 周内工作进展和下周预期工作。

饲养员职责：每周向办公室以书面形式提供 1 周内工作进展

和下周预期工作。负责羊饲喂，羊舍内及负责区的卫生和消毒；配合技术员工作。

门卫职责：出入物品及人员登记（表2.2）。

内勤：执行办公室安排的内部工作。

厨师：负责全天员工饭菜。

外勤：负责饲料、药物购置等外事工作。

表2.2　外来人员、车辆出入记录表

时　间	姓　名	身份证号及地址	备　注

2. 门卫制度　门卫制度也可根据生产实际情况制定，例如，门卫主要负责的内容包括：

场内工作人员进入场区时，在场区门前踏3%氢氧化钠（或石灰水）溶液池、更衣室更衣、消毒液洗手、消毒后才能进入场区。工作完毕，必须经过消毒后方可离开现场。

非场内工作人员一律禁止进入场区，严禁参观场区。

生产或业务需要进入场区时，需经兽医同意、场长批准后更换工作服、鞋、帽，经消毒室消毒后方可进入。

严禁外来车辆入内，若属生产或业务必需，车身经过全面消毒后方可入内。在生产区使用的车辆、用具，一律不得外出，更不得私用。

如有不按门卫制度操作者，承担全部后果。

（二）操作规程

羊场操作规程是羊场成功经营的基础，羊场操作规程包括饲料生产制作规程、防疫治疗规程、繁殖操作规程等。各个羊场应根据自己的实际情况建立完善的操作规程。

（1）结合羊场养殖规模，制订饲料的配制方案，具体参照

TMR 日粮的配制。

（2）结合羊场养殖环境、品种以及羊只的生理特点，制订防疫治疗规程，具体参照第八章羊的保健和第九章羊常见病防治。

（3）结合养殖品种和规模，制订详细的繁殖计划，具体参照羊场繁殖规划。

（三）档案管理

羊场所有记录应准确、可靠、完整。引进、购入、配种、产羔、断奶、转群、增重、饲料消耗均应有完整记录。引进种羊要有种羊系谱档案和主要生产性能记录。饲料配方及各种添加剂使用要有记录。要有疫病防治记录和出场销售记录。上述有关资料应保留 3 年以上。

1. 种羊档案

表2.3　种羊登记卡片　　编号：_____

羊号	品种	等级	出生时间	同胎只数
出生地点	父号	等级	母号	等级
备注（如来源、引入时间、毛色突出特点等）：				

2. 繁殖档案

表2.4　母羊繁殖记录卡　　　编号：＿＿＿＿＿

配种日期	与配公羊		分娩日期	产羔羊数			
	编号	等级		公	母	死胎	合计

公羔编号	母羔编号	去向				备注
		售出羊号	屠宰羊号	死亡羊号	留场羊号	

表2.5　公羊繁殖记录卡　采精记录：

羊号					
采精时间	量	活力	密度	其他	采精人员（签名）

表2.6　公羊繁殖记录卡　配种记录：

公羊号				
配种母羊号	第一次配种时间	配种次数	备注（结果）	输精员（签名）

表2.7　繁殖月报表　　时间　　月份

羊舍	配种羊数	返情羊数	流产羊数	分娩羊数	产羔数	产活羔数	备注	饲养员
合计								

3. 饲料生产和饲喂档案

表2.8 饲料生产记录表

时间	玉米	饼粕类	麸皮	预混料	青贮	干草	豆腐渣	备注	合计	人员

表2.9 饲料生产月报表　　时间　　　月份

玉米	饼粕类	麸皮	预混料	青贮	干草	豆腐渣	其他	合计	人员

表2.10 饲料使用记录表

时间	羊舍			
	饲喂量			
	饲养员			
	饲喂量			
	饲养员			

表2.11 羊只饲喂月报表　　时间　　　月份

羊舍				备注	饲养员
合计					

4. 羊只管理档案

表2.12 种羊舍月报表

羊舍	空怀配种羊数	妊娠羊数	分娩羊数	带羔羊数	种羊合计	羔羊数	备注	饲养员
种羊一舍								
种羊二舍								
种羊三舍								
种羊四舍								
合计								

5. 疫病防治记录

表2.13　防疫记录

时间	疫苗名称	使用方法	剂量	备注及操作人
时间	疫苗名称	使用方法	剂量	备注及操作人

表2.14　疫病防治月报表　　　时间　　　月份

羊舍	发病数	治疗数	结果				备注	饲养员
			痊愈	淘汰	死亡	其他		
合计								

6. 肥育档案

表2.15　肥育舍羊只月报表　　　时间　　　月份

羊舍	转入时间	羊只数	转入体重	转出时间	羊只数	转出体重	备注	饲养员
肥育一舍								
肥育二舍								
肥育三舍								
肥育四舍								
合计								

第三章　肉羊品种及选育选配技术

羊的品种对生产有着重要的作用，品种也是养羊实现盈利的先决条件，因此，如何选择适合当地环境要求的品种，如何进行品种的选育，对养羊业有最直接的影响。

一、常见的肉羊品种

（一）小尾寒羊

小尾寒羊是中国乃至世界著名的肉裘兼用型绵羊品种，主要产于山东省的西南部地区，在世界羊业品种中小尾寒羊产量高、个头大、效益佳，被国家定为名畜良种，被人们誉为中国"国宝"、世界"超级羊"及"高腿羊"品种。近年来全国各地大力发展小尾寒羊，其数量目前已达 200 万只以上。

1. 优点

（1）早熟、多胎、多羔：小尾寒羊 6 月龄即可配种受胎，年产 2 胎，胎产 2~6 只，有时高达 8 只；平均产羔率每胎达 266% 以上，每年产羔率达 500% 以上。

（2）生长快、体格大、产肉多、肉质好：小尾寒羊 4 月龄即可育肥出栏，年出栏率 400% 以上；体重 6 月龄可达 50 千克，周岁时可达 100 千克，成年羊可达 130~190 千克。周岁育肥羊屠宰率 55.6%，净肉率 45.89%。小尾寒羊肉质细嫩，肌间脂肪呈大理石纹状，肥瘦适度，鲜美多汁，肥而不腻，鲜而不膻。而且营养丰富，蛋白质含量高，胆固醇含量低，富含人体必需的各种氨基酸、维生素、矿物质元素等。

（3）裘皮质量好：小尾寒羊4~6月龄羔皮制革价值高，加工熟制后，板质薄，重量轻，质地坚韧，毛色洁白如玉，光泽柔和，花弯扭结紧密，花案清晰美观。其制裘价值堪与中国著名的滩羊二毛皮相媲美，而皮张面积却比滩羊二毛皮大得多。小尾寒羊1~6月龄羔皮，毛股花弯多，花穗美观，是冬季御寒的佳品。成年羊皮面积大，质地坚韧，适于制革，一张成年公羊皮面积可达12240~13493平方厘米，相当于国家标准的2.48张特级皮面积。因此，制革价值很高，加工鞣制后，是制作各式皮衣、皮包等革制品及工业用皮的优质原料。

（4）遗传性稳定：小尾寒羊遗传性能稳定，高产后代能够很好地继承亲本的生产潜力，品种特征保持明显，尤其是小尾寒羊的多羔、多产特性能够稳定遗传。

（5）适应性强：小尾寒羊虽是蒙古羊系，但由于千百年来在鲁西南地区已养成舍饲圈养的习惯，因此日晒、雨淋、严寒等自然条件均可由圈舍调节，很少受地区气候因素的影响。小尾寒羊在全国各地都能饲养，北至黑龙江及内蒙古，南至贵州和云南，均能正常生长、发育、繁衍。凡是不违背小尾寒羊特殊的生活习性的地区，饲养均获得成功。

2. 品种标准　我们引用中华人民共和国国家标准GB/T 22909—2008，该标准是在2008年12月31日发布，2009年5月1日开始实施的。本标准规定了小尾寒羊的品种特性和等级评定，适用于小尾寒羊的品种鉴定和等级评定。

（1）品种特性：小尾寒羊原产于山东省西南部的梁山、郓城、嘉祥、东平、鄄城、汶上、巨野、阳谷等县，河南省东北部和河北省东南部。该品种羊体格高大，体躯匀称呈圆筒形，头大小适中，头颈结合良好。眼大有神，嘴头齐，鼻大且鼻梁隆起，耳中等大小，下垂。头部有黑色或褐色斑。公羊头大颈粗，有螺旋形大角，角形端正；母羊头小颈长，无角或有小角。四肢高，健壮端正，脂尾呈圆扇形，尾尖上翻内扣，尾长不超过飞节。公羊睾丸大小适中，发育良好，附睾明显。母羊乳房发育良好，皮薄毛稀，弹性适中，乳头分布均匀，大小适中，泌乳力好。被毛白色，毛股清晰，花穗明显。被毛可分为裘皮型、细毛型和粗毛型三类。裘皮型毛股清晰，弯曲明显；细毛型毛细密，弯曲小；粗毛型毛粗，弯曲大。小尾寒羊外貌特征见彩图 3.1、彩图 3.2。

一级羊体重体尺指标见表 3.1。

表 3.1　一级羊体重体尺指标

性别	年龄	体重（千克）	体高（厘米）	体长（厘米）	胸围（厘米）
公羊	6 月龄	64	80	82	95
	周岁	104	91	92	106
	2 岁	116	95	96	108
母羊	6 月龄	36	71	72	85
	周岁	50	75	78	90
	2 岁	58	82	84	98

6 月龄公羊屠宰率在 47% 以上，净肉率在 37% 以上。公母羊初情期 5~6 月龄，公羊初次配种时间为 7.5~8 月龄，母羊初次配种时间为 6~7 月龄。公羊每次射精量 1.5 毫升以上，精子密度 2.5×10^9 个以上，精子活力 0.7 以上。母羊发情周期 17~18 天，妊娠期 143 天 ±3 天。母羊常年发情，春、秋季较为集中。初产母羊产羔率 200% 以上，经产母羊 250% 以上。

裘皮皮板轻薄，花穗明显，花案美观；板皮质地坚韧、弹性好，适宜制裘制革。成年公羊年剪毛量 4 千克，母羊 2 千克以上；净毛率在 60% 以上；被毛白色，异质毛，有少量干死毛。

（2）等级评定：按照体质外貌评定表进行评定，确定等级。体质外貌评定见表 3.2。

49

表3.2 小尾寒羊体质外貌评定表

部位	评定要求	评分	
		公羊	母羊
整体结构	体质结实，结构匀称，体格高大，体躯呈圆筒形；被毛白色异质，有少量干死毛，头部有黑色或褐色色斑；裘皮型毛股清晰，弯曲明显，细毛型毛细密，弯曲小，粗毛型毛粗，弯曲大	25	25
头颈部	头大小适中，头颈接合良好；眼大有神，嘴头齐，鼻大且鼻梁隆起，耳中等大小，下垂；公羊头大颈粗，有螺旋形大角，角形端正；母羊头小颈长，无角或有小角	10	10
体躯部	前胸宽阔，肋骨开张；腹部紧凑而不下垂；尻部长、宽、平；四肢高、粗壮、健壮，蹄圆大，胸背腰发育和接合良好，胸部宽深，坚实，蹄形端正；脂尾呈圆扇形，尾尖上翻内扣，尾长不超过飞节	45	50
生殖器官	母羊乳房发育良好，皮薄毛稀，乳头大小适中；公羊睾丸大小适中，发育良好，附睾明显	20	15
合计		100	100
分级	特级100~90，一级89~80，二级79~70，三级69~60		

根据体重体尺实测值，按照评定标准评分，确定等级。体重体尺评定标准见表3.3、表3.4、表3.5。

表3.3 6月龄小尾寒羊体重体尺评定表

项目	母羊				
评分范围	特级100~90	一级89~80	二级79~70	三级69~60	系数%
体重/千克	36以上	36~32	31~28	27~25	27
体长/厘米	74以上	74~72	71~69	68~66	23
体高/厘米	73以上	73~71	70~68	67~65	23
胸围/厘米	88以上	87~85	84~82	81~79	27
合计					100

续表

项目	公羊				
评分范围	特级 100~90	一级 89~80	二级 79~70	三级 69~60	系数%
体重/千克	64 以上	64~60	59~55	54~50	27
体长/厘米	85 以上	85~82	81~78	77~74	23
体高/厘米	83 以上	83~80	80~77	76~73	23
胸围/厘米	100 以上	100~95	94~90	89~85	27
合计					100

表3.4　1周岁小尾寒羊体重体尺评定表

项目	母羊				
评分范围	特级 100~90	一级 89~80	二级 79~70	三级 69~60	系数%
体重/千克	53 以上	53~50	49~46	45~42	27
体长/厘米	80 以上	80~78	77~75	74~72	23
体高/厘米	78 以上	78~76	75~73	72~70	23
胸围/厘米	93 以上	93~90	89~86	85~82	27
合计					100

项目	公羊				
评分范围	特级 100~90	一级 89~80	二级 79~70	三级 69~60	系数%
体重/千克	108 以上	108~104	103~99	98~95	27
体长/厘米	85 以上	85~82	81~78	77~74	23
体高/厘米	83 以上	83~80	80~77	76~73	23
胸围/厘米	100 以上	100~95	94~90	89~85	27
合计					100

表3.5　2周岁小尾寒羊体重体尺评定表

项目	母羊				
评分范围	特级 100~90	一级 89~80	二级 79~70	三级 69~60	系数%
体重/千克	61 以上	61~58	57~53	52~49	27
体长/厘米	86 以上	86~84	83~81	80~78	23
体高/厘米	84 以上	84~82	81~79	78~76	23
胸围/厘米	101 以上	101~98	97~94	93~90	27
合计					100
项目	公羊				
体重/千克	120 以上	120~115	114~110	109~105	27
体长/厘米	100 以上	99~95	94~90	89~85	23
体高/厘米	95 以上	94~90	89~85	84~80	23
胸围/厘米	110 以上	109~105	104~100	99~95	27
合计					100

以窝产羔数定等级，母羊窝产羔数3个以上的为特级，经产母羊产3羔者为一级，产2羔者为二级，产1羔者为三级。

按照体质外貌、体重体尺、繁殖性能的单项评定办法，分别评定体质外貌、体重体尺、繁殖性能的等级，然后按照综合评定办法确定个体综合等级。综合评定标准见表3.6。

表3.6　小尾寒羊综合评定表

体质外貌等级	体重体尺等级	繁殖性能等级	总评等级	体质外貌等级	体重体尺等级	繁殖性能等级	总评等级
特	特	特	特	一	一	一	一
特	特	一	特	一	一	二	一
特	特	二	一	一	一	三	二
特	特	三	二	一	二	一	一
特	一	一	一	一	二	二	二
特	一	二	二	一	二	三	三
特	一	三	二	一	二	一	二

续表

体质外貌等级	体重体尺等级	繁殖性能等级	总评等级	体质外貌等级	体重体尺等级	繁殖性能等级	总评等级
特	二	二	二	二	二	三	二
特	二	三	二	二	二	三	三
特	三	三	三	三	二	三	三

小尾寒羊肉用性能优良，早期生长发育快，成熟早，易肥育，适于早期屠宰，因此，小尾寒羊的主要用途是纯种繁育进行肉羊生产或作为羔羊肉生产杂交的优良母本素材。

小尾寒羊的双羔或多羔特性具有遗传性，在选留种公母羊时，其上代公母羊最好是从一胎双羔以上的后备羊群中选出。这些具有良好遗传基础的公母羊留作种用，能在饲养中充分发挥其遗传潜能，提高母羊一胎多羔的概率。

小尾寒羊产单羔较少，一般只见于初产羊，而双羔的比例较高。母羊一生中以 3～4 岁时繁殖率最强，繁殖年限一般为 8 年。合理调整羊群结构，有计划地补充青年母羊，适当增加 3～4 岁母羊在羊群中的比例，及时发现并淘汰老、弱或繁殖力低下的母羊，以提高羊群的整体繁殖率。

（二）湖羊

湖羊是稀有白色羔皮羊品种，为中国一级保护地方畜禽品种，分布于中国太湖地区，是终年舍饲的中国羔皮用绵羊品种。湖羊具有早熟、四季发情、多胎多羔、繁殖力强、泌乳性能好、生长发育快、有理想的产肉性能、肉质好、耐高温高湿等优良性状。

1. 品种特性 湖羊原产中国太湖流域，主要分布于浙江省嘉兴市、湖州市、杭州市余杭区，以及江苏省苏州市和上海市部分地区。湖羊属短脂尾绵羊，为白色羔皮羊品种。湖羊体格中等，被毛白色，公母均无角，头狭长，鼻梁稍隆起，多数耳大下垂，颈细长，体躯偏狭长，背腰平直，腹微下垂，尾扁圆，尾尖上翘，四肢偏细而高。公羊体形大，前躯发达，胸宽深，胸毛粗长。湖羊的外貌特征见彩图3.3。

湖羊为中国特有的羔皮用绵羊品种，湖羊羔皮毛色洁白，具有扑而不散的波浪花和片花及其他花纹，光泽好，皮板软薄而致密。早期生长发育较快。初生重2千克以上，45日龄断奶重10千克以上。一级羊各生长阶段体重体尺平均值见表3.7。

表3.7　湖羊一级羊体重体尺指标

性别	年龄	体重/千克	体高/厘米	体斜长/厘米	胸宽/厘米
公羊	3月龄	25	—	—	—
	6月龄	38	64	73	19
	周岁	50	72	80	25
	成年（1.5周岁以上）	65	77	85	28
母羊	3月龄	22	—	—	—
	6月龄	32	60	70	17
	周岁	40	65	75	20
	成年（1.5周岁以上）	43	65	75	20

适宜屠宰日龄为8月龄。在舍饲条件下8月龄屠宰率：公羊49%，母羊46%；净肉率38%。在舍饲条件下，成年羊屠宰率：公羊55%，母羊52%；成年羊净肉率：公羊46%，母羊44%。

湖羊性成熟早，四季发情、排卵，终年可配种产羔，泌乳性能强，可年产2胎或2年3胎。产羔率：初产母羊180%以上，经产母羊250%以上。

湖羊毛属异质毛，成年公羊年产毛1.5千克，成年母羊1.0千克，年剪毛2次，春、秋季各剪1次。

2. 等级评定　湖羊等级评定分为初生评定和6月龄评定，

以初生评定为主，6 月龄评定做补充。

有特级、一级、二级和三级四个等级，评定项目见表 3.8。

①特级，凡符合下列条件之一的一级优良个体，可列为特级：

a：花案面积 4/4 者；b：花纹特别优良者；c：同胎 3 羔以上者。

②一级，同胎双羔，具有典型波浪形花纹，花案面积 2/4 以上，十字部毛长 2 厘米以下，花纹宽度 1.5 厘米以下。花纹明显、清晰，紧贴皮板，光泽正常，发育良好，体质结实。

③二级，同胎双羔，波浪形花纹或较紧密的片花，花案面积 2/4 以上，十字部毛长 2.5 厘米以下，花纹较明显，尚清晰，紧贴度较好；或花纹欠明显，紧贴度较差，但花案面积在 3/4 以上。花纹宽度 2.5 厘米以下，光泽正常，发育良好，体质结实，或偏细致、粗糙。

④三级，波浪形花纹或片花，花案面积 2/4 以上，十字部毛长 3 厘米以下，花纹不明显，紧贴度差，花纹宽度不等，光泽较差，发育良好。

表3.8　初生羔羊评定登记表

序号	父羊号	母羊号	羔羊号	出生日期	同胎羔数	性别	初生重／千克	毛色	花案类型	花案面积	十字部毛长／厘米	花纹宽度／厘米	花纹明显度	花纹紧贴度	光泽	体质类型	等级	备注

注1：花案指波浪花纹或片花在羔皮所构成的图案。

注2：花案面积指花案在羔皮体躯主要部位分布的面积。自羔羊的尾根至鬐甲分四等分（包括体侧，不包括腹部），根据花案所占的面积，分别以1/4、2/4、3/4、4/4表示之。

注3：十字部（荐部）的毛长指以尖镊子将羔羊十字部一小撮被毛拉直，用小钢尺紧贴毛根量取其伸直长度，准确度为0.5毫米。

注4：花纹明显度指波浪花纹和片花花纹的明显程度，分明显、欠明显和不明显三种，记载时以"明""明一""明二"表示之。

注5：花纹紧贴度指波浪花纹和片花花纹紧贴皮肤（皮板）的程度，是否"扑而不散"。分紧贴、欠紧贴、不紧贴三种，记载时以"紧""紧一""紧二"表示之。

注6：花纹宽度指波浪同侧隆起最高点之间的宽度，要量取占主导地位的花纹宽度。

注7：被毛光泽分好、正常和不足三种。记载时以"光＋""光"和"光－"表示之。

2. 6月龄评定　6月龄左右需在初生评定基础上进行补充评定。评定项目主要为体形外貌、生长发育情况、被毛状况和体质类型。要求6月龄羊在体形外貌上具有本品种特征，生长发育良好，健康无病，体质结实，被毛中干死毛较少。要求公羊体重在38千克以上，母羊在32千克以上。评定结论分及格、不及格两种，不及格者应对初生评定等级做酌情降级。6月龄评定项目见表3.9。

表3.9　湖羊6月龄评定登记表

序号	个体号	父羊号	母羊号	性别	初生评定等级	体形外貌	体重/千克	被毛状况	体质类型	评定结论	备注

湖羊主要用于纯种繁育生产羔皮羊和肥羔，生产中注意防止近交衰退，注意强化种公羊管理，引进体形大、生长发育快的良种公羊经常串换，以避免近亲繁殖。

产区湖羊产羔及使用安排为：第 1 胎 4 ~ 5 月配种，9 ~ 10 月产羔，留种或做肥羔；第 2 胎 2 ~ 3 月配种，7 ~ 8 月产羔，全部屠宰剥取羔皮；第 3 胎 9 ~ 10 月配种，翌年 2 ~ 3 月产羔，生产肥羔，年底出售。

（三）杜泊羊

杜泊羊原产于南非共和国。是该国在 1942 ~ 1950 年，用从英国引入的有角陶赛特公羊与当地的波斯黑头母羊杂交，经选择和培育而成的肉用羊品种。南非于 1950 年成立杜泊肉用绵羊品种协会，促使该品种得到迅速发展。

1. 产地及分布　杜泊羊在培育时主要适应于南非较干旱的地区，但现在已广泛分布在南非各地。在多种不同草地草原和饲养条件下它都有良好表现，在精养条件下表现更佳。中国山东、河南、辽宁、北京等省、市近年来已有引进，杜泊羊被推广到中国各地的温带各气候类型，都表现出良好适应性，耐热抗寒，耐粗饲，唯因体宽腿短，30 度以上坡地放牧稍差，但在较平缓的丘陵地区放牧采食和游走表现很好。

2. 体质外形　根据杜泊羊头颈的颜色，分为白头杜泊和黑头杜泊两种。这两种羊体躯和四肢皆为白色，头顶部平直、长度适中，额宽，鼻梁隆起，耳大稍垂，既不短也不过宽。颈粗短，肩宽厚，背平直，肋骨拱圆，前胸丰满，后躯肌肉发达。四肢强健而长度适中，肢势端正。整个身体犹如一架高大的马车。杜泊绵羊分长毛型和短毛型两个品系。长毛型羊生产地毯毛，较适应寒冷的气候条件；短毛型羊被毛较短（由发毛或绒毛组成），能较好地抗炎热和雨淋，杜泊羊一年四季不用剪毛，因为它的毛可以自由脱落。杜泊羊体质外形见彩图 3.4 ~ 彩图 3.7。

3. 生产性能

（1）产肉性能：杜泊羊个体高度中等，体躯丰满，体重较大。成年公羊和母羊的体重分别在 120 千克和 85 千克左右。杜泊羔羊生长迅速，羔羊平均日增重 200 克以上，断奶体重大，以产肥羔肉见长，3.5 ~ 4 月龄的杜泊羊体重可达 36 千克，屠宰胴体约为 16 千克，4 月龄屠宰率 51%，净肉率 45% 左右，肉骨比 9.1∶1，料重比 1.8∶1。胴体品质好，肉质细嫩、多汁、色鲜、瘦肉率高，被国际誉为"钻石级肉"。羔羊不仅生长快，而且具有早期采食的能力，特别适合生产肥羔。

（2）繁殖性能：杜泊羊公羊 5 ~ 6 月龄性成熟，母羊 5 月龄性成熟；公母羊分别为 12 ~ 14 月龄和 8 ~ 10 月龄体成熟，杜泊羊常年发情，不受季节限制。在良好的生产管理条件下，杜泊母羊可在一年四季的任何时期产羔，母羊的产羔间隔期为 8 个月。在饲料条件和管理条件较好的情况下，母羊可达到 2 年 3 胎，一般产羔率能达到 150%，在一般放养条件下，产羔率为 100%。由大量初产母羊组成的羊群中，产羔率在 120% 左右。该品种具有很好的保姆性与泌乳力，这是羔羊成活率高的重要因素。

（3）种用性能：杜泊羊遗传性能稳定，无论纯繁后代或改良后代，都表现出极好的生产性能与适应能力，特别是产肉性能，是中国引进和国产的肉用绵羊品种不可比拟的。该品种皮质优良，是理想的制革原料。

杜泊羊具有良好的抗逆性。在较差的放牧条件下，许多品种羊不能生存时，它却能存活。即使在相当恶劣的条件下，母羊也能产出并带好一头质量较好的羊羔。由于当初培育杜泊羊的目的在于适应较差的环境，加之这种羊具备内在的强健性和非选择的食草性，使得该品种在肉用绵羊中有较高的地位。

杜泊羊食草性强，对各种草不会挑剔，这一优势非常利于饲养管理。在大多数羊场中，可以进行放养，也可饲喂其他品种家畜较难利用或不能利用的各种草料，羊场中既可单养杜泊羊，也可混养少量的其他品种，使较难利用的饲草资源得到利用。

（四）东弗里生羊

东弗里生羊源于生长于欧洲北海群岛及沿海岸的沼泽绵羊。荷兰的弗里生省既是包括荷斯坦奶牛在内的弗里生（黑白花）奶牛的发源地，也是弗里生奶绵羊的发源地之一。东弗里生羊原产于德国东北部，是目前世界绵羊品种中产奶性能最好的品种。

1. 产地与分布　东弗里生羊原产于德国东北部，有的国家利用东弗里生羊培育合成母系和新的乳用品种。我国也引入了该品种。

2. 体质外形　东弗里生羊体格大，体形结构良好。公、母羊均无角，被毛白色，偶有纯黑色个体出现。体躯宽长，腰部结实，肋骨拱圆，臀部略有倾斜，尾瘦长无毛。乳房结构优良、宽广，乳头良好。其外形特点如彩图3.8、彩图3.9所示。

3. 生产性能　活重成年公羊90～120千克，成年母羊70～90千克。成年公羊剪毛量5～6千克，成年母羊剪毛量4.5千克。羊毛长度10～15厘米。羊毛同质，羊毛细度46～56支，净毛率60%～70%。

母羔在4月龄达初情期，发情季节持续时间约为5个月，平均正常发情8.8次。欧洲北部的东弗里生羊、芬兰兰德瑞斯羊和俄罗斯罗曼诺夫羊都属于高繁殖率品种，东弗里生羊的产羔率为200%～230%。

成年母羊260～300天产奶量500～810千克，乳脂率6%～6.5%。波兰的东弗里生羊日产奶3.75千克，最高记录达到一个泌乳期产奶1 498千克。

东弗里生羊是经过几个世纪的良好饲养管理和认真的遗传改良培育出的高产奶量品种，该品种羊性情温顺，适于固定式挤奶系统。这一品种用来同其他品种进行杂交以提高产奶量和繁殖力。

（五）萨福克羊

萨福克羊号称世界上长得最快的肉用型绵羊品种，在英国、美国是用于终端杂交的主要公羊。1888 年引入加拿大，现在为加拿大最主要的绵羊品种。

1. 产地及分布 萨福克羊原产于英国东部和南部丘陵地，南丘公羊和黑面有角诺福克母羊杂交，在后代中经严格选择和横交固定育成，以萨福克郡命名，现广布世界各地，是世界公认的用于终端杂交的优良父本品种。澳大利亚白萨福克是在原有基础上导入白头和多产基因新培育而成的优秀肉用品种。

2. 体质外形 萨福克羊体格大，头、耳较长，公母羊均无角。颈长而粗，胸宽而深，背腰平直，腹大而紧凑，后躯发育丰满，呈筒状，四肢健壮，蹄质结实。公羊睾丸发育良好，大小适中、左右对称；母羊乳房发育良好，柔软而有弹性。体躯被毛白色，脸和四肢黑色或深棕色，并覆盖刺毛。萨福克羊体质外形如彩图 3.10、彩图 3.11 所示。

3. 生产性能 萨福克羊具有适应性强、生长速度快、产肉多等特点，适于做肉羊生产的终端父本。萨福克成年公羊体重可达 114～136 千克、母羊 60～90 千克。萨福克羊早期生长速度快，羔羊平均日增重 400～600 克，萨福克公母羊 4 月龄平均体重 47.7 千克，屠宰率 50.7%，7 月龄平均体重 70.4 千克，胴体重 38.7 千克，胴体瘦肉率高，屠宰率 54.9%。

用萨福克羊做终端父本与长毛种半细毛羊杂交，4～5 月龄杂交羔羊体重可达 35～40 千克，胴体重 18～20 千克。

萨福克羊剪毛量 2.5～3.0 千克，毛细度 56～58 支，毛纤维长度 7.5～10 厘米，净毛率 60%。

萨福克羊性成熟早，部分 3～5 月龄的公母羊有互相追逐、爬跨现象，4～5 月龄有性行为，7 月龄性成熟。1 年内多次发情，发情周期为 17 天，妊娠率高，第一个发情期妊娠率为 91.6%，第二个发情期妊娠率 100%，总妊娠率 100%。妊娠周期短，一般为 144～152 天。产羔率 140%。

新疆和内蒙古等自治区从澳大利亚引入该品种羊，除进行纯种繁育外，还同当地粗毛羊及细毛杂种羊杂交来生产肉羔。萨福克羊与国内细毛杂种羊、哈萨克羊、阿勒泰羊、蒙古羊等杂交，在相同饲养管理条件下，杂种羔羊具有明显的肉用体形。杂种一代羔羊4～6月龄平均体重高出国内品种3～8千克，胴体重高1～5千克，净肉重高1～5千克。利用这种方式进行专门化的羊肉生产，羔羊当年即可出栏屠宰，使羊肉生产水平和效率显著提高。

　　萨福克羊的头和四肢为黑色，被毛中有黑色纤维，杂交后代多为杂色被毛，所以在细毛羊产区要慎重使用。

（六）特克赛尔羊

　　特克赛尔羊原产于荷兰，为短毛型肉用细毛羊品种。是用林肯和来斯特羊与当地羊杂交选育而成的。具有多胎、羔羊生长快、体大、产肉和产毛性能好等特征，是国外肉脂绵羊名种之一。

　　1. 产地与分布　　特克赛尔羊为短毛型肉用细毛羊品种，主要分布于荷兰，是在19世纪中叶由林肯羊、边区来斯特羊的公羊，改良当地沿海低湿地区的一种晚熟但毛质好的土种母羊选育而成。特克赛尔羊主要繁殖在荷兰，在荷兰养殖已有160多年。该品种曾被引入到欧洲、美洲和非洲的许多国家。中国也已经引入，分布于黑龙江、陕西、北京和河北等地，是肉羊育种和经济杂交非常优良的父本品种。

　　2. 体质外形　　特克赛尔羊体躯呈长圆筒状，额宽，耳长大，无角，颈短粗，肩宽平，胸宽深，背腰长而平，后躯发育好，肌肉结实。被毛白色，头部无前额毛，四肢无被毛，四蹄为黑色。体质外形如彩图3.12、彩图3.13所示。

　　3. 生产性能

　　（1）产肉性能：特克赛尔羊体形较大，成年公羊体重可达85～140千克，母羊60～90千克。公羔平均初生重为5千克，2

月龄平均体重为 26 千克，平均日增重为 350 克；4 月龄平均体重为 45 千克，2～4 月龄平均日增重为 317 克；6 月龄平均体重为 59 千克。母羔平均初生重为 4 千克，2 月龄平均体重为 22 千克，平均日增重为 300 克；4 月龄平均体重为 38 千克，2～4 月龄平均日增重为 267 克；6 月龄平均体重为 48 千克。4～6 月龄羔羊出栏屠宰，平均屠宰率为 55%～60%，瘦肉率、胴体出肉率高。

（2）产毛性能：成年公羊剪毛量平均 5 千克，成年母羊 4.5 千克，净毛率 60%，羊毛长度 10～15 厘米，羊毛细度 48～50 支。

（3）繁殖性能：特克赛尔羊性成熟早，母羊 7～8 月龄便可配种，且发情季节较长。80% 的母羊产双羔，产羔率为 150%～200%。

特克赛尔羊羔羊肉品质好，肌肉发达，瘦肉率和胴体分割率高，市场竞争力强，因此，该品种已广泛分布到比利时、卢森堡、丹麦、德国、法国、英国、美国、新西兰等国，是这些国家推荐饲养的优良品种和用作经济杂交生产肉羔的父本。中国引入后主要用于肉羊的改良育种和杂种优势利用的杂交父本。

（七）美利奴羊

养羊业是澳大利亚的一大支柱产业，目前，全澳 7 万个美利奴羊养殖场中有 1.6 亿头羊，其中 80% 是纯种美利奴羊，占世界美利奴羊总数的 70%，其余的也带有美利奴血统。澳大利亚是名副其实的"美利奴绵羊王国"。

1. 产地与分布 美利奴羊原产于西班牙，美利奴是细毛绵羊品种的统称，现在的细毛羊品种，都不同程度地含有 16、17 世纪西班牙美利奴羊的血液。16 世纪中叶，西班牙美利奴羊传入美国，18 世纪又相继传入瑞典、德国、法国、意大利、澳大利亚、俄国、南非及其他一些国家，至 19 世纪遍布世界各地，美利奴羊的品种名称也常被冠以引进繁育国家的国名或地名。

西班牙美利奴羊育种目标主要是提高羊毛的细度和产量，因为羊毛是养羊业的主要收入。后来其他国家培育的美利奴羊在生产性能上发生很大变化，自 19 世纪初以后，随着工业、交通运输和冷藏设施的发展以及羊肉消费需要量的增加，育种的重点转向于增大美利奴羊的体格，以求不仅增产羊毛而且提供更多的羊肉。1840 年前后澳大利亚美利奴羊导入英国长毛种血液产生的品种体形较大，羊毛则较粗。也有的国家如德国，就以发展肉用型美利奴羊为主。现有美利奴羊的共同性能是生产同质细毛，细度多在 60 支以上，毛色白而有光泽，富有弹性。其体质外形如彩图 3.14、彩图 3.15 所示。

2. 体质外形

　　（1）澳大利亚美利奴羊：体质结实，体形外貌整齐一致。胸宽深、鬐甲宽平、背长、尻平直而丰满。公羊颈部有两个发达完整的横皱褶，母羊有发达的纵皱褶，羊毛密度大，细度均匀，白色油汗，弯曲为半圆形，整齐明显；羊毛光泽好，柔软，净毛率及净毛产量高，腹毛呈毛丛结构，四肢羊毛覆盖良好。

　　（2）中国美利奴羊：中国美利奴羊是由内蒙古、新疆、吉林等地以澳洲美利奴公羊与波尔华斯羊、新疆细毛羊和军垦细毛羊母羊通过杂交培育而成，是中国目前最好的细毛羊品种。现内蒙古、辽宁、河北、山东等省（区）均有饲养。中国美利奴羊体形呈长方形，后躯肌肉丰满；公羊颈部有 1～2 个横皱褶和发达的纵皱褶，母羊有发达的纵皱褶；公、母羊躯干均无明显皱褶。公羊有螺旋形角，母羊无角。胸宽深，背长，尾部平直而宽，四肢结实；羊毛覆盖头部至两眼连线，前肢达腕关节，后肢达飞节。具有体质结实、适应放牧饲养、毛丛结构好、羊毛长而明显弯曲、油汗白色和乳白色、含量适中均匀和净毛量高的特点。

　　（3）德国肉用美利奴羊：产于德国，由法国的泊列考斯羊和英国的莱斯特羊与德国原美利奴母羊杂交培育而成。德国肉用美利奴羊被毛白色，密而长，弯曲明显；体格大，胸宽而深，背腰平直，肌肉丰满，后躯发育良好；公母羊均无角，颈部及体躯皆无皱褶。具有产肉力高、繁殖力强、羔羊生长发育快、泌乳能力好、耐粗饲、被毛品质好的特点，在气候干燥地区适应能力较强。

3. 生产性能 中国美利奴羊分为四种类型：新疆型、新疆军垦型、科尔沁型、吉林型。

中国美利奴羊成年羊平均体重，公羊为91.8千克，母羊为43.1千克；平均剪毛量，种公羊为16.0~18.0千克，种母羊为6.41千克；成年公羊毛长11~12厘米，母羊毛长9~10厘米，细度64~70支，以66支为主，净毛率50%以上。成年羯羊屠宰前体重平均为51.9千克，胴体重平均为22.94千克，净肉重平均为18.04千克，屠宰率44.19%，净肉率为34.78%，产羔率为117%~128%。

吉林型成年羊剪毛后平均体重，种公羊为88千克，净毛量7.9千克，种母羊为42千克，净毛量3.7千克；育成羊剪毛后平均体重，种公羊为56千克，净毛量3.8千克，种母羊为38千克，净毛量3.4千克。

科尔沁型成年羊剪毛后平均体重，公羊为43千克，平均原毛产量7.9千克，母羊为45千克，平均原毛产量7.0千克；羊毛细度64支为主，毛长9.5厘米以上，净毛率54.5%。

美利奴羊的毛用、毛肉兼用和肉毛兼用三种类型中肉毛兼用型对营养需要和生态条件的要求较高，毛肉兼用型次之，毛用型的要求最低。

毛用型中的超细型美利奴羊毛细，有极柔软的手感，大部分用于织造轻薄优良精纺毛织品；细型美利奴羊毛主要做衣料用毛，包括用于制造精纺和粗纺织品；中型美利奴羊毛产量最多，最适于织造男装用的优质精纺毛织品，特点是耐用美观；强壮型美利奴羊毛纤维较粗且长，用于织造耐穿的精纺衣料，亦适于织成轻细的针织毛线。较近期培养成的南秋莱尔夏立美利奴羊毛外观、手感和工艺特性均类似山羊绒。

澳大利亚美利奴羊多作为提高中国细毛羊品种的被毛质量和净毛率而改良杂交的父本，主要在羊毛产区饲养。

德国美利奴羊在中国主要用于改良农区、半农半牧区的粗毛羊或细杂母羊，以增加羊肉产量，通常作为父本。

（八）无角陶赛特羊

无角陶赛特羊原产于澳大利亚和新西兰，继承了有角陶赛特羊性成熟早、生长发育快、全年发情、耐热及适应干燥气候条件的优良特性，在注重羊毛生产及适应性要求的大洋洲很受欢迎，是肥羔生产的主要父本。中国西北等多地区已引进，适应性和杂交效果良好，是为数不多的可常年繁殖的引进肉羊品种之一。

1. 品种特性　无角陶赛特羊是澳大利亚于1954年以雷兰羊和陶赛特羊为母本，考力代羊为父本，然后再用陶赛特公羊回交，选择所生无角后代培育而成。中国在20世纪80年代末、90年代初从澳大利亚和新西兰引入该品种，现分布于内蒙古、新疆、北京、河南、河北、辽宁、山东、黑龙江等地，适合中国北方农区和半农半牧区饲养。

该品种羊体形大，匀称，肉用体形明显。头小额宽，鼻端为粉红色。耳小，面部清秀，无杂色毛；颈部短粗，与胸部、肩部接合良好；体躯宽，呈圆筒形，结构紧凑；胸部宽深，背腰平直宽大，体躯丰满；四肢短粗健壮，腿间距宽，肢势端正，蹄质结实，蹄壁白色；被毛为半细毛，白色，皮肤为粉红色。外貌特征如彩图3.16所示。

种羊体尺、体重基本指标见表3.10。

表 3. 10　种羊体尺体重基本指标

性别	年龄	体高/厘米	体长/厘米	胸围/厘米	胸宽/厘米	体重/千克
公羊	6 月龄	57	69	83	24	38
	周岁	65	74	95	26	70
	成年	67	85	100	29	100
母羊	6 月龄	56	65	80	23	36
	周岁	63	70	92	26	60
	成年	65	75	97	27	70

注：成年指 24 月龄以上。

6 月龄羔羊屠宰率为 52%，净肉率为 45.7%。

公羊初情期 6~8 月龄，初次配种适宜时间为 14 月龄。公羊性欲旺盛，身体健壮，可常年配种。

母羊初情期 6~8 月龄，性成熟 8~10 月龄，初次配种适宜时间为 12 月龄。发情周期平均为 16 天，妊娠期为 145~153 天。母羊可常年发情，但以春、秋季尤为明显。保姆性强。经产母羊产羔率为 140%~160%。

2. 等级评定　等级评定在 6 月龄、1 周岁和成年（2 周岁以上）进行。6 月龄评定、周岁评定、成年评定均按照体形外貌、生产性能等进行评定。

等级评定方法有外貌特征评定和体重体尺评定。外貌特征评定采用目测法，按照种羊标准的外貌特征内容，对羊的外貌特征进行评定。体重体尺评定按照体重、体尺测量方法进行评定。

等级划分种羊应具有准确、真实、清晰的血统来源和系谱资料。

特级符合种羊品种特性。特级种羊的体尺、体重见表 3. 11。

表 3.11   特级种羊体尺体重

性别	年龄	体高/厘米	体长/厘米	胸围/厘米	胸宽/厘米	体重/千克
公羊	6 月龄	64	78	90	29	47
	周岁	69	82	102	31	82
	成年	71	94	116	35	120
母羊	6 月龄	63	74	88	28	45
	周岁	67	80	98	30	68
	成年	69	87	106	33	85

注：成年指 24 月龄以上。

一级符合种羊品种特性。一级种羊的体尺、体重见表 3.12。

表 3.12   一级种羊体尺体重

性别	年龄	体高/厘米	体长/厘米	胸围/厘米	胸宽/厘米	体重/千克
公羊	6 月龄	62	75	87	28	44
	周岁	67	79	99	29	78
	成年	69	90	110	33	115
母羊	6 月龄	61	71	85	26	42
	周岁	66	77	96	28	66
	成年	68	84	103	31	80

注：成年指 24 月龄以上。

二级符合种羊品种特性。二级种羊的体尺、体重见表 3.13。

表 3.13   二级种羊体尺体重

性别	年龄	体高/厘米	体长/厘米	胸围/厘米	胸宽/厘米	体重/千克
公羊	6 月龄	60	72	85	26	41
	周岁	66	77	97	27	74
	成年	68	87	105	31	108
母羊	6 月龄	59	68	83	25	39
	周岁	65	74	94	27	63
	成年	67	80	100	29	75

注：成年指 24 月龄以上。

基本合格羊符合种羊品种特性，体尺、体重符合种羊体尺、体重基本标准又达不到二级种羊标准的羊只，定为基本合格羊。

不符合种羊品种特征或体尺、体重达不到种羊体尺、体重基本指标的羊只，不能作为种羊利用。

20 世纪 80 年代新疆、内蒙古和北京等区市引进了无角陶赛特公羊，饲养结果表明，冬、春季舍饲 5 个月，其余季节放牧，基本上能够适应中国大多数省区的草场和农区饲养条件。采取无角陶赛特与低代细毛杂种羊、哈萨克羊、阿勒泰羊、蒙古羊、卡拉库尔羊、小尾寒羊和粗毛羊杂交，一代杂种具有明显的父本特征，肉用体形明显，前胸凸出，胸深且宽，肋骨开张大，后躯丰满。在新疆，无角陶赛特杂种一代 5 月龄屠宰胴体重 16.67 ~ 17.47 千克，屠宰率 48.92%。无角陶赛特与小尾寒羊杂交，效果也十分明显，一代杂交公羊 6 月龄体重为 40.44 千克，母羊 35 千克。6 月龄羔羊屠宰胴体重 24.20 千克。屠宰率 54.49%。

无角陶赛特羊是适于中国工厂化养羊生产的理想品种之一，作为终端父本对中国的地方品种进行杂交改良，可以显著提高产肉力和胴体品质，特别是进行肥羔生产具有巨大潜力。

（九）波尔山羊

波尔山羊原产于南非，后被引入德国、新西兰、澳大利亚等国，中国也有引入，是目前世界上最著名的肉用山羊品种。

波尔山羊具有生长快、抗病力强、繁殖率高、屠宰率和饲料报酬高的特点，同时具备肉质好、胴体瘦肉率高、膻味小、多汁鲜嫩等优质羊肉特点，是世界上唯一经多年生产性能测验、目前最受欢迎的肉用山羊品种。波尔山羊性情温顺，易于饲养管理，对各种不同的环境条件具有较强的适应性。

1. 品种特征　波尔山羊是肉用山羊品种，具有体形大、生长快；屠宰率高，肉质细嫩；繁殖率强，泌乳性能好；板皮厚，品质好；适应性强，耐粗饲；抗病力强和遗传性能稳定等特点。

2. 外貌特征　头部粗大，眼大有神呈棕色；额部突出，鼻呈鹰钩状；角坚实，长度适中。公羊角基粗大，角向后、向外弯曲。母羊角细而直立。公羊有髯。耳长而大，宽阔下垂。

颈粗，长度适中，与体长相称；肩宽肉厚，颈肩接合良好。

前躯发达，肌肉丰满；鬐甲宽阔，胸宽而深，肋骨开张，背部肌肉宽厚；体躯呈圆筒形；腹部紧凑；尻部宽，臀部和腿部肌肉丰满；尾根粗而平直，上翘；母羊乳房发育良好。

四肢粗壮，长度适中、匀称；系部关节坚韧，蹄壳坚实，呈黑色。

全身皮肤松软，颈部和胸部有明显皱褶，尤以公羊为甚。眼睑和无毛部分有棕红色斑。全身被毛短而密，有光泽，有少量绒毛。头颈部和耳为棕红色或棕色，允许延伸到肩胛部。额端和唇端有一条不规则的白鼻通。体躯、胸、腹部与四肢为白色，尾部为棕红色或棕色，允许延伸到臀部。尾下无毛区着色面积应达75%以上，呈棕红色。允许少数全身被毛棕红色或棕色。

公羊阴囊下垂明显，两个睾丸大小均匀，结构良好。

波尔山羊体形外貌如彩图 3.17、彩图 3.18 所示。

3. 生产性能　羔羊初生重平均为公羊 3.8 千克，母羊 3.5 千克，6 月龄平均体重为公羊 35 千克，母羊 30 千克，成年羊体重为公羊 80 ~ 110 千克，母羊 60 ~ 75 千克。300 日龄日增重 135 ~ 140 克。6 ~ 8 月龄活重 40 千克时屠宰率为48% ~ 52%，成年羊屠宰率为52% ~ 56%。皮脂厚度 1.2 ~ 3.4 毫米。骨肉比为 1: (6 ~ 7)。

公羊 8 月龄性成熟，12 月龄以上用于配种；母羊 7 月龄性成熟，10 月龄以上配种。经产母羊产羔率为 190% ~ 230%。

4. 等级评定指标　在体形外貌符合品种特性的前提下，主要应以体尺、体重作为等级评定依据。波尔山羊体尺与体重见表3.14。

波尔山羊体质强壮，适应性强，善于长距离放牧采食，适宜于灌木林及山区放牧，可在热带、亚热带及温带气候环境饲养。抗逆性强，能防止寄生虫感染。与地方山羊品种杂交，能显著提高后代的生长速度及产肉性能。

表3.14　波尔山羊体尺与体重表

年龄	性别	等级	体高/厘米	体斜长/厘米	胸围/厘米	体重/千克
周岁	公羊	特级	65	75	85	55
		一级	60	70	80	50
		二级	55	65	76	45
	母羊	特级	60	65	78	45
		一级	56	60	75	42
		二级	52	55	72	38
成年	公羊	特级	80	90	110	100
		一级	75	84	97	90
		二级	70	78	90	80
	母羊	特级	72	80	95	75
		一级	67	76	90	70
		二级	62	72	85	65

注：体尺测量方法

1. 测量用具：测量体高、体长用测体卡尺；测量胸围用皮尺。

2. 测量部位：

体高：鬐甲最高点至地面垂直高度。

体斜长：从肩端最前突起至坐骨结节后端之间的长度。

胸围：切于肩端后缘绕胸廓1周的长度。

3. 测量要求：测量时要使羊站在平坦、坚实的地面，四肢直立，并分别在一条直线上，头部自然前伸。

中国引入波尔山羊主要用于杂交改良地方山羊，提高后代的肉用性能，一般作为终端杂交父本使用，进行肉羊生产。也有的地方用该品种进行级进杂交，彻底改变地方山羊的生产方向和显著提高杂交后代的肉用性能。

（十）黄淮山羊

黄淮山羊产于中国黄淮海平原南部，该流域自然资源丰富，在当地农民长期的饲养过程中，经过自然选择和人工选择，黄淮山羊体形较大，生长速度快，性成熟早，产羔率高的公羊、母羊得以选留，年复一年繁衍后代，久而久之形成了适应于黄淮流域饲养条件和自然环境的黄淮山羊。黄淮山羊以适应性强、采食能力强、抗病力强、肉质鲜美、皮张质量好、遗传稳定等优点深受黄淮流域广大农民的欢迎。

1. 产地及分布 黄淮山羊产于黄淮平原地区，主要分布在河南周口地区的沈丘、淮阳、项城、郸城，驻马店，许昌，信阳，商丘，开封等地，安徽的阜阳、宿州、滁州、六安以及合肥、蚌埠、淮北、淮南等市郊；江苏的徐州、淮阴两地区沿黄河故道及丘陵地区各县。

2. 体质外形 黄淮山羊结构匀称，骨骼较细。鼻梁平直，眼大，耳长而立，面部微凹，下颌有髯。分有角和无角两个类型，67%左右有角。有角者，公羊角粗大，母羊角细小，向上向后伸展呈镰刀状；无角者，仅有0.5～1.5厘米的角基。公羊头大颈粗，胸部宽深，背腰平直，腹部紧凑，体躯呈筒形，外形雄伟，睾丸发育良好，有须和肉垂。母羊颈长，胸宽，背平，腰大而不下垂，乳房大，质地柔软。毛被白色，毛短有丝光，绒毛很少。黄淮山羊体质外形见彩图3.19、彩图3.20。

3. 生产性能 黄淮山羊初生重，公羔平均为2.6千克，母羔平均为2.5千克。2月龄公羔平均为7.6千克，2月龄母羔平均为6.7千克。9月龄公羊平均为22.0千克，相当于成年母羊体重的 62.3%。成年公羊体重平均为 33.9 千克，成年母羊平均为 25.7 千克。

产区习惯于春季生的羔羊冬季屠宰，一般在 7~10 月龄屠宰。肉质鲜嫩，膻味小。个别也有到成年时屠宰的。7~10 月龄的羯羊宰前重平均为 16.0 千克，胴体重平均为 7.5 千克，屠宰率平均为 47.13%。成年羯羊宰前重平均为 26.32 千克，屠宰率平均为 45.90%；成年母羊屠宰率平均为 51.93%。

黄淮山羊的板皮为汉口路山羊皮的主要来源，板皮致密坚韧，表面光洁，毛孔细匀，分层多，拉力强，弹性好，是国内著名的制革原料。黄淮山羊板皮一般取自晚秋、初冬宰杀的 7~10 月龄的羊，面积为 1 889~3 555 厘米^2，皮重 0.25~1.0 千克。板皮呈蜡黄色，细致柔软，油润光亮，弹性好，是优良的制革原料。

黄淮山羊性成熟早，初配年龄一般为 4~5 月龄。发情周期为 18~20 天，发情持续期为 24~48 小时。妊娠期为 145~150 天。母羊产羔后 20~40 天发情。能一年产 2 胎或两年产 3 胎。产羔率平均为 238.66%，其中单羔占 15.41%，双羔占 43.75%，三羔以上占 40.84%。繁殖母羊的可利用年限为 7~8 年。

黄淮山羊对不同生态环境有较强的适应性，性成熟早，繁殖力强，板皮质量好。为充分利用该品种，应开展选育工作，提高产肉性能，推行羔羊肉生产。

在选育工作过程中，在充分考虑提高肉用性能的同时，注意杂交强度和与配羊的品种性能，尤其不能因片面强调产肉性能而导致板皮质量下降。

（十一）南江黄羊

南江黄羊是四川南江县以纽宾奶山羊、成都麻羊、金堂黑山羊为父本，南江县本地山羊为母本，采用复杂育成杂交方法培育的，后又导入吐根堡奶山羊的血液，经过长期选育而成的肉用型山羊品种，1995 年 10 月经过南江黄羊新品种审定委员会审定，1996 年 11 月通过国家畜禽遗传资源管理委员会羊品种审定委员会实地复审，1998 年 4 月被农业部批准正式命名。南江黄羊不仅具有性成熟早、生长发育快、繁殖力高、产肉性能好、适应性强、耐粗饲、遗传性稳定的特点，而且肉质细嫩、适口性好、板皮品质优。南江黄羊适宜于在农区、山区饲养。南江黄羊是目前在中国山羊品种中产肉性能较好的品种群。

1. 品种特性 南江黄羊原产于四川省南江县。全身被毛黄褐色，毛短富有光泽。颜面黑黄，鼻梁两侧有一对称的浅黄色条纹。公羊颈部及前胸被毛黑黄粗长。枕部沿背脊有一条黑色毛带，十字部后渐浅。头大小适中，母羊颜面清秀。大多数有角，少数无角。耳较长或微垂，鼻梁微隆。公母羊均有毛髯，少数羊颈下有肉髯。颈长短适中，与肩部接合良好；胸深而广，肋骨开张；背腰平直，尻部倾斜适中；四肢粗壮，肢势端正，蹄质结实。体质结实，结构匀称。体躯略呈圆筒形。公羊额宽，头部雄壮，睾丸发育良好。母羊乳房发育良好。南江黄羊成年公母羊体质外形如彩图 3.21、彩图 3.22 所示。

一级羊体重、体尺标准下限见表 3.15。

表 3.15　一级羊体重体尺标准下限

年龄	性别	体重/千克	体高/厘米	体长/厘米	胸围/厘米
6 月龄	公羊	25	55	57	65
	母羊	20	52	54	60
周岁	公羊	35	60	63	75
	母羊	28	56	59	70
成年	公羊	60	72	77	90
	母羊	40	64	68	80

注：体重、体尺测定方法

1. 测量用具：测量体重用台秤或地秤称量。测量体高、体长用测杖，测量胸围用软尺。

2. 羊只姿势：测量体尺时应注意羊只端正地站在平坦的地面上，使前后肢均处于一条直线，头自然向前抬望。

3. 体重：在早晨空腹时进行，使用以千克为计量单位的台秤或地秤称重。

4. 体高：用测杖测定鬐甲最高处至地面的垂直距离。

5. 体长：用测杖测定肩胛前缘至坐骨结节的直线距离。

6. 胸围：用软尺测定肩胛后缘绕经前胸部的周长。

10 月龄羯羊胴体重 12 千克以上，屠宰率 44% 以上，净肉率 32% 以上。

母羊的初情期 3～5 月龄，公羊性成熟 5～6 月龄。初配年龄公羊 10～12 月龄，母羊 8～10 月龄。母羊常年发情，发情周期 19.5 天 ±3 天，发情持续期 34 小时 ±6 小时，妊娠期 148 天 ±3 天，产羔率：初产 140%，经产 200%。

2. 等级评定

（1）外貌等级划分：按体形外貌评分表评出总分，再按外貌等级标准划出等级。体形外貌评分表见表 3.16，外貌等级划分表见表 3.17。

表 3.16　体形外貌评分表

项目		评分要求	满分公	满分母
外貌	被毛	被毛黄色，富有光泽，自枕部沿背脊有一条由粗到细的黑色毛带，至十字部后不明显，被毛短浅，公羊颈与前胸有粗黑长毛和深色毛鬐，母羊毛鬐细短色浅	14	13
	头型	头大小适中，额宽面平，鼻微拱，耳大长直或微垂	8	6
	外形	体躯略呈圆筒形，公羊雄壮，母羊清秀	6	5
	小计		28	24

续表

项目		评分要求	满分	
			公	母
体躯	颈	公羊粗短，母羊较长，与肩部接合良好	6	6
	前躯	胸部深广，肋骨开张	10	10
	中躯	背腰平直，腹部较平直	10	10
	后躯	荐宽，尻丰满斜平适中。母羊乳房呈梨形，发育良好，无附加乳头	12	16
	四肢	粗壮端正，蹄质结实	10	10
	小计		48	52
发育	外生殖器	发育良好，公羊睾丸对称，母羊外阴正常	10	10
	整体结构	肌肉丰满，膘情适中，体质结实，各部结构匀称，紧凑	14	14
	小计		24	24
总计			100	100

表3.17 外貌等级划分表

等级	公羊	母羊
特级	≥95	≥95
一级	≥85	≥85
二级	≥80	≥75
三级	≥75	≥65

（2）体重、体尺等级划分：体重、体尺等级划分见表3.18。

表3.18 体重、体尺等级划分

年龄	等级	公羊				母羊			
		体高/厘米	体长/厘米	胸围/厘米	体重/千克	体高/厘米	体长/厘米	胸围/厘米	体重/千克
6月龄	特级	62	65	72	28	58	60	65	23
	一级	55	57	65	25	52	54	60	20
	二级	50	52	60	22	48	50	55	17
	三级	45	47	55	19	44	46	50	15
周岁	特级	67	70	82	40	62	66	77	32
	一级	60	63	75	35	56	59	70	28
	二级	55	58	70	30	52	55	65	24
	三级	50	53	65	25	48	51	60	21
成年	特级	79	85	99	69	72	75	87	45
	一级	72	77	90	60	65	68	80	40
	二级	67	72	84	55	60	63	75	36
	三级	62	66	78	50	55	58	70	32

注：成年公羊3岁，成年母羊2.5岁。

（3）繁殖性能等级划分：种母羊繁殖性能划分见表3.19。

表3.19 繁殖性能等级划分

等级	年产窝数	窝产羔数
特级	≥2.0	≥2.5
一级	≥1.8	≥2.0
二级	≥1.5	≥1.5
三级	≥1.2	≥1.2

种公羊精液品质：南江黄羊种公羊每次射精量 1.0 毫升以上，精子密度每毫升达 20 亿以上，活力 0.7 以上。公羊每天采精 2 次，连续采精 3 天休息 1 天。

（4）个体品质等级评定：个体品质根据体重（经济重要性权重 0.36）、体尺（经济重要性权重 0.24）、繁殖性能（经济重要性权重 0.3）、体形外貌（经济重要性权重 0.1）指标进行等级综合评定。综合评定见表 3.20。

表 3.20 个体品质等级评定

体形外貌	体重体尺															
	特				一				二				三			
	繁殖性能				繁殖性能				繁殖性能				繁殖性能			
	特	一	二	三	特	一	二	三	特	一	二	三	特	一	二	三
特	特	特	特	一	一	一	二	二	二	二	三	三	二	三	三	三
一	特	特	一	二	一	一	二	二	二	二	三	三	三	三	三	三
二	特	一	一	二	一	二	二	三	二	二	三	三	三	三	三	三
三	一	一	二	三	一	二	二	三	二	三	三	三	三	三	三	三

（5）系谱评定等级划分：系谱评定等级划分见表 3.21。

表 3.21 系谱评定等级划分

母羊	公羊			
	特	一	二	三
特	特			三
一	特		二	三
二	一		二	三
三	二		二	三

（6）综合评定：种羊等级综合评定，以个体品质（经济重

要性权重 0.7)、系谱（经济重要性权重 0.3）两项指标进行评定，见表 3.22。

表 3.22　种羊等级综合评定

系谱	个体品质															
	特				一				二				三			
特	特	特	特	特	一	一	一	二	二	二	二	三	三	三	三	三
一	特	特	特	一	一	一	二	二	二	二	三	三	三	三	三	三
二	特	一	一	二	一	二	二	三	二	三	三	三	三	三	三	三
三	一	一	二	二	二	二	三	三	三	三	三	三	三	三	三	三

南江黄羊是国家农业部重点推广的肉用山羊品种之一，该品种已被推广到福建、浙江、陕西、河南、湖北等 10 多个省（区），对各地山羊品种的改良效果显著。

（十二）努比亚山羊

努比亚山羊是世界著名的肉、乳、皮兼用型山羊品种之一，原产于非洲埃及，体高与萨能羊相当，产肉量高于萨能羊，性情温顺，繁殖力强，不耐寒冷但耐热性能强。

1. 产地与分布　努比亚山羊原产于非洲东北部的埃及、苏丹及邻近的埃塞俄比亚、利比亚、阿尔及利亚等国，在英国、美国、印度、东欧及南非等国都有分布，具有性情温顺、繁殖力强等特点。中国引入的努比亚山羊多来源于美国、英国和澳大利亚等国，主要饲养在四川省成都、简阳，广西壮族自治区，湖北省房县等地。

2. 体质外形　努比亚山羊体格较大，外表清秀，具有"贵族"气质。头短小，耳大下垂，公、母羊无须无角，面部轮廓清晰，鼻骨隆起，为典型的"罗马鼻"。耳长宽，紧贴头部，下垂。颈部较长，前胸肌肉较丰满。体躯较短，呈圆桶状，尻部较短，四肢较长。毛短细，色较杂，以带白斑的黑色、红色和暗红居多，也有纯白者。在公羊背部和股部常见短粗毛。体质外形如彩图3.23所示。

3. 生产性能 羔羊生长快，产肉多。成年公羊平均体重79.38千克，成年母羊61.23千克。

努比亚山羊泌乳性能好，母羊乳房发育良好，多呈球形。泌乳期一般5~6个月，产奶量一般300~800千克，盛产期日产奶2~3千克，高者可达4千克以上，乳脂率4%~7%，奶的风味好。四川省饲养的努比亚奶山羊，平均一胎261天产奶375.7千克，二胎257天产奶445.3千克。

努比亚奶山羊繁殖力强，一年可产两胎，每胎2~3羔。四川省简阳市饲养的努比亚奶山羊，怀孕期149天，各胎平均产羔率190%，其中一胎为173%，二胎为204%，三胎为217%。

努比亚奶山羊原产于干旱炎热地区，因而耐热性好，中国广西壮族自治区、四川省简阳市、湖北省房县从英国和澳大利亚等国引入饲养，与地方山羊杂交提高了当地山羊的肉用性能和繁殖性能，深受中国养殖户的喜爱。努比亚奶山羊是较好的杂交肉羊生产母本，也是改良本地山羊较好的父本，四川省用它与简阳本地山羊杂交，获得较好的杂交优势，形成了全国知名的简阳大耳羊品种类群。

（十三）马头山羊

马头山羊产于湖北省的郧阳、恩施市以及湖南省常德市，是生长速度较快、体形较大、肉用性能最好的地方山羊品种之一。1992年被国际小母牛基金会推荐为亚洲首选肉用山羊，也是国家农业部重点推广的肉用山羊品种。

1. 品种特性 属肉、皮兼用型，具有体形大、生长快、屠宰率高、肉质细嫩、板皮性能好、繁殖力强、杂交亲和力好、适应性强等特点。

2. 外貌特征 公母羊均无角，两耳平直略向下垂；被毛全白。马头山羊外貌特征如彩图 3.24 所示。

3. 生产性能 用 6 月龄、12 月龄、18 月龄公、母、羯羊的胴体重和屠宰率表示，在放牧加舍饲条件下应符合表 3.23 的规定。

表 3.23 6 月龄、12 月龄和 18 月龄羊只肉用性能

月龄	性别	屠宰前活重/千克		胴体重/千克		屠宰率/%	
		平均数	范围	平均数	范围	平均数	范围
6 月 龄	公	18.7	15.5~21.0	7.7	5.1~9.3	41.4	38~44
	母	17.3	14.7~19.5	6.9	5.7~7.4	39.8	37~43
	羯	20.5	18.4~23.9	8.7	6.4~9.6	42.6	39~47
12 月 龄	公	28.5	23.5~30.0	12.6	9.8~14.5	44.1	41~47
	母	24.3	21.5~27.7	10.7	8.6~12.7	43.2	40~46
	羯	31.8	28.3~35.8	15.8	13.9~18.3	49.8	46~54
18 月 龄	公	35.6	32.4~40.5	17.9	15.0~21.1	50.4	48~52
	母	32.3	29.3~36.1	15.6	13.3~20.2	48.3	46~50
	羯	40.2	35.8~41.5	21.2	17.5~23.2	52.8	50~56

公羊和母羊全年均可繁殖，母羊初情期 3~5 月龄，适配年龄 6~8 月龄。初产母羊窝产羔数不低于 1.7，经产母羊窝产羔数不低于 2.2；母羊利用年限不低于 5 年。公羊初情期 3~4 月龄，适配年龄 9~10 月龄，全年均可配种；采精频率每天 1~2 次（间隔 6 小时），射精量 1~2 毫升/次，利用年限 5~7 年。

板皮厚薄均匀，油性足，弹性好，出革率高，成年板皮平均厚 0.3 厘米，特级板皮面积 8 500 厘米² 以上，一级板皮面积 7 000 厘米² 以上，二级板皮面积 6 500 厘米² 以上。

4. 等级评定 以体形外貌（表 3.24）、生长性状（体重、体尺）（表 3.25）、繁殖性状（表 3.26、表 3.27）为评定依据。

表3.24 体形外貌综合评定表

项目	体形外貌标准
整体结构	体质结实、结构匀称；公羊雄壮，母羊清秀敏捷
头、颈肩部	头部大小适中，面长额宽，眼大突出有神，嘴齐，头顶横轴凹下，密生卷曲鬃毛，鼻梁平直，耳平直略向下倾斜，部分羊颌下有两个肉垂，母羊颈部细长，公羊颈短粗壮，颈肩接合良好
前躯	发达，肌肉丰满，胸宽而深，肋骨开张良好
背、腹部	被腰平直，腹圆，大而紧凑
后躯	较前躯略宽，尻部宽，倾斜适度，臀部和腿部肌肉丰满，肷窝明显；母羊乳房基部宽广，方圆，附着紧凑，向前延伸，向后突出，质地柔软，大小适中，有效乳头两个；公羊睾丸发育良好，左右对称，附睾明显，富有弹性，适度下垂
四肢	四肢匀称，刚劲有力；系部紧凑强健，关节灵活；蹄质结实，蹄壳呈乳白色，无内向、外向、刀状姿势
皮肤与被毛	皮肤致密富有弹性，肤色粉红；全身被毛短密贴身，毛色全白而有光泽

表3.25 生长性状评定标准

月龄	性别	等级	体重/千克	胸围/厘米	体斜长/厘米
6	公羊	特级	14	54	52
		一级	11	51	49
		二级	8	48	46
	母羊	特级	11	50	48
		一级	11	50	48
		二级	8	47	45

续表

月龄	性别	等级	体重/千克	胸围/厘米	体斜长/厘米
6	公羊	特级	23	64	60
		一级	19	60	56
		二级	15	56	52
	母羊	特级	22	63	58
		一级	18	59	54
		二级	14	55	50
12	公羊	特级	33	75	70
		一级	29	71	66
		二级	25	67	62
	母羊	特级	30	72	68
		一级	26	69	64
		二级	22	65	60
18	公羊	特级	42	83	77
		一级	37	78	72
		二级	32	73	67
	母羊	特级	38	80	75
		一级	33	75	70
		二级	28	70	65

表3.26 公羊繁殖性能评定标准

等级	3月龄，6月龄	12月龄，18月龄		
	同胞数/只	性欲强弱 爬跨间隔时间/分钟	射精量/毫升	鲜精活力/%
特级	≥4	1	1.6~2.0	≥90
一级	≥2	2	1.3~1.5	85~89
二级	1	5	1.0~1.2	80~84

表 3.27　母羊繁殖性能评定标准

等级	3 月龄，6 月龄	12 月龄，18 月龄
	同胞数/只	窝产活羔数/只
特级	≥4	3
一级	≥2	2
二级	1	1

马头山羊头形似马，行走时步态如马，性情迟钝，群众俗称"懒羊"。马头山羊按被毛长短可分为长毛型和短毛型两种类型，按背脊可分为双脊和单脊两类，以双脊和长毛型品质较好。

马头山羊抗病力强，适应性广，合群性强，易于管理，丘陵山地、河滩湖泊、农家庭院、草地均可放牧饲养，也适于圈养，在中国南方各省都能适应。华中、西南、云贵高原等地引种牧羊，表现良好，经济效益显著。

（十四）萨能奶山羊

萨能奶山羊产于瑞士，是世界上最优秀的奶山羊品种之一，是奶山羊的代表型。现有的奶山羊品种几乎半数以上都与萨能奶山羊有程度不同的血缘关系。

1. 品种特性 萨能奶山羊具有典型的乳用家畜体形特征，后躯发达。被毛白色，偶有毛尖呈淡黄色，有四长的外形特点，即头长、颈长、躯干长、四肢长，后躯发达，乳房发育良好。公、母羊均有须，大多无角。其外貌特征如彩图 3.25、彩图 3.26 所示。

2. 生产性能 成年公羊体重 75～100 千克，最高 120 千克，母羊 50～65 千克，最高 90 千克。母羊泌乳性能良好，泌乳期 8～10 个月，可产奶 600～1 200 千克，世界各国不同环境条件下，产奶量差异较大。最高个体产奶记录 3 430 千克。母羊产羔率一般 170%～180%，高者可达 200%～220%。

二、肉羊的体形外貌鉴定

体形外貌是体躯结构的外部表现，即形态是内部组织、器官及系统生长发育、生理机能的表现。由于羊体是一有机的整体，所以体形外貌除反映外部形态外，还反映了其生产类型、生产性能、健康状况、年龄、性别等，体形外貌通常是生产性能高低的标志。

（一）肉羊各部位特征

肉羊具有肉用家畜的"矩形"体形，从整体看，皮薄骨细，体躯宽深，低垂，全身肌肉丰满，皮下脂肪发达，疏松而匀称。肉用羊的侧视、背视、前视、后视体躯都呈圆筒形。从侧面看，颈短而宽，垂皮发达，前胸突出，胸深，尻深，背线、腹线平行，股后平直，肋骨弯曲，呈圆筒形；背视鬐甲宽平，背腰宽，尻部平而广阔，肋骨弯曲，腹部充实，形成圆筒形；前视鬐甲宽平，胸宽而深，胸底部稍平，两侧肋骨开张，呈圆筒形；后视尻部宽而平，后裆宽，股间肌肉丰满而深，呈圆筒形。

头颈部位于躯体的最前端，头部是整个羊体的缩影，它可以反映出羊的生产类型、品种特征、性别及年龄等情况。前躯指颈之后、肩胛软骨后缘垂直切线之前，以前肢诸骨为基础的体表部位，前肢包括肩、臂和下前肢。胸位于鬐甲下方和两前肢之间，后与腹部相连。中躯指肩胛软骨后缘垂直切线之后至腰角垂线之前，以背椎、腰椎和肋骨为支架的中间躯段。后躯是腰角以后的躯段，其中以骨盆、荐骨及第一尾椎为基础构成尻部。

头短宽，皮下结缔组织发达，角细致光滑，眼睛大而明亮，鼻孔大，口裂深。颈宽短，与鬐甲、肩接合平滑丰满。鬐甲宽厚多肉，与背腰成一条直线。

前胸饱满，突出于两前肢之间，垂肉高度发育。肩直立，肋骨长而弯曲，使胸宽而深，肋间肌肉充实。肩颈、肩胸接合平滑丰满，肋骨外观不明显。

背腰宽广、丰满，脊柱两侧和背腰的肌肉由于非常发达而呈复背、复腰，腰角宽。腹部大小适中，不下垂，不卷腹，腹壁厚。

尻长、宽、平，坐骨端宽，肌肉及皮下脂肪发达，呈复臀。后裆乳镜靠下，股后肌群、腹内肌肉都十分发达，呈"大象臀状"。乳房发育中等，但脂肪组织比例较大。

四肢骨细而短，关节不明显。

（二）肉羊的外貌鉴别

羊的外貌鉴别方法有肉眼鉴别和测量鉴别。

1. 肉眼鉴别　肉眼鉴别就是靠眼睛观察羊的外貌，并借助于手的触摸对羊的各个部位和整体进行鉴别的方法。

在鉴别之前，首先要了解羊的品种、年龄、胎次、妊娠日期、健康状况、体重等情况，以避免鉴别时出现不必要的误差。进行鉴定时，将羊置于水平地面或平台上，让羊四肢站立自然、头略抬直，鉴定人员站在 3 倍于畜体长度距离的位置上，从畜体的正面、侧面和后面进行整体全面观察，看其是否具有该品种的典型特征，看其生产用途和选育方向是否一致，体质是否结实，整体发育是否良好，肢蹄是否健壮，有无损征。然后从羊的前方看头部及品种特征，前肢肢势，胸、腹的宽度，肋骨开张度等，然后走到羊体右侧，鉴别头与颈、颈与肩的结合情况及颈、鬐甲、肩、胸、背、腰、腹、尻、乳房等各部位的体形特征，再走到羊体后侧，看后躯发育情况，尻宽、坐骨端、乳房及后肢肢势等，最后再到羊体左侧进行补充鉴别。肉眼观察完毕后，再用手触摸，了解其皮肤、被毛、皮下组织、乳房等的发育情况，最后再让羊行走，观察四肢动作的协调性和步伐等。

进行肉眼鉴别时，可将各部位评定的分数或结果做记录。

肉眼鉴定的优点是简便易行，不需用特殊器械。但要求鉴定人员要有一定的实践经验，对鉴定的品种要有充分的了解。鉴定时尽可能同体尺测量和评分鉴定结合进行。

2. 测量鉴别 测量鉴别是外貌鉴别的重要方法，它能准确反映一些部位的发育情况，可弥补肉眼鉴别的缺陷，避免肉眼鉴定带有的主观性，提高初学鉴别者的鉴别能力，其中体尺测量是鉴别的基础。体尺和体重都是衡量羊生长发育的主要指标，测定羊的体尺和体重是羊育种上一项主要实际技术。

（1）体重称量：体重是检查饲养管理好坏的主要依据。称量体重应在早晨空腹情况下进行。称重的具体项目包括有：羔羊的初生重、断奶重等。羊称重一般多采用地磅，没有地磅，采用移动磅秤。

（2）体尺测量：体尺测量鉴定可以用于测量的工具有测杖、圆形测定器、卷尺和测角计。测定之前先检查并调整到正确的刻度。进行体尺测量时，应使羊站于平坦的地面上，肢势要端正，四腿成两行，从前往后看，前后腿端正，从侧面看，左右腿互相掩盖，背腰不弓不凹，头自然前伸，不左顾右盼，不昂头或下垂，待体躯各部呈自然状态后，迅速、准确地进行测量。体尺测量所用的测量器具有测杖、卷尺、圆形测量器、测角计。

体尺测量的数目，依测量目的而定。常用的体尺有（图3.1）：

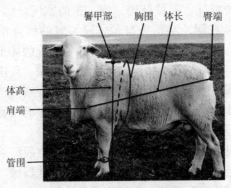

图3.1　肉羊的体尺指标

①体高（鬐甲高）：由鬐甲最高点到地面的距离。

②体长（体斜长）：由肩端到同侧坐骨端的距离。

③体直长：由肩端到坐骨端后缘的水平距离。

④胸围：肩胛骨后缘处体躯的水平周径，其松紧度以能插入食指和中指自由滑动为准。

⑤管围：前肢掌骨上 1/3 处的周径，即前管最细处的周径。

⑥头长：从额顶（角间线）至鼻上缘的距离。

⑦最大额宽：眼眶最远点的距离。

⑧额小宽：颞颥部上面额的最小宽度。

⑨胸宽：两肩胛后缘之间的最大距离，即左右第六肋骨之间的距离。

⑩胸深：肩胛骨后方从脊椎到胸骨的直线距离。

⑪腰高（十字部高）：两腰角连线与腰椎相交点到地面的垂直距离。

⑫腰角宽：两腰角外缘的距离。

⑬尻长：从腰角前缘到坐骨结节后缘的直线距离。

⑭后腿围：从右侧的后膝前缘开始，绕尾下股胫间至对侧后膝前缘的水平距离。

⑮坐骨端宽：左右坐骨结节最外隆凸间的宽度。

（3）体尺指数的计算与分析：体尺指数是用来表述各部位是否发育完全，是否匀称和某一生产类型、品种等的特征。

①体长指数：体长指数 $= \dfrac{体长}{体高} \times 100\%$

胚胎期发育不全的羊，该指数高于品种的平均值，如果生后发育受阻，则此指数低于平均数，该指数随年龄增大而增大。

②体躯指数：体躯指数 $= \dfrac{胸围}{体长} \times 100\%$

它表示体躯的发育程度。

③管围指数（骨指数）：管围指数 $= \dfrac{管围}{体高} \times 100\%$

它表示体躯骨骼的相对发育情况。

④尻宽指数：尻宽指数 $= \dfrac{坐骨端宽}{腰角宽} \times 100\%$

它反映尻部发育是否匀称。大于 67% 时为宽尻，小于 50% 时为尖尻。

三、肉羊的年龄鉴定

（一）根据牙齿鉴定年龄

不同年龄肉羊生产性能、体形体态、鉴定标准都有所不同。现在比较可靠的年龄鉴定法仍然是牙齿鉴定。

羊的牙齿生长发育、形状、脱换、磨损、松动有一定的规律，人们就是利用这些规律，比较准确地进行羊的年龄鉴定。成年羊共有 32 枚牙齿，上颌有 12 枚，每边各 6 枚，上颌无门齿，下颌有 20 枚牙齿，其中 12 枚是臼齿，每边 6 枚，8 枚是门齿，也叫切齿。利用牙齿鉴定年龄主要是根据下颌门齿的发生、更换、磨损、脱落情况来判断。

羔羊一出生下颌就长有 6 枚门齿；约在 1 月龄，8 枚门齿长齐，这种羔羊称"原口"或"乳口"，这时的牙齿为乳白色，比较整齐，形状高而窄，接近长柱形，这种牙齿叫乳齿。1.5 岁左右，乳齿齿冠有一定程度的磨损，钳齿脱落，随之在原脱落部位长出第一对永久齿；2 岁时中间齿更换，长出第二对永久齿；约在 3 岁时，第四对乳齿更换为永久齿；4 岁时，8 枚门齿的咀嚼面磨得较为平直，俗称齐口；5 岁时，可以见到个别牙齿有明显的齿星，说明齿冠部已基本磨完，暴露了齿髓；6 岁时已磨到齿颈部，门齿间出现了明显的缝隙；7 岁时缝隙更大，出现露孔现象。生产中，为了便于记忆，总结出顺口溜：一岁半，中齿换；

到两岁，换两对；两岁半，三对全；满三岁，牙换齐；四磨平；五齿星；六现缝；七露孔；八松动；九掉牙；十磨尽。乳齿与永久齿的区别见表3.28。图3.2为羊的牙齿脱换示意图。

表3.28　乳齿与永久齿的区别

项目	乳齿	永久齿
色泽	白色	乳黄色
齿颈	明显	不明显
齿根	插入齿槽较浅，附着不稳	插入齿槽较深，附着稳定
大小	小而薄，有齿间隙	大而厚，无齿间隙
排列情况	牙齿排列整齐，齿表面平坦	排列不整齐，表面有浅槽

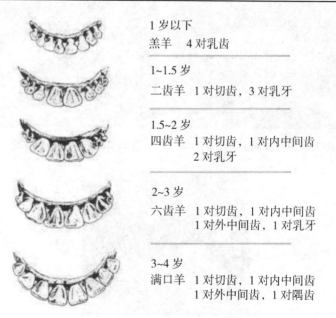

图3.2　羊的齿龄鉴定示意图

绵羊的牙齿随年龄的变化，如图3.3～图3.7所示。

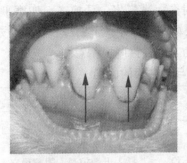

图3.3　12月龄1对永久齿

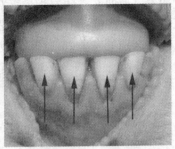

图3.4　2岁2对永久齿

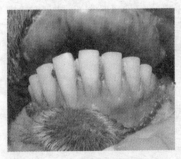

图3.5　4岁4对永久齿（齐口）

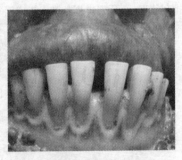

图3.6　6~8岁牙缝加宽

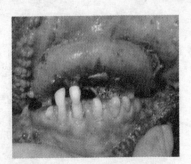

图3.7　8~12岁牙齿脱落

山羊的牙齿随年龄的变化，如图 3.8～图 3.12 所示。

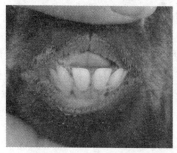

图 3.8　2 周龄的乳齿

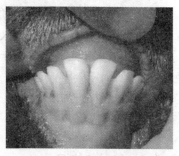

图 3.9　10 周龄的乳齿

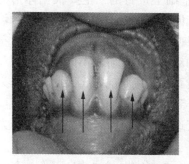

图 3.10　1.5～2 岁 2 对永久齿

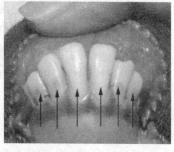

图 3.11　3 岁 3 对永久齿

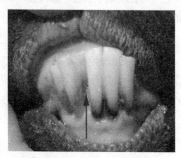

图 3.12　10 岁牙齿脱落

（二）根据羊的角轮判定年龄

对于有角羊来说，每一个角轮就是一岁，根据羊角轮的多少，就可知道羊的年龄。

此方法要求鉴定人员经验丰富，熟悉羊牙齿脱换的规律及脱换的时间范围，确保鉴定准确。鉴定过程中要注意羊只切实保定，避免羊只过分挣扎而受伤。

四、羊的选种

（一）选种的依据

选种是在羊只个体鉴定的基础上进行的，主要根据体形外貌、生产性能、后代品质、血统四个方面对羊只进行选择。

1. 体形外貌 体形外貌在纯种繁育中非常重要，凡是不符合本品种特征的羊不能作为选种对象。不同阶段羊的体形外貌和生理特征可以反映种羊的生长发育和健康状况等，因此可以作为选种的参考依据。从羔羊开始，到育成羊、繁殖羊，每一个阶段都要按该品种的固有特征，确定选择标准进行选择，这种选择方法简单易行。

中国先后引进一些国外羊种，参与中国羊的改良工作，在选种的过程中同样要注意纯种繁育后应该按照该品种的外貌特征选留种羊，杂交羊如果后期不进行杂交配套尽量不留种用。

2. 生产性能 生产性能指体重、屠宰率、繁殖力、泌乳力、早熟性、产毛量、羔裘皮的品质等方面。

羊的生产性能可以通过遗传传给后代，因此选择生产性能好的种羊是选育的关键环节。但要在各个方面都优于其他品种是不可能的，应突出主要优点。

3. 后裔 种羊本身是否具备优良性能是选种的前提条件，但它的生产性能水平是否能真实稳定地遗传给后代，就要根据其所产后代（后裔）的成绩进行评定，这样就能比较正确地选出优秀种羊个体。但是这种选择方法经历的时间长，耗费的人力、物力多，一般只有非常重要的选种工作才会开展后裔测定，如通过近交建系法建立优秀家系则可以采用此法。在选种过程中，要不断地选留那些性能好的后代作为后备种羊。

4. 血统 血统即系谱，这种选择方法适合于尚无生产性能记录的羔羊、育成羊或后备种羊，根据它们的双亲和祖代的记录成绩和遗传结果进行选择。系谱选择主要是通过比较其祖先的生产性能记录来推测它们稳定遗传祖先优秀性状的能力，据遗传原理可知，血统关系越近的祖先对后代的影响越大，所以选种时最重要的参考资料是父母的生产记录，其次是祖代的记录。系谱选择对于低遗传力性状（如繁殖性能）的选择效果较好。

（二）选种的方法

生产中种羊的选择方法主要有根据体形外貌、生理特点选择和根据生产性能记录资料选择两种方法，选种时群体选择和个体选择交叉进行。

1. 根据体形外貌、生理特点选择 选种要在对羊只进行体形外貌和生理特点鉴定的基础上进行。羊的鉴定有个体鉴定和等级鉴定两种，都按鉴定的项目和等级标准准确地进行评定等级。个体鉴定要按项目进行逐项记载，等级鉴定则不做具体的个体记录，只写等级编号。

需要进行个体鉴定的羊包括特级、一级公羊和其他各级种用公羊，准备出售的成年公羊和公羔，特级母羊和指定做后裔测验的母羊及其羔羊。除进行个体鉴定的羊只以外都做等级鉴定，前面所介绍的羊品种有国家标准和农业行业标准的我们已经一一列出，没有相关标准的羊品种等级标准，可根据育种目标的要求自行制定选育标准，等级鉴定的相关内容在此不再赘述。

羊的鉴定一般在体形外貌、生产性能充分表现，且有可能做出正确判断的时候进行。公羊一般在到了成年，母羊第一次产羔后对生产性能予以测定。为了培育优良羔羊，对初生、断奶、6月龄、周岁的时候都要进行鉴定，裘皮型的羔羊，在羔皮和裘皮品质最好时进行鉴定。后代的品质也要进行鉴定，主要通过各项生产性能测定来进行。对后代品质的鉴定，是选种的重要依据。凡是不符合要求的及时淘汰，合乎标准的作为种用。除了对个体鉴定和后裔的测验之外，对种羊和后裔的适应性、抗病力等方面也要进行考察。

（1）羊的个体鉴定：个体鉴定首先要确定羊只的健康情况，健康是生产的最重要基础。健康无病的羊只一般活泼好动，肢势端正，乳房形态、功能好，体况良好，不过肥也不过瘦，精神饱满，食欲良好，不会离群索居。有红眼病、腐蹄病、瘸腿的羊只，都不宜作为种用。

在健康的基础上进行羊的外貌鉴定，体形外貌应符合品种标准，无明显失格。

①嘴型。正常的羊嘴是上颌和下颌对齐。上、下颌轻度对合不良问题不大，但比较严重时就会影响正常采食。要确定羊上、下颌齐合情况，宜从侧面观察。若下颌或上颌突出，则属于遗传缺陷。下颌短者，俗称鹦鹉嘴。上颌短者，俗称猴子嘴。羊的嘴型如图3.13所示。

正常嘴型　　　　　鹦鹉嘴　　　　　猴子嘴

图3.13　羊的嘴型

②牙齿。羊的牙齿状况依赖于它采食的食物及其生活的土壤环境。采食粗饲料多的羊只牙齿磨损较快。在咀嚼功能方面，臼

齿较切齿更重要。它们主要负责磨碎食物。要评价羊的牙齿磨损情况，需要进行检查。不要直接将手指伸进羊口中，否则会被咬伤。臼齿有问题的羊多伴有呼吸急促。有牙病者不宜留种。

③蹄部和腿部。健康的羊只，应是肢势端正，球节和膝部关节坚实，角度合适。肩胛部、髋骨、球节倾角适宜，一般应为45度左右，不能太直，也不能过分倾斜。蹄腿部有轻微毛病者一般不影响生活力和生产性能，但失格比较严重的往往生活力较差。蹄甲过长、畸形、开裂者或蹄甲张开过度的羊只均不宜留种。

④体形和体格。不同用途的羊体形应符合主生产力方向的要求，如肉羊体形应呈细致疏松形，乳用羊体形为细致紧凑型，而毛用羊体形则为细致疏松形。各种用途的羊的体格都要求骨骼坚实，各部连接良好，躯体大。个体过小者应被淘汰。公羊应外表健壮，雄性十足，肌肉丰满。母羊一般体质细腻，头清秀细长，身体各部角度线条比较清晰。

⑤乳房。乳房发育不良的母羊没有种用价值。母羊乳房大小因年龄和生理状态不同而异。应触诊乳房，确定是否健康无病和功能正常。若乳房坚硬或有肿块者，应及时淘汰。乳房应有两个功能性的乳头，乳头应无失格。乳房下垂、乳头过大者都不宜留种。此外，也应对公羊的乳头进行检查。公羊也应有两个发育适度的乳头。

⑥睾丸。公羊睾丸的检查需要触诊。正常的睾丸应是质地坚实，大小均衡，在阴囊中移动比较灵活。若有硬块，有可能患有睾丸炎或附睾炎。若睾丸质地正常，但睾丸和阴囊周径较小，也不宜留种。阴囊周径随品种、体况、季节变化，青年公羊的阴囊大小一般应在30厘米以上。成年公羊的应在32厘米以上。

（2）羊的生产性能鉴定：羊的生产性能指的是主要经济性状的生产能力，包括产肉性能，产毛、皮性能，产乳性能，生长

95

发育性能，生活力和繁殖性能等。第二章我们介绍了羊的生产性能评价指标和羊的生产性能测定方法，依据评价指标在生产中对种羊的生产性能进行评定，指导种羊群的选种和育种工作。同时必须系统记录羊的生产性能测定结果，根据测定内容不同设计不同形式的记录表格，可以是纸质表格，也可以建立电子记录档案，保存在计算机中，特别是记录时间长、数据量大时使用电子记录更便于进行相关数据分析。

2. 根据记录资料进行选择 种羊场应该做好羊只主要经济性状的成绩记录，应用记录资料的统计结果采取适当的选种方法，能够获得更好的选育效果。

（1）根据系谱资料进行选择：这种选择方法适合于尚无生产性能记录的羔羊、育成羊或后备种羊，根据它们的双亲和祖代的记录成绩和遗传结果进行选择。系谱选择主要是通过比较其祖先的生产性能记录来推测它们稳定遗传祖先优秀性状的能力，据遗传原理可知，血统关系越近的祖先对后代的影响越大，所以选种时最重要的参考资料是父母的生产记录，其次是祖代的记录。系谱选择对于低遗传力性状如繁殖性状的选择效果较好。

系谱审查要求有详细记载，因此凡是自繁的种羊应做详细的记载，购买种羊时要向出售单位和个人，索取卡片资料，在缺少记载的情况下，只能根据羊的个体鉴定作为选种的依据，无法进行血统的审查。

（2）根据本身成绩进行选择：本身成绩是羊生产性能在一定饲养管理条件下的现实表现，它反映了羊自身已经达到的生产水平，是种羊选择的重要依据。这种选择法对遗传力高的性状（如肉用性能）选择效果较好，因为这类性状稳定遗传的可能性大，只要选择了好的亲本就容易获得好的后代。

①据本身成绩选择公羊。公羊对群体生产性能改良作用巨大，选择优秀公羊可以改善每只羔羊的生产性能，加快群体重要

经济性状的遗传进展。在一般中小型羊场，80%～90%的遗传进展是通过选择公羊得到的，其余10%～20%通过选择母羊而得。小型羊场一般都需要从外面购买公羊，这时要特别重视公羊的质量。

在使用多个公羊的群体内，可用羔羊断奶重和断奶重比率来进行公羊种用价值评定。在评估公羊生产性能时，需要考虑公羊和母羊的比率，将母羊羔羊窝重调整为公羊羔羊窝重（表3.29）。

表3.29　公羊生产性能评估表

公羊号	羔羊数目	矫正羔羊90日龄断奶重	羔羊断奶重比率

注：矫正羔羊90日龄断奶重 =（断奶重÷断奶日龄）×90

羔羊断奶重比率 =（某羔羊90日龄断奶重÷羔羊群体平均90日龄断奶重）×100%

②据母羊本身成绩选择母羊。对于每只母羊，可用实际断奶重或矫正90日龄断奶重进行评价。也可以计算母羊生产效率评价：

母羊生产效率 =（每年羔羊断奶窝重÷断奶时母羊体重）×100%

从上面公式可见，母羊生产效率在50%～100%。生产效率越高，则饲料转化效率越高，利润越大。

（3）根据同胞成绩进行选择：可根据全同胞和半同胞两种成绩进行选择。同父同母的后代个体间互称全同胞，同父异母或同母异父的后代个体间互称半同胞。它们之间有共同的祖先，在遗传上有一定的相似性，它能对种羊本身不表现性状的生产优势做出判断。这种选择方法适合限性性状或活体难度量性状的选择，如种公羊的产羔潜力、产乳潜力就只能用同胞、半同胞母羊的产羔或产乳成绩来选择，种羊的屠宰性能则以屠宰的同胞、半同胞的实测成绩来选择。

（4）根据后裔成绩进行选择：根据系谱、本身记录和同胞成绩选择可以确定选择种羊个体的生产性能，但它的生产性能是否能真实稳定地遗传给后代，就要根据其所产后代（后裔）的成绩进行评定，这样就能比较正确地选出优秀种羊个体。但是这种选择方法经历的时间长，耗费的人力、物力多，一般只有非常重要的选种工作才会开展后裔测定，如通过近交建系法建立优秀家系则可以采用此法。

公羊后裔测定的基本方法是：使公羊与相同数量、生产性能相似的母羊进行交配，然后记录母羊号、母羊年龄、产羔数、羔羊初生重、断奶日龄等信息，计算矫正90日龄断奶重、断奶比率等指标，然后进行比较。在产羔数相近的情况下，以断奶重和断奶重比为主比较公羊的优劣。

（5）根据综合记录资料进行选择：反映种羊生产性能的有多个性状，每个性状的选择可靠性对不同的记录资料有一定差异。对成年种羊来说其亲本、后代、自身等均有生产性能记录资料，就可以根据不同性状与这些资料的相关性大小，上下代成绩表现进行综合选择，以选留更好的种羊。

（三）做好后备种羊的选留工作

为了选种工作的顺利进行，选留好后备种羊是非常必要的。后备种羊的选留要从以下几个方面进行：

1. 选窝（看祖先） 从优良的公母羊交配后代中，全窝都发育良好的羔羊中选择。母羊需要选择第二胎以上的经产多羔羊。

2. 选个体 要在初生重和生长各阶段增重快、体尺好、发情早的羔羊中选择。

3. 选后代 要看种羊所产后代的生产性能，是不是将父母代的优良性能传给了后代，凡是没有这方面的遗传，不能选留。

后备母羊的数量，一般要达到需要数的 3～5 倍，后备公羊的数量也要多于需要数，以防在育种过程中有不合格的羊不能做种用而数量不足。

五、羊的选配

在选种的基础上，有目的、有计划地选择优秀公、母羊进行交配，有意识地组合后代的遗传基础，获得体质外貌理想和生产性能优良的后代就称为选配。选配是选种工作的继续，决定着整个羊群以后的改进和发展方向，选配是双向的，既要为母羊选取最合适的与配公羊，也要为公羊选取最合适的与配母羊。

（一）选配的原则

（1）选配要与选种紧密地结合起来，选种要考虑选配的需要，为其提供必要的资料；选配要和选种配合，使双亲有益性状固定下来并传给后代。

（2）要用最好的公羊选配最好的母羊，但要求公羊的品质和生产性能，必须高于母羊，较差的母羊，也要尽可能与较好的公羊交配，使后代得到一定程度的改善，一般二、三级公羊不能做种用，不允许有相同缺点的公、母羊进行选配。

（3）要尽量利用好的种公羊，最好经过后裔测验，在遗传性未经证实之前，选配可按羊体形外貌和生产性能进行。

（4）种羊的优劣要根据后代品质做出判断，因此要有详细和系统的记载。

（二）选配的方法

羊的选配主要包括个体选配和种群选配。个体选配又分为品质选配和亲缘选配；种群选配又分为纯种繁育和杂交繁育，种群选配的内容将在下一个项目中叙述。

个体选配，是在羊的个体鉴定的基础上进行的选配。它主要是根据个体鉴定、生产性能、血统和后代品质等情况决定交配双方。

1. 品质选配　品质选配又可分为同质选配、异质选配及等级选配。搞好品质选配，既能巩固优秀公羊的良好品质，又能改善品质欠佳的母羊品质，故肉用羊应广泛进行品质选配。

（1）同质选配：是一种以表型相似性为基础的选配，它是指选用性状相同、性能表现一致或育种值相似的优秀公、母羊配种，以获得与亲代品质相似的优秀后代，这种选配常用于优良性状的固定及杂交育种过程中理想型的横交固定。

生产中不要过分强调同质选配的优点，否则容易造成单方面的过度发育，使体质变弱，生活力降低。因此在繁育过程中的同质选配，可根据育种工作的实际需要而定。

（2）异质选配：是一种以表型不同为基础的选配，主要是选择具有不同优异性状的公、母羊相配，以期将公、母羊所具备的不同优良性状结合起来，获得兼备双亲不同优点的后代；或者是利用公羊的优点纠正或克服母羊的缺点或不足而进行的选配。

这种选配方式的优缺点，在某种程度上与同质选配相反。

（3）等级选配：是根据公、母羊的综合评定等级，选择适合的公、母羊进行交配，它既可以是同质选配（特级、一级母羊与特级、一级公羊的选配），也可以是异质选配（二级以下的母羊与二级及其以上等级公羊的选配）。

2. 亲缘选配　亲缘选配是指选择有一定亲缘关系的公、母交配。按交配双方血缘关系的远近又可分为近交和远交两种。近交是指交配双方到共同祖先的代数之和在六代以内的个体间的交配，反之则为远交。近交在养羊业中主要用来固定优良性状，保持优良血统，提高羊群同质性，揭露有害基因。近交在育种工作中具有其特殊作用，但近交又有其危害性（近交衰退），故在生产中应尽量避免近交，不可滥用。

亲缘选配的作用在于遗传性稳定，这是优点，但亲缘选配容易引起后代的生活力降低，羔羊体质弱，体格变小，生产性能降低。亲缘交配，应采取下列措施，预防不良后果的产生。

（1）严格选择和淘汰：必须根据体质和外貌来选配，使用强壮的公、母羊配种可以减轻不良后果。亲缘选配所产生的后代，要仔细鉴别，选留那些体质坚实和健壮的个体继续做种羊。凡体质弱，生活力低的个体应予以淘汰。

（2）血缘更新：就是把亲缘选配的后代与没有血缘关系、并培育在不同条件下的同品种个体进行选配，可以获得生活力强和生产性能好的后代。

六、羊的杂交育种

羊的杂交育种是区别于纯种选育的一种繁育方法，是指用两个或两个以上羊品种进行品种间交配，组合后代的遗传结构，创造新的类型，或直接利用新类型进行生产或利用新类型培育新品种或新品系，根据杂交目的不同可以把杂交繁育分为引入杂交、级进杂交、育成杂交和经济杂交。

（一）引入杂交

引入杂交指在保留原有品种基本品质的前提下，利用引入品种改良原有品种某些缺点的一种有限杂交方法。具体操作手段是利用引入的种公羊与原有母羊杂交一次，再在杂交子代中选出理想的公羊与原有母羊回交一次或两次，使外源血统含量低于25％，把符合要求的回交种自群繁育扩群生产，这样既保持了原有品种的优良特性又将不理想的性状改良提高了。

引入杂交在养羊业中广泛应用，其成败在很大程度上取决于改良用品种公羊的选择和杂交过程中的选配，同时注意加强杂交后代羔羊的培育。在引入杂交时，选择品种的个体很重要，要选择经过后裔测验和体形外貌特征良好、配种能力强的公羊，还要为杂种羊创造一定的饲养管理条件，并进行细致的选配。此外，还要加强原品种的选育工作，以保证供应好的回交种羊。

（二）级进杂交

级进杂交也称吸收杂交、改进杂交。改良用的公羊与当地母羊杂交后，从第一代杂种开始，以后各代所产母羊，每代继续用原改良品种公羊选配，到3～5代杂种后代生产性能基本与改良品种相似。杂交后代基本上达到目标时，杂交应停止。符合要求的杂种公、母羊可以横交。如波尔山羊引入中国后，与一些地方品种开展级进杂交，杂交3代以上的后代在体形外貌、生长速度、产肉性能上基本上与波尔山羊相似。

（三）育成杂交

以培育新品种、新品系，改良品种品系为目的的杂交，称为育成杂交。有很多优良羊品种在形成过程中都用到了育成杂交，如新中国成立后新疆细毛羊、东北细毛羊等的育成，现代知名的肉羊品种杜泊羊、夏洛莱羊等都是采用育成杂交培育成的，在育种过程中逐渐选育提高品种的主要生产性能如毛用性能、产肉性能等，纯化群体的一致性，最终形成稳定遗传的优良品种。育成杂交的过程一般为：不同品种间的杂交试验、配合力的测定，选择比较优良的组合进行反交、回交，再筛选最佳组合，进行世代选育，经过多个世代的选育和多方面的育种试验测定，育成新的品种。如杜泊羊是由有角陶赛特羊和波斯黑头羊杂交育成。

中国至今尚未培育出高水平的专门化肉羊品种，应根据肉羊区划，积极推进良种培育工作。在中原地区以肉用绵羊育种为主，利用小尾寒羊、湖羊、东弗里生羊等品种培育综合肉羊品种；也可以小尾寒羊、湖羊为基础，适度引入东弗里生羊的血液，培育出比小尾寒羊、湖羊更优良的多胎多产母本品种。在西南地区应加强黑山羊的利用，可应用努比亚山羊和波尔山羊，培育出肉用性能胜过南江黄羊和接近波尔山羊的新型肉用山羊品种。在中东部和西北地区，可将小尾寒羊和湖羊的多胎基因导入当地绵羊群体，培育出适宜当地自然生态条件的高繁殖力母本绵羊；或者培育出适应性好、耐粗饲、繁殖力较强的肉用山羊品种。

（四）经济杂交

经济杂交也称杂种优势利用，杂交的目的是获得高产、优质、低成本的商品羊。采用不同羊品种或不同品系间进行杂交，可生产出比原有品种、品系更能适应当地环境条件和高产的杂种羊，极大地提高养羊业的经济效益。

1. 杂交亲本选择

（1）母本：在肉羊杂交生产中，应选择在本地区数量多、适应性好的品种或品系作为母本。母羊的繁殖力要足够高，产羔数一般应为2个以上，至少应两年三产，羔羊成活率要足够高。此外，还要泌乳力强、母性好。母性强弱关系到杂种羊的成活和发育，影响杂种优势的表现，也与杂交生产成本的降低有直接关系。在不影响生长速度的前提下，不一定要求母本的体格很大。小尾寒羊、洼地绵羊、湖羊、黄淮山羊、陕南白山羊及贵州白山羊等都是较适宜的杂交母本。

（2）父本：应选择生长速度快、饲料报酬高、胴体品质好的品种或品系作为杂交父本。萨福克、无角陶赛特、夏洛莱羊、杜泊羊、特克赛尔羊、德国肉用美利奴羊及波尔山羊、努比亚山羊等都是经过精心培育的专门化品种，遗传性能好，可将优良特性稳定地遗传给杂种后代。若进行三元杂交，第一父本不仅要生长快，还要繁殖率高。选择第二父本时主要考虑生长快、产肉力强。

2. 经济杂交的主要方式

（1）二元经济杂交：是指两个羊品种或品系间的杂交。一般是用肉种羊作为父本，用本地羊作为母本，杂交1代通过育肥全部用于商品生产。二元杂交杂种后代可吸收父本个体大、生长发育快、肉质好和母本适应性好的优点，方法简单易行，应用广泛，但母系杂种优势没有得到充分利用。

（2）三元经济杂交：以本地羊作为母本，选择肉用性能好的肉羊作为第一父本，进行第一步杂交，生产体格大、繁殖力强、泌乳性能好的 F1 代母羊，作为羔羊肉生产的母本，F1 公羊则直接育肥。再选择体格大、早期生长快、瘦肉率高的肉羊品种作为第二父本（终端父本），与 F1 代母羊进行第二轮杂交，所产 F2 代羔羊全部肉用。三元杂交效果一般优于二元杂交，既可利用子代的杂交优势，又可利用母本杂交优势，但繁育体系相对复杂。

（3）双杂交：四个品种先两两杂交，杂种羊再相互进行杂交。双杂交的优点是杂种优势明显，杂种羊具有生长速度快、繁殖力高、饲料报酬高，但繁育体系更为复杂，投资较大。

3. 常见绵羊杂交组合

（1）二元杂交组合：

①萨寒杂交组合：以萨福克为父本，小尾寒羊为母本进行二元杂交，羔羊初生重 4.25 千克，0~3 月龄日增重 271.11 克，3~6 月龄日增重 200.00 克，6 月龄重 46.86 千克。

②白寒杂交组合：以白头萨福克为父本，小尾寒羊为母本进行二元杂交，羔羊初生重可达 4.16 千克，0~3 月龄日增重 280.00 克，3~6 月龄日增重 203.33 克，6 月龄活重 47.39 千克。白寒组合初生重较小，但生长速度超过萨寒组合。

③陶寒杂交组合：以无角陶赛特为父本，小尾寒羊为母本进行二元杂交。羔羊初生重 3.72 千克，4 月龄体重 23.77 千克，6 月龄活重 30.54 千克。

④夏寒杂交组合：以夏洛莱为父本与小尾寒羊进行二元杂交。羔羊初生重 4.76 千克，4 月龄体重 22.82 千克，6 月龄活重

28.28 千克。夏寒杂交 F1 母羊繁殖指数的杂种优势率为 11.20%。

⑤德寒杂交组合：以德国肉用美利奴为父本与小尾寒羊进行二元杂交。羔羊初生重 3.2 千克，3 月龄体重 21.09 千克，6 月龄活重可达 36.64 千克。

⑥特寒杂交组合：以特克赛尔为父本，与小尾寒羊进行二元杂交。羔羊初生重 3.97 千克，3 月龄体重 24.20 千克，6 月龄活重 48.0 千克。0~3 月龄日增重为 225.00 克，3~6 月龄日增重 263.00 克。

⑦杜寒杂交组合：以杜泊为父本，与小尾寒羊进行二元杂交。羔羊初生重 3.88 千克，3 月龄重为 24.60 千克，6 月龄重 51.00 千克。0~3 月龄日增重 230.00 克，3~6 月龄日增重 293.00 克。

（2）三元杂交组合：

①特陶寒杂交组合：无角陶赛特与小尾寒羊二元杂交，F1 母羊再与特克赛尔公羊杂交。羔羊初生重 3.74 千克，3 月龄重 20.63 千克，6 月龄重 29.91 千克。0~3 月龄日增重 207.86 克。

②南夏考杂交组合：夏洛莱与考力代二元杂交，F1 母羊再与南非肉用美利奴公羊杂交。羔羊初生重 4.65 千克，100 日龄断奶体重 22.35 千克，0~100 日龄日增重 176 克，100 日龄断奶至 6 月龄日增重 80.10 克。

③南夏土杂交组合：夏洛莱与山西本地土种羊进行二元杂交，杂交 F1 母羊再与南非肉用美利奴公羊杂交。羔羊初生重 4.05 千克，100 日龄断奶体重 16.30 千克，0~100 日龄日增重 122 克，100 日龄断奶至 6 月龄日增重 51.73 克。该组合是山西等地重要的杂交组合类型。

④陶夏寒杂交组合：夏洛莱与小尾寒羊二元杂交，F1 母羊再与无角陶赛特公羊杂交。3 月龄杂种羔羊 29.97 千克，6 月龄

杂种羔羊 44. 98 千克，0~6 月龄日增重 165. 71 克。

⑤萨夏寒杂交组合：夏洛莱与小尾寒羊二元杂交，F1 母羊再与萨福克公羊杂交。3 月龄杂种羔羊 27. 21 千克，6 月龄杂种羔羊 42. 59 千克，0~6 月龄日增重 166. 31 克。

⑥德夏寒杂交组合：夏洛莱为父本与小尾寒羊二元杂交，F1 母羊再与德国肉用美利奴公羊杂交。3 月龄杂种羔羊 32. 63 千克，6 月龄杂种羔羊 53. 19 千克，0~6 月龄日增重 223. 48 克。

4. 常见山羊杂交组合

（1）二元杂交：

①波鲁杂交组合：波尔山羊公羊与鲁北白山羊母羊杂交。6 月龄、12 月龄杂种羊体重分别为 35. 85 千克、59. 05 千克，分别较鲁北山羊提高了 25. 57%、14. 00%。

②波宜杂交组合：波尔山羊公羊与宜昌白山羊母羊杂交。羔羊初生重、2 月龄断奶重、8 月龄杂种羊体重分别为 2. 82 千克、12. 08 千克、25. 43 千克，分别较宜昌白山羊提高 51. 96%、30. 59%、83. 61%。屠宰率（47. 26%）比宜昌白山羊高 6. 67%。

③波黄杂交组合：波尔山羊公羊与黄淮山羊母羊杂交。F1 代羊初生重、3 月龄、6 月龄、9 月龄体重分别达 2. 89 千克、16. 31 千克、21. 59 千克、43. 85 千克，分别比黄淮山羊提高 69. 50%、105. 93%、41. 76%、138. 44%。

④波南杂交组合：波尔山羊公羊与南江黄羊母羊杂交，F1 代公、母羊的初生重分别为 2. 67 千克、2. 44 千克，2 月龄体重分别为 10. 69 千克、9. 10 千克，8 月龄体重分别为 22. 56 千克、20. 84 千克，杂种羊从初生到周岁的体重比南江黄羊高 30% 以上。

⑤波长杂交组合：波尔山羊与长江三角洲白山羊杂交，F1 代初生重、断奶重、周岁体重分别为 2. 50 千克、11. 18 千克、

22.11 千克，比长江三角洲白山羊分别提高 72.60%、83.58%、42.11%。周岁羯羊胴体重可达 14.37 千克，屠宰率为 54.35%，比长江三角洲白山羊分别提高 7.20 千克、12.95%。初生重和产羔率的杂种优势率分别为 10.13%、12.8%。

⑥波简杂交组合：波尔山羊与简阳大耳羊杂交，F1 代初生重、2 月龄、6 月龄、12 月龄体重分别达 3.59 千克、15.58 千克、28.15 千克、38.94 千克，分别比大耳羊提高 52.44%、41.06%、44.41%、30.34%。

⑦波马杂交组合：波尔山羊与马头山羊杂交，F1 代初生重、3 月龄、6 月龄、9 月龄、12 月龄体重分别达 2.7 千克、18.5 千克、22.7 千克、28.8 千克、32.7 千克，分别比马头山羊提高 54.3%、48.0%、29.0%、26.3%、16.8%。

⑧波福杂交组合：波尔山羊公羊与福清母山羊杂交。羔羊初生重、3 月龄、8 月龄体重分别为 2.87 千克、16.08 千克、22.63 千克，分别较福清山羊提高 14.34%、23.12%、34.27%。

⑨波陕杂交组合：波尔山羊与陕南白山羊杂交，F1 代初生重、3 月龄、6 月龄、12 月龄、18 月龄体重分别为 3.40 千克、16.60 千克、27.26 千克、40.33 千克、46.30 千克，分别比陕南白山羊提高 56.0%、15.27%、39.79%、37.20%、40.73%。

⑩波贵杂交组合：波尔山羊与贵州白山羊杂交，F1 代初生重、3 月龄、6 月龄、12 月龄、18 月龄分别为 2.48 千克、13.68 千克、22.95 千克、31.05 千克、38.10 千克，分别比贵州白山羊提高 50.46%、54.61%、51.84%、61.09%、59.38%。

（2）三元杂交：

①波努马杂交组合：努比亚山羊公羊先与马头山羊母羊杂交，F1 代母羊再与波尔山羊公羊杂交。F2 代初生重、3 月龄、6 月龄、9 月龄、12 月龄体重分别为 3.0 千克、12.0 千克、22.0 千克、27.9 千克、34.0 千克，分别比马头山羊提高 71.4%、0、

25.0%、22.2%、21.4%。

②波奶陕杂交组合：关中奶山羊公羊先与陕南白山羊杂交，F1 代母羊再与波尔山羊公羊杂交。波奶陕、波陕、奶陕、陕南白山羊羔羊的初生重分别为 3.63 千克、3.07 千克、2.45 千克、2.18 千克。波奶陕、波陕、奶陕、陕南白山羊羔羊 3 月龄体重分别达 19.46 千克、16.60 千克、15.19 千克、14.40 千克，6 月龄体重分别为 32.30 千克、27.45 千克、21.35 千克、19.50 千克。

5. 经济杂交利用中应注意的问题

从以往的杂交试验结果看，萨福克、无角陶赛特、德国肉用美利奴羊、夏洛莱羊、特克赛尔羊、杜泊羊、波尔山羊、努比亚山羊等引进肉羊品种对中国地方羊种的改良作用很明显，但在进行经济杂交时应注意以下问题。

①杂种优势与性状的遗传力有关。一般认为低遗传力性状的杂种优势高，而高遗传力性状的杂种优势低。繁殖力的遗传力为 0.1 ~ 0.2，杂种优势率可达 15% ~ 20%。肥育性状的遗传力为 0.2 ~ 0.4，杂种优势率为 10% ~ 15%。胴体品质性状的遗传力为 0.3 ~ 0.6，杂种优势率仅为 5% 左右。

②一般 F1 代羊杂种优势率最高，随杂交代数的增加，杂种优势逐渐降低，且有产羔率降低、产羔间隔变长的趋势。因此，不应无限制级进杂交。引进肉用绵羊品种较多，可以多品种杂交替代单品种级进杂交；引进肉用山羊品种相对较少，可适当进行级进杂交，但不宜超过两代。在肉用山羊生产中，除积极培育新品种外，还应加强努比亚山羊的利用。

③应注意综合评价改良效果，不可单以增重速度来衡量。母羊的生产指数综合了增重速度和繁殖力的总体效应，是比较适宜的杂交效果评价指标。

④杂交对于山羊板皮可能产生不利影响，应引起足够的重

视。

⑤选择适宜杂交组合的同时，注意改善饲养管理。优良的遗传潜力只有在良好营养的基础上才能充分发挥。国外肉羊品种繁殖能力受营养条件影响较大，如杜泊羊、德国肉用美利奴羊产羔率随营养水平不同在100%～250%变动。波尔山羊也有类似的现象。

七、本品种选育

本品种选育指以保持和发展品种固有优点为目标，在本品种内通过选种、选配、品系繁育、改善培育条件等作为基本措施，提高品种性能的一种育种方法。本品种选育的根本任务是保持和发展本品种的优良特性，增加品种内优良个体的比例，克服本品种的某些缺点，故并不排除在个别情况下，一定时期、个别范围的小规模导入杂交。

不同用途的羊品种与其他任何品种一样，并非都是完全纯合的群体，本品种选育的前提正是品种内存在着差异。尤其是高产的品种群，受人工选择的作用较大，品种内的异质性更大，这些有差异的个体间交配，由于基因重组会使后代表现多种变异，为选育提供了丰富的素材，为全面提高本品种质量奠定了基础。当一个品种存在一定缺点而导入杂交时，引进某些基因而加快选育进展。然而，一个品种即使品质优良，一旦放松选育提高工作，自然选择作用相对增长，会使群体向着原始类型发展，导致品种退化。因此，为了巩固和提高羊品种的主生产性能，本品种选育是其经常性的育种活动。

（一）本品种选育的原则、措施

尽管羊品种资源繁多，品种特点各不相同，选育措施也不应当完全一样，但在羊场进行本品种选育过程中，有其共同的基本原则和措施。

（1）进行品种普查，摸清品种分布区域及其自然生态条件、社会经济条件及产区群众养羊习惯，掌握羊群数量和质量消长及分布特点，根据品种现状，制订品种标准。

（2）制订本品种资源的保存和利用规划，提出选育目标，保持和发展品种固有的经济类型和独特优点，根据品种普查状况，确定重点选育性状和选育指标。

（3）划定选育基地，建立良种繁殖体系。本品种选育工作应以品种的中心产区为基地，在选育基地范围内，逐步建立育种场和良种繁殖场，建立健全良种繁殖体系，使良种不断扩大数量，提高质量。在育种场内要建立良种核心群，为选育场提供优良种羊，促进整个品种性能的提高。

（4）严格执行选育技术措施，定期进行性能测定。本品种选育要拟定简便易行的良种鉴定标准和办法，实行专业选育与群众选育相结合，不断精选育种群，扩大繁殖群，在选种选配方案及选育目标的指导下，以同质选配为主导与异质选配相结合，严格执行选种标准，强化选优淘劣，迅速提高羊群种质纯度。同时要改善饲养管理条件，实行合理培育原则。

（5）开展品系繁育，全面提高品种质量。根据品种内的区域性差异和不同区域（或羊场）的羊群类型或性能特点，建立起各具特色的生长快、胴体品质优良的品系，把品种的优良特性提高到一个新的高度。

（6）加强组织领导，充分调动群众选育工作的积极性，建立育种协作组织，制订选育方案，定期进行种羊鉴定，广泛开展良种登记和评定交流活动，积极促进本品种选育工作。

（二）品系繁育

品系是品种内具有共同特点，彼此间有亲缘关系的个体组成的遗传性稳定的群体，是品种内部的结构单位。一个品种内品系越多，遗传基础越丰富，通过品系繁育，品种整体质量就会不断得到提高。例如，在一个半细毛羊品种内，需要同时提高几个性状的生产性能。由于考虑的性状过多，使每个性状的遗传进展都很微小。如果将群体中有不同优点，如净毛率高，毛长的个体分别组合起来，形成品种内小群体（品系），在各个品系内进行选育，有重点地将这些特点加以巩固提高，然后再将这些不同品系进行杂交，便可快速地提高整个品种质量。所以，品系繁育是现代家畜育种中一种高级育种技术。品系培育不仅是为了建立品系，更重要的是利用品系，其作用是促进新品种的育成，加快现有品种的改良，充分利用杂种优势。

品系繁育大致可分为三个阶段。

1. 组建品系基础群 根据育种目的，选择品种内具有符合需求特点的个体，组建成品系繁育基础羊群。例如，在毛用羊的育种中，可考虑建立高产毛量系、高净毛量系、毛长系、毛密系、高产绒量系、体大系、高繁殖力系等。组建品系时，可按两种方式进行。

（1）按表型特征组群：这种方法简便易行，不考虑个体间的血缘关系，只要将具有符合拟建品系要求的个体组成群体即可。在育种和生产实践中，对于有中、高度遗传力的性状，多数采用这种方法建立品系。

（2）按血缘关系组群：对选中个体逐一清查系谱，将有一定血缘关系的个体按拟建品系的要求组群。这种品系对于遗传力低的性状，如繁殖力、肉品质特性等有较好效果。

2. 闭锁繁育阶段 品系基础群组建后，用选中的系内公羊（又叫系祖）和母羊进行"品系内繁育"，或者说将品系群体"封闭"起来进行繁育。在这个阶段应注意以下几个方面的问题。

（1）按血缘关系建品系的封闭繁育，应尽量利用遗传稳定的优秀公羊作为系祖；注意选择和培养具有系祖特点的后代作为系祖的接班羊。按表型特征组建成的品系，早期应对所用公羊进行后裔测验，发现和培养优秀系祖，系祖一经确定，就要尽量扩大它的利用率。优秀系祖的选定和利用，往往是品系繁育能否成功的关键。

（2）及时淘汰不符合要求的个体，始终保持品系同一性。

（3）封闭繁育到一定阶段，必然出现近亲繁殖现象，特别是按血缘组建的品系，一开始实行的就是近交。因此，控制近交是十分必要的。开始阶段可采用父女、母子等嫡亲交配，逐代疏远，最后将近交系数控制在20%左右。采用随机交配时，可通过控制公羊数量来掌握近交程度。

（4）必要时进行血液更新，血液更新是指把遗传性和生产性能一致非近交的同品系的种羊引入闭锁羊群，这样的公、母羊属于同一品系，仍是纯种繁育。血液更新主要是在闭锁羊群中，由于羊的数量较少而存在近交产生不良后果时，或者是新引进的品种改变环境后，生产性能降低时，再者是羊群质量达到一定水平，生产性能及适应性等方面呈现停滞状态时使用。

3. 品系间杂交阶段 当各品系繁育到一定程度，所需的优良性状、遗传特性达到一定稳定程度后，便可按育种目标及需要，开展品系间杂交，将各品系优点集合起来，提高品种的整体品质。例如，用高产毛量品系与毛长品系杂交，就会将这两个性状固定于群体中。但是，在进行品系间杂交后，应还需要根据羊群中出现的新特点和育种的要求创建新的品系，再进行品系繁育，不断提高品种水平。

如南江黄羊是四川省培育成功的中国第一个肉用山羊新品种，在品种培育前期和中期阶段，选育工作比较粗糙，因而进展缓慢，为了提高羊群品质和加快培育速度，在20世纪80年代后期开始建立了体大系、高繁殖力系和早熟系等品系，分别进行品系繁育。经过近十年的努力，终于成功地培育出了具有体格高大、繁殖力高、生长发育快、产肉性能好和适应性强的新型肉用山羊品种——南江黄羊。

八、肉羊的选育改良

所谓羊的品种是人类在一定的社会条件下，为了生产和生活的需要，通过长期选育而成的具有共同经济特点，并能将其特点稳定地遗传给后代的类群。羊的品种按其生产力方向分类主要可分为毛用羊、肉用羊、乳用羊、皮用羊、兼用羊等，近年来中国肉羊业发展迅速，呈现逐年上升趋势。

据不完全统计，中国目前饲养的肉羊品种共有 30 余种。但无论它们是什么品种，无论是山羊还是绵羊，其主要生产方向只要是肉用的，就该具备肉用羊品种的一般特征：

早熟，一般肉用羊品种比毛用羊性成熟早，在 7~8 月龄，甚至 5~6 月龄即具备繁殖能力，而毛用品种羊大多在 10~12 月龄。四季发情，常年配种并产多羔，而毛用品种多集中在秋季发情配种，每胎只产一个羔，双羔少见。

生长发育快，经育肥 4~6 月龄可达到上市体重。具备圆筒状的肉用体形。

（一）肉羊的选择方法

作为肉用种羊，首先要求它本身生产性能、体质外形好，发育正常，其次还要求它繁殖性能好，合乎品种标准，种用价值高。

1. 肉用种羊外形评定 肉用羊主要生产方向是生产羊肉，因此在外形选择时，应掌握肉用羊的外形特征。

从整体看，应选体躯低垂，皮薄骨细，全身肌肉丰满，疏松而匀称的个体；从局部看，应着重与产肉性能关系重要的部位，这些部位是鬐甲、前胸和尻部。要选鬐甲宽、厚、多肉，与背腰在一条直线上。前胸饱满，突出于两前肢之间，垂肉细软而不甚发达，肋骨比较直立而弯曲不大，肋骨间隙较窄，两肩与胸部接合良好，无凹陷痕迹，显得十分丰满多肉。背部宽广与鬐甲及尾根在一条直线上，显得十分平坦而多肉，沿脊椎两侧和背腰肌肉非常发达，常形成"复腰"，腰短，肷小，腰线平直，宽广而丰满，整个体躯呈现粗短圆桶形状。尻部要宽、平、长，富有肌肉，忌尖尻和斜尻。两腿宽而深厚，显得十分丰满。腰角丰圆不突出。坐骨端距离宽，厚实多肉；连接腰角、坐骨端宽与飞节三点，要构成丰满多肉的肉三角。

肉用羊的选择，在外形上应抓住两个重点：一是细致疏松型明显；二是前望、后望、上望都构成矩形。即前望由于胸宽深，鬐甲十分平直，肋骨十分弯曲，构成前望矩形；侧望由于颈短而宽，胸尻深宽，前胸突出，股后平直，构成侧望矩形；上望由于鬐甲宽，背腰、尻部宽，构成上望矩形。

肉用羊外形选择方法，可以采用肉眼评定方法，也可根据各种肉用品种羊的外貌特征、体尺、体重标准，种羊场和生产羊场的记载资料，采用综合评定法。从现实讲，生产场多采用肉眼评定。凭技术员的学识和经验来选择，选择时着重外形。

2. 肉用种羊种用价值评定　　种用价值高是对种羊的最根本的要求，也是最重要的，因为种羊的主要价值不在于它本身能生产多少产品，而在于它能生产多少品质优良的后代羔羊。肉用种羊的选择，既要依据本身的表型评定结果，又要依据其遗传型的评价结果。

种用羊遗传型的鉴定，必须根据来自其亲属的遗传资料，所谓的亲属就是祖先（父母）、后裔（子女）和同胞（包括全同胞和半同胞）。质量性状的遗传型通常采用亲属资料并结合测交方法来鉴定；数量性状的遗传型采用本身记录及亲属资料并结合育种值估计方法来鉴定。由于种羊本身的性能表现，祖先、同胞及后裔的测定成绩是在不同时期获得的。所以，只能在不同阶段依据既有的不同来源的遗传信息，或单项、或多项、或综合全部来源的遗传信息来评价种羊的种用价值，进行种羊选择。

一般情况下，当羔羊出生后或断奶后，根据它们的系谱和同胞成绩，选择后备种羊；当它们有了性能表现后，可根据其本身发育情况和生产性能以及更多的同胞资料，再一次选优去劣。只有最优秀的羊只才进行后裔测验，确认是优秀者，才能加强利用，扩大生产。实质上，种羊的选择早在选配时就开始了。

（二）肉羊繁育体系的建立

所谓肉羊繁育体系，就是指为了开展肉羊的杂种优势利用工作，建立的一整套合理的组织机构，包括建立各种性质的羊场，确定羊场之间的相互关系，在规模、经营方式、互助协作等方面密切配合，从而达到整体经营，工作效率高，产品高效优质。

为了提高肉羊生产效率，利用不同品种间杂交产生的杂种供肥羔生产。目前发达国家多采用3品种或4品种杂交生产肥羔。利用不同的品种相杂交，产生的各代杂种，具有生活力强、生长发育快、饲料利用率高、产品率高等优势，在肉羊业中被广泛应用。试验表明，2品种杂交产生的羔羊断奶体重的杂种优势率在13%以上，3品种杂交的杂种优势率在38%以上，4品种杂交的杂种优势又超过了3品种杂交。

中国农村肉羊生产尚处在对品种的初步利用水平上，大部分地区仅是利用地方品种生产肉羊，部分地区采用2品种杂交生产杂种肉羊，个别地区有3～4个品种杂交生产的肉羊试点。肉羊繁育体系很不健全，缺乏合理而持续利用的长期规划。中国农村要开展肉羊的杂种优势利用工作，应根据各地的品种资源及基础条件，在杂交试验的基础上，制订杂交规划，有领导、有计划、有步骤地开展经济杂交工作。盲目杂交不仅不能获得稳定的杂交优势，而且会把纯种搞混杂，破坏肉羊品种资源。因此，除进行配合力测定试验外，应有组织、系统地建立起完善的纯繁和杂交繁育体系。目前，中国北方许多省（区）引进了萨福克羊、无角陶赛特羊和夏洛莱羊等国外肉用羊品种，是中国农村广泛开展杂种优势利用的父本品种，用中国地方良种作为母本，开展二元和三元杂交生产肥羔。根据杂交方式的不同，分别可建立两级或三级繁育体系。

1. 两级繁育体系　进行二元杂交应建立两级繁育体系，即两个纯种繁殖场和商品生产场。一个地区可由国家建立纯种繁殖场，大型专业户可建立商品生产场，利用两个纯繁场提供的父本和母本杂交，或仅饲养母本羊，利用地方配种站的父本公羊杂交，为小型专业户提供杂种羔羊，或自繁自养，进行肥羔生产。

2. 三级繁育体系　三元杂交应建立三级繁育体系，其中有两级繁殖场和一级商品生产场。一般由国家建立两级繁殖场，一级为纯种繁殖场，共有 3 个，每个纯种繁殖场饲养一个品种；另一级为杂种繁殖场（即二级繁殖场），利用纯种繁殖场提供的母本和第一父本进行杂交，专门生产杂种母本。大型专业户建立商品生产场，利用杂种繁殖场提供的一代杂种母本与纯种繁殖场提供的第三品种父本（终端父本）或配种站饲养的第三品种公羊搞三品种杂交，为专业户提供三品种杂交羔羊，或者自繁自养，进行肥羔生产。

3. 肉羊繁育体系建设需要注意的问题

（1）一级纯繁场需要注意切实开展品种内的系统选育工作，确保优良羊种的性能能够保持和提高。中国近年来引入的羊品种往往由于风土驯化、选育手段、种群数量等原因导致部分品种的生产性能降低，甚至退化严重，失去改良价值。

（2）杂交用种羊种质、代数要确实，生产中避免随意杂交。经济杂交由于其良好的经济效益往往在生产中被广泛使用，但一定要明确两个理念：第一，不是所有的杂交组合都有优势，要选用已经经过试验并效果确实的杂交组合，同时要注意利用正确的杂交方式，有时同样的两个品种或品系可能会由于正反交不同杂交效果相差甚远。第二，参与杂交的亲本越纯，杂种优势越明显，因此生产中一定要明确没有纯种就没有杂种优势可言，必须做好杂交亲本的纯种繁育工作或选择纯种、纯系开展杂交才有望获得杂种优势。

（3）杂交代不留种，切忌用不明血统的羊混交乱配，尤其是杂交代不能反复留种，除非是育种环节中的正反反复杂交或多元杂交的母本。

（4）参考已有的杂交方式进行杂交，如果没有被选父母本杂交效果的相关报道，则应小范围配套试验，待探索到最优的杂交组合后，再大范围推广。

九、羊的引种

（一）引种原则

1. 根据生产目的引进合适的羊品种　在引入羊种之前，要明确本养殖场的主要生产方向，全面了解拟引进品种羊的生产性能，以确保引入羊种与生产方向一致。如长江以南地区，适于山羊饲养，在寒冷的北方则比较适合于绵羊饲养，山区丘陵地区也较适于山羊饲养。有的地区也有相当数量的地方羊种，只是生产水平相对较低，这时引入的羊种应该以肉用性能为主，同时兼顾其他方面的生产性能。可以通过厂家的生产记录、测定站近期公布的测定结果以及有关专家或权威机构的认可程度以了解该羊种的生产性能，包括生长发育、生活力和繁殖力、产肉性能、饲料消耗、适应性等进行全面了解。同时要根据相应级别（品种场、育种场、原种场、商品生产场）选择良种。如有的地区引进纯系原种，其主要目的是为了改良地方品种，培育新品种、品系或利用杂交优势进行商品羊生产；也有的场家引进杂种代直接进行肉羊生产。

确保引进生产性能高而稳定的羊种。根据不同的生产目的，有选择性地引入生产性高而稳定的品种，对各品种的生产特性进行正确比较。如从肉羊生产角度出发，既要考虑其生长速度、出栏时间和体重，尽可能高地增加肉羊生产效益，又要考虑其繁殖能力，有的时候还应考虑肉质，同时要求各种性状能保持稳定和统一。

花了大量的财力、物力引入的良种要物尽其用，各级单位要充分考虑到引入品种的经济、社会和生态效益，做好原种保存、制种繁殖和选育提高的育种计划。

2. 选择市场需求的品种　根据市场调研结果，引入能满足市场需要的羊种。不同的市场需求不同的品种，如有些地区喜欢购买山羊肉，有些地区则喜食绵羊肉，并且对肉质的需求也不尽相同。生产中则要根据当地市场需求和产品的主要销售地区选择合适的羊种。

3. 根据养殖实力选择羊种　要根据自己的财力，合理确定引羊数量，做到既有钱买羊，又有钱养羊。准备购羊前要备足草料，修缮羊舍，配备必要的设施。刚步入该行业的养殖户不适合花太多钱引进国外品种，也不适合搞种羊培育工作。最好先从商品肉羊生产入手，因为种羊生产投入高、技术要求高，相对来说风险大，待到养殖经验丰富、资金积累成熟时再从事种羊养殖、制种推广。

（二）引种方法

1. 到规模化育种场引种　引羊时要注意地点的选择，一般要到该品种的主产地去。国外引进的羊品种大都集中饲养在国家、省级科研部门及育种场内，在缺乏对品种的辨别时，最好不要到主产地以外的地方去引种，以免上当受骗。引种时要主动与当地畜牧部门取得联系。

2. 做好引种前准备　引种前要根据引入地饲养条件和引入

品种生产要求做好充分准备：准备圈舍和饲养设备，圈舍、围栏、采食、饮水、卫生维护等基础设施准备到位，饲养设备做好清洗、消毒，同时备足饲料和常用药物。如果两地气候差异较大，则要充分做好防寒保暖工作，减小环境应激，使引入品种能逐渐适应气候的变化。

培训饲养人员和技术人员，技术人员要能够做到熟悉不同生理阶段种羊饲养技术，具备对常见问题的观察、分析和解决能力，能够做到指导和管理饲养人员，对羊群的突发事件能够及时采取相应措施。

3. 做到引种程序规范，技术资料齐全

（1）签订正规引种合同，引种时一定要与供种场家签订引种合同，内容应注明品种、性别、数量、生产性能指标、售后服务项目及责任、违约索赔事宜等。

（2）索要相关技术资料，不同羊种、不同生理阶段的生产性能、营养需求、饲养管理技术手段都会有差异，因此，引种时向供种方索要相关生产技术材料有利于生产中参考。

（3）了解种羊的免疫情况，不同场家种羊免疫程序和免疫种类有可能有差异，因此，必须了解供种场家已经对种羊做过何种免疫，避免引种后重复免疫或者漏免造成不必要的损失。

4. 保证引进健康、适龄种羊　羊只的挑选是引种的关键，因此到现场参与引羊的人，最好是一位有养羊经验的人，能够准确把握羊的外貌鉴定，能够挑选出品质优良的个体，会看羊的年龄，了解羊的品质。到种羊场去引羊，首先要了解该羊场是否有畜牧部门签发的"种畜禽生产许可证""种羊合格证"及"系谱耳号登记"，三者是否齐全。若到主产地农户收购，应主动与当地畜牧部门联系，也可委托畜牧部门办理，让他们把好质量关口。挑选时，要看羊的外貌特征是否符合品种标准，公羊要选择1～2岁，手摸睾丸富有弹性，注意不购买单睾羊；手摸有痛感的多患有睾丸炎，膘情中上等但不要过肥过瘦。母羊多选择周岁左右，这些羊多半正处在配种期，母羊要强壮，乳头大而均匀，视群体大小确定公、母羊比例，一般比例要求1：（15～20），群体过小，可适当增加公羊数，以防近交。

5. 确定适宜的引羊时间　引羊最适季节为春、秋两季，因为这两季节气温不高，也不太冷，冬季在华南、华中地区也能进行，但要注意保温设备。引羊最忌在夏季，6～9月天气炎热、多雨，大都不利于远距离运羊。如果引羊距离较近，不超过1天的时间，可不考虑引羊的季节。如果引地方良种羊，这些羊大都集中在农民手中，所以要尽量避开"夏收"和"三秋"农忙时节，这时大部分农户顾不上卖羊，选择面窄，难以把羊引好。

6. 运输　羊只装车不要太拥挤，冬天可适当多几只，夏天要适当少几只，汽车运输要匀速行驶，避免急刹车，一般1小时左右要停车检查一下，趴下的羊要及时拉起，防止踩、压，特别是山地运输更要小心。

7. 严格检疫，做好隔离饲养　引种时必须符合国家法规规定的检疫要求，认真检疫，办齐一切检疫手续。严禁进入疫区引种。引入品种必须单独隔离饲养，一般种羊引进隔离饲养观察2周，重大引种则需要隔离观察1个月，经观察确认无病后方可入场。有条件的羊场可对引入品种及时进行重要疫病的检测。

8. 加强饲养管理和适应性锻炼　引种第一年是关键的一年，应加强饲养管理，要做好引入种羊的接运工作，并根据原来的饲养习惯，创造良好的饲养管理条件，选用适宜的日粮类型和饲养方法。在迁运过程中为防止水土不服，应携带原产地饲料供途中或到达目的地时使用。根据引进种羊对环境的要求，采取必要的降温或防寒措施。

第四章　肉羊繁殖技术

羊的繁殖技术包括母羊的发情鉴定技术，人工授精技术，发情控制技术，妊娠诊断、助产与分娩控制技术，胚胎生物工程技术等。随着现代畜牧业的发展，高度集约化的养羊方式对繁殖技术的依赖程度越来越高，传统的繁殖技术和管理模式已经不能满足现代养羊业的要求。因此，提高繁殖率、增加年产羔数和羔羊成活率，是实现现代工厂化养羊盈利的基础。

一、肉羊的繁殖管理

（一）羊的繁殖力评定指标

羊的繁殖率是指本年度内出生断奶成活的羔羊数占上年度末存栏适繁母羊数的百分比。可以用下列公式表示：

$$繁殖率 = \frac{本年度出生羔羊数}{上年度末适繁母羊数} \times 100\%$$

根据母羊繁殖过程的各个环节，繁殖率应该是受配率、受胎率、分娩率、产羔率和羔羊成活率等五个方面内容的综合反映。因此，繁殖率又可用下列公式表示：

繁殖率＝受配率×受胎率×分娩率×产羔率×羔羊成活率

1. 受配率　指本年度内参加配种的母羊数占羊群内适繁母羊数的百分率。受配率主要反映羊群内适繁母羊发情配种的情况。

$$受配率 = \frac{配种母羊数}{适繁母羊数} \times 100\%$$

2. 受胎率 指妊娠母羊数占参加配种母羊数的百分率。在受胎率统计中又分为总受胎率、情期受胎率、第一情期受胎率和不返情率。

（1）总受胎率：指本年度末受胎母羊数占本年度内参加配种母羊数的百分比。其大小主要反映羊群质量和全年配种技术水平的高低。

$$总受胎率 = \frac{本年度末受胎母羊数}{本年度内参加配种母羊数} \times 100\%$$

（2）情期受胎率：指某一时段妊娠母羊头数占配种情期数的百分比。能及时反映羊群质量和配种水平，能较快地发现羊群的繁殖问题。就同一群体而言，情期受胎率通常总要低于总受胎率。

$$情期受胎率 = \frac{妊娠母羊数}{配种情期数} \times 100\%$$

情期受胎率又分为第一情期受胎率和总情期受胎率。

①第一情期受胎率：第一情期配种的受胎母羊数占第一情期配种母羊数的百分比。

$$第一情期受胎率 = \frac{第一情期受胎母羊数}{第一情期配种母羊数} \times 100\%$$

②总情期受胎率：配种后最终妊娠母羊数占总配种母羊情期数（包括历次复配情期数）的百分率。

$$总情期受胎率 = \frac{最终妊娠母羊数}{总配种母羊情期数} \times 100\%$$

（3）不返情率：指在一定时间内，配种后再未出现发情的母羊数占本期内参加配种母羊数的百分比。不返情率又可分为30天、60天、90天和120天不返情率。30～60天的不返情率，一般大于实际受胎率7%左右。随着配种时间的延长，不返情率逐渐接近于实际受胎率。

$$X \text{天不返情率} = \frac{\text{配种后} X \text{天未返情母羊数}}{\text{配种母羊数}} \times 100\%$$

3. 分娩率　指本年度内分娩母羊数占妊娠母羊数的百分比。其大小反映母羊妊娠质量的高低和保胎效果。

$$\text{分娩率} = \frac{\text{分娩母羊数}}{\text{妊娠母羊数}} \times 100\%$$

4. 产羔率　指母羊的产羔（包括死胎）数占分娩母羊数的百分比。

$$\text{产羔率} = \frac{\text{产出羔羊数}}{\text{分娩母羊数}} \times 100\%$$

5. 羔羊成活率　指本年度内断奶成活的羔羊数占本年度产出活羔羊数的百分比。其大小反映羔羊的培育情况。

$$\text{羔羊成活率} = \frac{\text{成活羔羊数}}{\text{产出活羔羊数}} \times 100\%$$

（二）羊的正常繁殖力指标

在饲养环境条件较好的地区，如河南、山东、四川等中部地区，绵、山羊产羔率通常在200%～300%，达到每年2产或者2年3产，但在西藏、内蒙古等地，因气候环境原因，绵、山羊产羔率多为70%左右，且为1年1产。

小尾寒羊的繁殖率最强，可达到270%，2年可产3胎或年产2胎。山羊中，槐山羊、南江黄羊、马头山羊繁殖率高，繁殖率达到300%左右，2年可产3胎或年产2胎。绵、山羊繁殖年限为5~8年。

（三）羊场繁殖规划

提高繁殖，增加年产羔数和羔羊成活率，作为实现养羊盈利的基础。繁殖规划是必须的环节，企业和个体养殖户可结合自身养殖规模和实际，进行合理的繁殖规划。

1. 选择高繁殖力品种　虽然山羊肉在中国中东部更受欢迎，

但从目前中国现状来讲，解决羊肉量是第一位的，因此，绵羊的饲养附加值更高些。对中部地区，尤其是黄河流域来讲，小尾寒羊是高繁殖力的首选，在长江流域，湖羊适应性更强些。

2. 繁殖规模

（1）养殖规模在 50 只以内繁殖母羊，可不养公羊，采用同期发情处理后借用规模较大的种羊场的优良公羊进行人工授精。

例如：50 只繁殖母羊如果自己饲养公羊，年饲养成本在 1 000 元/只左右，优良的公羊成本在 1 万元以上，且使用年限在 3~5 年，就算饲养 1 只公羊，年均成本达到了 3 000 元以上。如借用公羊，50 只母羊同期发情成本和公羊采精费用合计不超过 2 000 元，且不存在饲养公羊的风险。

（2）养殖规模在 50~200 只繁殖母羊，可饲养 1~2 只公羊，对母羊进行同期发情处理，然后人工授精。

例如：对 200 只繁殖母羊统一同期发情处理，统一人工授精后，母羊同期发情成本 5 000 元，同期发情率 85% 左右，如果是小尾寒羊母羊，一次繁殖羔羊在 400 只以上。如采用自然交配，则需要公羊 7~10 只，饲养成本就超过了 7 000 元。

（3）养殖规模在 200 只以上，可分批对母羊同期发情，建自动多只母羊输精保定架，统一人工授精。

例如某一 5 000 只规模繁殖母羊场繁殖计划如表 4.1、表 4.2 所示。

3. 注意事项

（1）要选择最佳同期发情方法。目前市场上欧宝棉条同期发情栓效果比较好，如采用海绵栓则容易引起阴道炎症，影响同期发情效果，从而影响繁殖率。

（2）山羊同期发情可采用氯前列烯醇注射，效果相对稳定，但氯前列烯醇注射对绵羊效果较差。

表 4.1　前期配种计划

配种（人工授精）时间	时间	同期发情配种数	返情检查时间		B超妊娠诊断时间		产羔时间	
2013-1-16	2013-1-26	1 000	2013-2-3	2013-2-15	2013-2-25	2013-3-7	2013-6-15	2013-6-26
2013-2-16	2013-2-26	1 000	2013-3-6	2013-3-18	2013-3-28	2013-4-7	2013-7-16	2013-7-27
2013-3-16	2013-3-26	1 000	2013-4-3	2013-4-15	2013-4-25	2013-5-5	2013-8-13	2013-8-24
2013-4-16	2013-4-26	1 000	2013-5-4	2013-5-16	2013-5-26	2013-6-5	2013-9-13	2013-9-24
2013-5-16	2013-5-26	1 000	2013-6-3	2013-6-15	2013-6-25	2013-7-5	2013-10-13	2013-10-24
2013-6-16	2013-6-26	1 000	2013-7-4	2013-7-16	2013-7-26	2013-8-5	2013-11-13	2013-11-24

注：同期发情配种数包括上次返情母羊。

表 4.2　后期配种计划

母羊产羔时间	断奶后母羊配种时间		同期发情配种数	返情检查时间		B超妊娠诊断时间		产羔时间	
2013-6 2013-7	2013-9-16	2013-9-26	1 000	2013-10-4	2013-10-16	2013-10-26	2013-11-5	2014-2-13	2014-2-24
2013-8	2013-10-16	2013-10-26	1 000	2013-11-3	2013-11-15	2013-11-25	2013-12-5	2014-3-15	2014-3-26
2013-9	2013-11-16	2013-11-26	1 000	2013-12-4	2013-12-16	2013-12-26	2014-1-5	2014-4-15	2014-4-26

续表

母羊产羔时间	断奶后母羊配种时间		同期发情配种数	返情检查时间		B超妊娠诊断时间		产羔时间	
2013-10	2013-12-16	2013-12-26	1 000	2014-1-3	2014-1-15	2014-1-25	2014-2-4	2014-5-15	2014-5-26
2013-11	2014-1-16	2014-1-26	1 000	2014-2-3	2014-2-15	2014-2-25	2014-3-7	2014-6-15	2014-6-26
2013-12	2014-2-16	2014-2-26	1 000	2014-3-6	2014-3-18	2014-3-28	2014-4-7	2014-7-16	2014-7-27
2014-1	2014-3-16	2014-3-26	1 000	2014-4-3	2014-4-15	2014-4-25	2014-5-5	2014-8-13	2014-8-24
2014-2	2014-4-16	2014-4-26	1 000	2014-5-4	2014-5-16	2014-5-26	2014-6-5	2014-9-13	2014-9-24
2014-3	2014-5-16	2014-5-26	1 000	2014-6-3	2014-6-15	2014-6-25	2014-7-5	2014-10-13	2014-10-24
2014-4	2014-6-16	2014-6-26	1 000	2014-7-4	2014-7-16	2014-7-26	2014-8-5	2014-11-13	2014-11-24
2014-5									
2014-6	2014-9-16	2014-9-26	1 000	2014-10-4	2014-10-16	2014-10-26	2014-11-5	2015-2-13	2015-2-24
2014-7									
2014-8	2014-10-16	2014-10-26	1 000	2014-11-3	2014-11-15	2014-11-25	2014-12-5	2015-3-15	2015-3-26
2014-9	2014-11-16	2014-11-26	1 000	2014-12-4	2014-12-16	2014-12-26	2015-1-5	2015-4-15	2015-4-26
2014-10	2014-12-16	2014-12-26	1 000	2015-1-3	2015-1-15	2015-1-25	2015-2-4	2015-5-15	2015-5-26
2014-11	2015-1-16	2015-1-26	1 000	2015-2-3	2015-2-15	2015-2-25	2015-3-7	2015-6-15	2015-6-26

注：同期发情配种数包括上次返情母羊，产后发情母羊和淘汰后补充的育成母羊。

（四）影响羊繁殖力的因素

影响肉羊繁殖力的因素很多，有遗传、环境、营养饲养管理和繁殖技术等多种因素的影响。

1. 遗传因素　遗传因素是影响肉羊繁殖力的主要因素，主要表现在品种方面。例如，河南小尾寒羊的繁殖率270%，湖羊230%，藏羊、滩羊等70%；河南槐山羊产羔率高达320%，波尔山羊的产羔率为193%，而中卫山羊仅为100%左右。另外，同一品种的不同个体之间、不同胎次之间，产羔率也存在一定的差异。一般来说，同一个体头胎产羔率较低，3～4胎产羔率较高。

2. 环境因素　光照和温度对羊繁殖力产生重要的影响。由于气温升高，造成种公羊睾丸及附睾温度上升，影响正常的生殖能力和精液品质，也严重影响繁殖力，在炎热潮湿的夏天，公羊性欲差，精液品质下降，后代羔羊体质弱。母羊在炎热或寒冷的天气，一般发情较少，母羊配种受胎率低。春、秋两季光照、温度适宜，饲草饲料丰富，母羊发情多，公羊性欲较高、精液品质好，此时繁殖力较高。

3. 营养和饲养管理因素　饲料营养维持了羊的繁殖能力，营养条件对羊繁殖力的影响较大。丰富和平衡的营养可以提高种公羊的性欲，提高精液品质，促进母羊发情和增加排卵数；若营养缺乏，如缺乏蛋白质、维生素和无机盐中的钙、磷、硒、铁、铜、锰等营养成分，将导致青年母羊初情期推迟，成年母羊出现发情，发情周期不正常，卵泡发育和排卵迟缓，早期胚胎发育与附植受阻，增加早期死亡率和初生羔羊死亡率，严重的将造成母羊繁殖障碍，失去繁殖力。

一般来说，营养水平对羊发情活动的启动和终止无明显作用，但对排卵率和产羔率有重要作用。影响排卵率的主要因素不是体格，而是膘情，即膘情为中等以上的母羊排卵率较高。在配种之前，母羊平均体重每增加 1 千克，排卵率提高 2% ~ 2.5%，产羔率则相应提高 1.5% ~ 2%。总之，一般情况下，母羊膘情好，则发情早，排卵多，产羔多；母羊瘦弱，则发情迟，排卵少，产羔少。

4. 繁殖技术因素　繁殖技术是影响羊繁殖力的一种人为因素。繁殖技术主要包括正确判断羊的性成熟年龄和初配年龄，羊的发情有哪些特征表现，怎么才能做到适时配种、正确进行母羊的发情鉴定、羊的人工授精操作、如何进行羊妊娠检查、怎样做好接羔工作、产后母羊和新生羔羊应怎样护理以及繁殖新技术的应用等。

5. 繁殖管理因素　繁殖管理对羊繁殖力的影响主要包括发情鉴定时机把握、配种操作技术水平、妊娠管理、分娩和助产、产后管理以及繁殖障碍防治等方面。这些因素均会对繁殖指标造成影响。

6. 其他因素　年龄、健康状况等也会对羊的繁殖造成影响。母羊的产羔率一般随年龄而增长，母羊 3 ~ 6 岁时，其繁殖力最高。而公羊的繁殖力一般是在 5 ~ 6 岁时达高峰，6 ~ 7 岁后其繁殖力降低。

（五）提高羊繁殖力的措施

1. 加强品种的选择和选育　选择和培育多胎品种是提高羊繁殖力的重要途径之一，不论是绵羊还是山羊，其繁殖性能受不同品种的影响较大。

选育高产母羊是提高繁殖力的有效措施，坚持长期选育可以提高整个羊群的繁殖性能。根据出生类型选留种羊，一般初产母羊能产双羔的，除了其本身繁殖力较高外，其后代也具繁殖力高的遗传基础，这些羊都可以选留做种。根据母羊的外形选留种羊，选留的青年母绵羊应该体形较大，脸部无细毛覆盖。母羊中一般无角母羊的产羔数高于有角母羊，有肉髯母羊的产羔性能略高于无肉髯的母羊。

许多实验研究指出，为提高产羔率，选择具有较高生产双羔潜力的公羊进行配种，比选择母羊在遗传上更有效。

引入多胎品种进行杂交改良是提高群体繁殖力和肉羊生产效率的有效方法。中国引用的肉羊绵羊品种主要有杜泊绵羊，产羔率能达到150%；夏洛莱羊平均产羔率达145%；波德代羊平均产羔率达150%；萨福克羊平均产羔率达200%。中国肉用绵羊的多胎品种主要有小尾寒羊平均产羔率可达270%；大尾寒羊平均产羔率为185%；湖羊平均产羔率可达235%。中国引用的肉羊山羊品种主要有波尔山羊产羔率为193%；萨能山羊产羔率为160%~220%；吐根堡山羊、努比亚奶山羊平均产羔率为190%；安哥拉山羊产羔率为100%~110%。中国肉用山羊的多胎品种主要有黄淮山羊平均产羔率高达238%；马头山羊产羔率为191%~200%；南江黄羊平均产羔率194.7%；成都麻羊平均产羔率210%；长江三角洲白山羊平均产羔率达228.5%；鲁北白山羊经产母羊的平均产羔率为231.86%。

结合目前以肉羊为主体的养羊业发展，黄河和长江之间的地区，农产品资源丰富，绵羊中，小尾寒羊最为适合当地的发展，可以利用引入品种，如杜泊羊、特克赛尔羊、无角陶赛特羊、东弗里生羊为父本，与小尾寒羊杂交生产 F1，具有早期生长速度快、肉质好等优点，同时也保证了高的繁殖力。当然，长江以南可以选择湖羊。

2. 科学的饲养管理 提高种公羊和繁殖母羊的营养水平。羊只的繁殖力不仅要从遗传角度来提高，而且在同样的遗传条件下，更应该注意外部环境对繁殖力的影响。生产者对羊只的饲养管理水平，尤其是营养水平对羊只的繁殖力影响极大。种公羊在配种季节与非配种季节均应给予全价的营养物质。因为对种公羊而言，良好的种用体况是基本的饲养要求。种公羊的配种能力取决于健壮的体质、充沛的精力和旺盛的性欲。因此，要保证蛋白质、维生素、矿物质的充足而均衡供给。同时要加强运动，保持种公羊健康的体质和适度的膘情，以提高种公羊的利用率。

母羊是羊群的主体，是羊生产性能的主要体现者，同时兼具繁殖后代的重任，所以母羊的营养状况具有明显的季节性。进行羊生产时，至少应做到在妊娠后期及哺乳期对母羊进行良好的饲养管理，以提高羊群的繁殖力。加强空怀母羊的饲养管理，保证空怀母羊不肥不瘦的种用体况。应根据母羊的体质和膘情等适当增减精料喂量，对于产羔数少、泌乳负担轻、过肥的母羊，应适当减少日粮中的精料喂量；对于少数过肥而且不易受孕的母羊，不仅要停止补喂精料，而且还要适当增加放牧和运动量，以利母羊减肥，促使其正常发情排卵；对于经过一个泌乳期的高产母羊，由于其产羔数多，泌乳负担重，自身能量消耗过大，而导致过瘦，应在母羊的日粮中增加精料喂量；对于一部分特别瘦弱的高产母羊（排除疾病和寄生虫病的因素），精料喂量的增加要循序渐进，让母羊有一个逐步适应的过程，以利母羊恢复体质，促进正常发情排卵。加强妊娠母羊的饲养管理，保证胚胎在母体内正常生长发育。母羊在妊娠早期，胎儿尚小，且生长发育慢，母羊对所需的营养物质要求不高，一般通过放牧采食，并给母羊补喂良好的青粗饲草，适当搭配一定量的精料，即可满足其对营养的需要。对一部分高产且体质瘦弱的母羊，在妊娠早期，可适当加大精料的补喂量，但不可过多，如导致母羊过肥和给妊娠早期的母羊喂以高能量的精料，均不利于胚胎在母体内正常着床和发育，甚至会导致胚胎的早期死亡，反而使母羊羔数下降。

TMR（全混合日粮）在奶牛的饲喂已经广泛开展，但羊的TMR推广才刚开始，如果能以TMR与EM菌（益生菌）相结合，将会为提高羊的繁殖力起到积极的推动作用。

3. 科学的繁殖管理　改善管理措施是有效防治繁殖障碍的一个重要环节，饲养员、繁殖技术员和兽医必须认真负责，相互配合，发挥主动作用。

对后备母羊必须提供足够的营养物质和平衡饲粮，及时地进行疫病预防和驱虫，保证健康成长，出现有规律的发情周期，充分发挥繁殖效益。

加强分娩前后的管理水平，产前对各种器具应进行消毒，母羊的尾根、外阴、肛门和乳房用1%来苏儿或1‰的高锰酸钾溶液进行消毒。羔羊产出后，在距离羔羊脐窝5~8厘米处剪断脐带，并用碘酊消毒。如果有假死羔羊，要及时提起其后肢，拍打其背部，或让其平躺，用两手有节律地推压胸部让其复苏。有难产发生时，检查其胎位后可进行人工助产，否则找兽医实行剖腹产。胎儿产出后及时让其吃到初乳，提早开食，训练吃草，排出胎粪及增强胃肠蠕动。新生的羔羊抵抗力较差，要加强护理。如母羊奶水不足要及时采取人工哺乳或寄养。

严格执行卫生措施，在对母羊进行阴道检查、人工授精以及分娩时，一定要严格消毒，尽量防止发生生殖道感染；对影响繁殖的传染性疾病和寄生虫病要及时预防和治疗；新进母羊应隔离观察一段时间，并进行检疫和预防接种。

完善繁殖记录，对每只母羊都应该有完整准确的繁殖记录，耳标应该清晰明了，便于观察。繁殖记录表格简单实用，方便饲养员将观察的情况及时、准确地进行记录，包括羊的发情，发情周期的情况、配种，妊娠情况、生殖器官的检查情况、父母亲代资料、后代情况、预防接种和药物使用，以及分娩、流产的时间及健康状况。

合理调整繁殖母羊比例，合理的羊群结构是实现羊高效生产的必需条件，繁殖母羊在群体中所占比例大小，对羊群增殖和饲养效益影响很大，一般可繁殖母羊比例在羊群中应占60%~

70%。生产中要推行当年羔羊当年育肥出栏，及时淘汰老、弱、病、残母羊，补充青壮母羊参与繁殖。

4. 其他方面　影响肉羊繁殖率的因素是多方面的，除了要提高肉羊的繁殖力也必须综合考虑多方面的因素，除采取选择具有多胎基因的优良品种种羊、适时配种、加强饲养管理和应用繁殖新技术等多种措施外，还要全面定期检查，防治母羊的繁殖障碍。首先应从饲养员、兽医、繁殖技术员调查了解羊的饲养、管理及配种（或人工授精）等情况，因为他们不仅对羊的饲养和配种有着丰富的经验，而且熟悉羊只个体的情况，细心分析它们提供的资料，可以帮助发现造成繁殖障碍的原因。许多环境因素也是造成繁殖障碍的原因之一，羊舍温度过高或寒冷等可引起繁殖障碍，必须改善羊舍环境，及时清理粪便。保证母羊有一个健康舒适的生活环境，是保证羊群正常繁殖的前提条件。

二、发情鉴定

羊的发情鉴定主要有外部观察法、阴道检查法和公羊试情法。

（一）外部观察法

直接观察母羊的行为、症状和生殖器官的变化来判断其是否发情，这是鉴定母羊是否发情最基本、最常用的方法。如图 4.1（彩图 4.1）所示，山羊发情时，尾巴直立，不停摇晃。如图 4.2（彩图 4.2）所示，绵羊发情时外阴红肿明显。

（二）阴道检查法

将羊用开膣器插入母羊阴道，检查生殖器官的变化，如阴道黏膜的颜色潮红充血，黏液增多，子宫颈松弛等，可以判定母羊已发情。

（三）公羊试情法

用公羊对母羊进行试情，根据母羊对公羊的行为反应，结合

图4.1 山羊发情症状

图4.2 绵羊发情时外阴红肿

外部观察来判定母羊是否发情。试情公羊要求性欲旺盛，营养良好，健康无病，一般每100只母羊配备试情公羊2~3只。试情公羊需做输精管切断手术或戴试情布。试情布一般宽35厘米，长40厘米，在四角扎上带子，系在试情公羊腹部。然后把试情公羊放入母羊群，如果母羊已发情，便会接受试情公羊的爬跨，如图4.3所示。

图4.3　公羊查情

（四）注意事项

（1）羊的发情鉴定的主要方法是试情法，结合外部观察法。

（2）母羊发情后，兴奋不安，反应敏感，食欲减退，有时反刍停止，母羊之间相互爬跨，咩叫摇尾，靠近公羊，接受爬跨。公羊戴上试情布，放入母羊群中，开始嗅闻母羊外阴。发情好的母羊会主动靠近公羊并与之亲近，摇尾，接受公羊爬跨。试情公羊与母羊的比例为1:（20~30）。

（3）发情母羊阴道红肿、充血、湿润，有透明黏液流出，子宫颈口松弛、开张，呈深红色。

（4）山羊发情时，尾巴上翘，不停地左右摇摆。

三、同期发情

同期发情又称同步发情，就是利用某些激素人为地控制和调整母羊的发情周期，使之在预定时间内集中发情（图4.4）。羊常用的同期发情方法有以下几种：

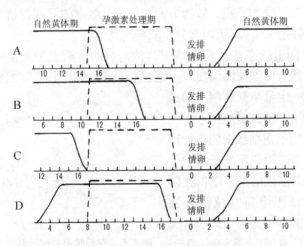

图4.4 延长黄体期法同期发情的原理

（注：A、B、C、D分别代表四只母羊）

（一）孕激素处理法

向待处理的母羊施用孕激素，用外源孕激素继续维持黄体分泌孕酮的作用，造成人为的黄体期而达到发情同期化。

1. 口服孕激素 每天将定量的孕激素药物拌在饲料内，通过母羊采食服用，持续12～14天，主要激素药物及每只羊的总使用量为孕酮150～300毫克，甲孕酮40～60毫克，甲基孕酮80～150毫克，氟孕酮30～60毫克，18甲基炔诺酮30～40毫克。

每天每只羊的用药量为总使用量的1/10，要求药物与饲料搅拌均匀，使采食量相对一致。最后一天口服停药后，随即注射孕马血清 400～750 单位。通常在注射孕马血清后 2～4 天发情。

2. 肌内注射 由于孕酮类属脂溶性物质，用油剂溶解后，一般常用于肌内注射。每天按一定药物用量注射到处理羊的皮下或肌肉内，持续 10～12 天后停药。这种方法剂量易控制，也较准确，但需每天操作处理，比较麻烦。三合激素只处理 1～3 天，大大减少了操作日程，较为方便。但三合激素的同期发情率却偏低，在注射后 2～4 天内部分羊只出现发情。

3. 阴道栓塞法 将乳剂或其他剂型的孕激素按剂量制成悬浮液，然后用泡沫海绵浸取一定药液，或用表面敷有硅橡胶、其中包含一定量孕激素制剂的硅橡胶环构成的阴道栓（图 4.5），用尼龙细线把阴道栓连起来，塞进阴道深处子宫颈外口，尼龙细线的另一端留在阴户外，以便停药时拉出栓塞物。阴道栓一般在 12～16 天后取出，也可以施以 9～12 天

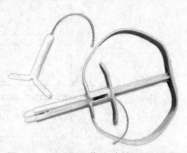

图 4.5 孕酮阴道硅胶栓和置栓器

的短期处理或 16～18 天的长期处理。但孕激素处理时间过长，对受胎率有一定影响。为了提高发情同期率，在取出栓塞物的当天可以肌内注射孕马血清 400～750 单位。通常在注射孕马血清后 2～4 天内发情。此法相对同期发情效果显著，在生产中目前使用比较多，但容易导致羊阴道炎的发生，操作要求必须严格。

4. 皮下埋植法 一般丸剂可直接用于皮下埋植，或将一定量的孕激素制剂装入管壁有小孔的塑料细管中，用专门的埋植器将药丸或药管埋在羊耳背皮下，经过 15 天左右取出药物，同时注射孕马血清 500～800 单位。通常母羊也在注射孕马血清后 2～4 天发情，相对同期发情效果也显著，但此法成本比较高。

人工合成的孕激素，即外源孕激素作用期太长，将改变母羊

生殖道环境，使受胎率有所降低，因此可以在药物处理后的第一个情期过程中不配种，待第二个发情期出现时再实施配种，这样既有相当高的发情同期率，受胎率也不会受影响。

（二）溶解黄体法

应用前列腺素及其类似物使黄体溶解，从而使黄体期中断，停止分泌孕酮，再配合使用促性腺激素，引起母羊发情。

用于同期发情的国产前列腺素 F 型以及类似物有 15 甲基 PGF2α、前列烯醇和 PCF（1α）甲酯等。进口的有高效的氯前列烯醇和氟前列烯醇等。前列腺素的使用方法是直接注入子宫颈或肌内注射。注入子宫颈的用量为 1~2 毫克，肌内注射一般为 0.5 毫克。应用国产的氯前列烯醇时，在每只母羊颈部肌内注射 1 毫升含 0.1 毫克的氯前列烯醇，1~5 天可获得 70% 以上的同期发情率，效果十分显著。

但前列腺素对处于发情周期 5 天以前的新生黄体溶解作用不大，因此前列腺素处理法对少数母羊无作用，应对这些无反应的羊进行第二次处理。还应注意，由于前列腺素有溶解黄体的作用，已怀孕母羊会因孕激素减少而发生流产，因此要在确认母羊属于空怀时才能使用前列腺素处理。

（三）欧宝（OB）棉栓法

欧宝棉栓是由棉条与缓释孕酮类似物及雌二醇类似物粉末压制而成（图4.6、图4.7）。作用是持续释放孕激素，当同时撤除 OB 栓时，促进母羊同期发情。

在发情季节对空怀母羊群进行同期发情处理。将母羊外阴消毒抹干，撕开 OB 栓中间封条，隔着包装拿着前端，取下后端的包装，将细绳拉直，用消毒过的止血钳（或镊子）夹住 OB 栓后端，取下前端包装，将前端1/2浸入注射用土霉素油中。将母羊阴门分开，把 OB 栓插入到子宫颈阴道部附近，绳头留在阴门外。放栓 9~14 天，拉住绳头将 OB 栓缓慢抽出。撤栓前一天每只母羊注射 0.1 毫克氯前列烯醇。撤栓后每天用试情公羊查情二次。发现母羊发情 4~8 小时后第一次授精，间隔 12 小时第二次授精。

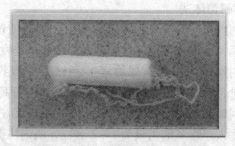

图 4.6　欧宝棉栓（河南省养羊学会技术服务中心生产）

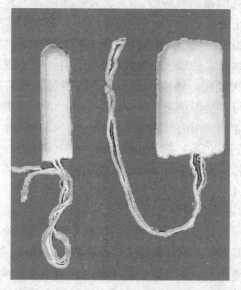

图 4.7　棉栓（右侧为棉栓在阴道内吸收液体后的外观）

四、人工授精技术

人工授精是用器械采集公畜精液，在体外经检查处理后，再用器械将一定量的精液输入到发情母畜的生殖道的一定部位，用人工操作的方法代替自然交配的一种繁殖技术。人工授精技术是一项综合的繁殖技术，其技术操作流程如下：

采精→精液品质检查→精液稀释保存→精液运输→母畜发情鉴定→输精

人工授精技术对提高公畜利用率，加快品种改良，降低饲养管理成本，防止各种疾病传播，提高受胎率和进行远距离交流、运输等方面有着重要价值。目前，羊的人工授精技术只是在个别羊场采用，依然以精液常温和低温保存为主，羊的冷冻精液人工授精技术虽然有个别羊场为了加速品种改良而应用，但因受胎率过低，未能像牛的冷冻精液人工授精技术一样广泛开展。

（一）采精

1. 采精的方法和要求 羊的采精主要采用假阴道采精法，就是利用假阴道收集公畜的精液。整个采精过程要保证以下四个方面：一是全量，能完整地收集到公羊一次全部射精量。二是原质，采精过程不能造成精液的污染或精液品质的改变。三是无损伤，不能造成公畜的损伤，也不能造成精子的损伤。四是简便，整个采精操作过程要求尽量简便。

2. 采精技术

（1）采精前准备：

①采精场地（采精室）：要求宽敞、明亮、地面平整，安静、清洁，设有采精架、台畜、假台畜和精液操作室等必要设施。采精场地的基本结构包括采精室和实验室两部分。

羊采精室大小也因规模而定，实验室必须是可以封闭的建筑，羊场的采精室可以采用敞开棚舍，羊人工授精采精室结构平面简图见图4.8。部分羊场的采精过程均在室外进行，选择某一开阔地，固定好台羊保定架即可采精（图4.9）。

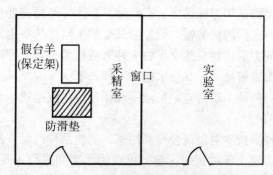

图4.8　羊人工授精采精室平面简图

图4.9　波尔山羊公羊采精场地

②台畜：有真台畜和假台畜两种。真台畜要求健康、温顺、卫生；假台畜要求设计合理、方便。

羊的采精可以使用母羊作为台畜，也可以使用假台羊。真台羊可以人为保定，也可以使用保定架。台羊保定架结构类似牛的采精架，尺寸根据台羊体格大小而定。羊的采精通常采用发情母羊，对性欲强的公羊也可用未发情的母羊。

③假阴道的准备：羊在采精前要将假阴道清洗、消毒并安装好，安装好的羊假阴道见图 4.10，比较理想的是一端呈 Y 形，呈 X 形（图 4.11）的也可使用，其他形状均不能使用，另一端安装集精杯，详细操作和使用过程见羊假阴道的安装。

图 4.10　羊用假阴道（一端呈 Y 形）　图 4.11　羊用假阴道（一端呈 X 形）

④公畜的准备：采精前调整公畜的性欲到最佳状态；体况适中，防止过肥和过瘦；饲喂全价饲料；适当运动；定期检疫；定期清洗。春季羊的精液品质相对较差，在此时间，可补充高蛋白饲料，如羊每天可拌料饲喂 2～3 个生鸡蛋，保证每天有 2 小时的运动时间，对传染性疾病要根据情况每月进行检测，每周和采精前将生殖器官清洗、消毒。

⑤精液品质检查用具：准备好全套的精液品质检查用具（图 4.12），以便及时对采精的精液品质和指标进行评定，确定精液的质量和稀释倍数，保证输精或冷冻保存效果。

（2）采精调教方法：

①外激素法：将发情母羊的外阴分泌物涂擦到公羊的鼻孔周围，通过气味刺激诱导其爬跨台畜。

②偷梁换柱法：首先用发情母畜诱导爬跨，等性欲增强后，

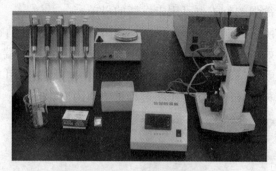

图4.12　羊精液品质检查用具

将发情母畜牵走，让其爬跨台畜。

外激素法和偷梁换柱法在生产实际中使用较少，目前主要采用榜样示范的方法对羊进行采精训练。

③榜样示范法：在采精室的一侧设有采精调教位置，在训练好的公羊正在采精时，让待调教公羊在旁边观看，通过观察，自然就开始爬跨台羊。

公畜调教时应注意的事项：调教过程中，要反复进行训练，耐心诱导，切勿强迫、恐吓、抽打等造成不良刺激，以防止性抑制而给调教造成困难；调教时应注意公畜外生殖器的清洁卫生，对包皮和台羊后躯清洗干净，防止生殖器官的损伤或污染；最好选择在早上调教，早上精力充沛，性欲旺盛；调教时间、地点要固定，每次调教时间不宜超过30分钟。

（3）采精操作规程：羊的采精方法与牛基本相同，羊从阴茎勃起到射精只有很短的时间，所以要求操作人员更要动作敏捷、准确。

①台羊保定和消毒：将真台羊人为保定，抓住台羊的头部，不让其往前跑动。如用采精架保定，将真台羊牵入采精架内，将其颈部固定在采精架上。将真台羊的外阴及后躯用0.1%的高锰

酸钾水冲洗并擦干。

②公羊的消毒：将种公羊牵到采精室内，将公羊的生殖器官先用 0.1% 的高锰酸钾水清洗消毒，尤其要将包皮部分清洗消毒干净。

③采精员的准备：将种公羊牵到台羊旁，采精员应蹲在台羊的右后侧，手持假阴道，随时准备将假阴道固定在台羊的尻部。

④采精操作（图 4.13）：当公羊阴茎伸出，跃上台羊后，采精员手持假阴道，迅速将假阴道筒口向下倾斜与公羊阴茎伸出方向成一直线，用左手在包皮开口的后方，掌心向上托住包皮（切不可用手抓握阴茎，否则会使阴茎缩回）。将阴茎拨向右侧导入假阴道内。

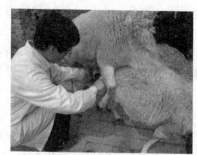

图 4.13　羊的采精

当公羊用力向前一冲后，即表示射精完毕。射精后，采精员同时使假阴道的集精杯一端略向下倾斜，以便精液流入集精杯中。

当公羊跳下时，假阴道应随着阴茎后移，不要抽出。当阴茎由假阴道自行脱出后，立即将假阴道直立，筒口向上，并立即送至精液处理室内，放气后，取下精液杯，盖上盖子。

（4）采精注意事项：整个采精过程必须注意保温和防污染。羊性反射快，温度非常重要，勿触及阴茎，可触包皮。

①保温。保温主要有假阴道的保温和精液的保温两个方面。采精时假阴道内胎温度不能低于 40℃，如温度低于 40℃，则直接影响到公畜的性欲，影响采精量和精液品质。采精后，将精液尽快送到精液处理室。公羊第一次射精后，可休息 15 分钟后进

行第二次采精。采精前应更换新的集精杯，并重新调温、调压。最好准备两个假阴道，以用于第二次采精。采精结束后，让公羊略作休息，然后赶回羊舍。

在冬季采精时，注意对采集的精液保温，防止对精子造成低温打击而影响到精液品质。

②防污染。主要是防止精液被污染，采精时的精液污染源有假阴道、阴茎、采精室污物和尿道及粪便的污染。要确保不能有任何一方面的污染。

（5）采精频率：通常以每周计算。羊在春季精液量和品质最差，秋季公羊性欲好，通常每周可采精 7~20 次。主要根据精液品质与公羊的性功能状况而定。

（二）精液品质检查

精液品质检查的目的在于鉴定精液品质的优劣，以便决定配种负担能力，同时也反映出公畜饲养管理水平和生殖功能状态、技术操作水平，并以此作为精液稀释、保存和运输效果的依据。

在人工授精技术中，我们要采集公畜的精液，并在体外进行一系列的处理。那么精液的质量必然要受到公畜本身的生精能力、健康状况，以及采集方法、处理方法的影响。因此，检查精液品质是人工授精技术中一个非常重要的技术环节。

1. 检查项目的分类 根据检查的方法，精液品质检查的项目可分为直观检查项目和微观检查项目两类；根据检查项目，又可分为常规检查项目和定期检查项目两类。

直观检查项目包括射精量、色泽、气味、云雾状、pH 值和美兰褪色试验等。微观检查项目包括精子活力、密度和畸形率。常规检查项目主要包括射精量、色泽、气味、云雾状、活力、密度和畸形率 7 项指标。目前，羊精液品质检查主要按常规检查项目进行检查。定期检查项目包括 pH 值、精子活率、精子存活时间及生存指数、精子抗力等。

2. 常规检查项目和检查方法

（1）射精量：射精量是指公畜每次射精的体积。以连续 3 次以上正常采集到的精液的平均值代表射精量，测定方法可用体积测量容器，如刻度试管或量筒。

①正常射精量：公羊在繁殖季节射精量在 0.8～1.5 毫升，平均 1.2 毫升，在非繁殖季节射精量在 1 毫升以内。

②不正常的射精量及原因：射精量超出正常范围的均认为是射精量不正常，射精量不正常的原因见表 4.3。

表 4.3 不正常的射精量及原因

现象	原因
过少	采精过频、性功能衰退、睾丸炎、发育不良
过多	副性腺发炎、假阴道漏水、尿潴留、采精操作不熟练

（2）色泽：羊精液的颜色一般为白色或乳白色，羊的精液在密度高时呈现浅黄色，总体颜色因精子浓度高低而异，乳白色程度越重，表示精子浓度越高。在不正常情况下，精液可能出现红色、绿色或褐色等。原因如表 4.4 所示。

表 4.4 不正常精液色泽

精液颜色	原因
鲜红色	生殖道下段出血或龟头出血
暗红色	副性腺或生殖道出血
绿 色	副性腺或尿生殖道化脓
褐 色	混有尿液
灰 色	副性腺或尿生殖道感染，长时间没有采精

（3）气味：羊精液一般无特殊气味或略有膻味，若有异味就不正常（表 4.5）。

表4.5 不正常的精液气味

精液气味	原因
膻味过重	采精时未清洗包皮
尿骚味	混有尿液
恶臭味（臭鸡蛋味）	尿生殖道有细菌感染

（4）云雾状：正常羊精液因精子密度大则混浊不透明，肉眼观察时，由于精子运动形成云雾状翻腾，云雾状翻腾越明显，说明精液的密度和活力就越好。

（5）精子活力：

①精子活力的定义和表示方法。活力也称为活率，指37℃环境下，精液中前进运动精子占总精子数的比率。

活力的表示方法有百分制和十级制2种，百分制是用%表示精液的活力，十级制是目前普遍采用的表示方法，是用0、0.1、0.2、0.3……0.9，十个数字表示精液的活力。0表示精子全部死亡或精液中没有前进运动的精子，0.1指大概有10%的精子在前进运动，0.2指大概有20%的精子在前进运动，如此类推到0.9。

通常对精子活力的描述为做直线前进运动的精子，但实际上，无论从精子本身特点还是运动轨迹，是不可能按直线前进的，只不过是在围绕较大半径做绕圈运动。

②精子活力的测定（图4.14）。主要仪器设备有生物显微镜、显微镜恒温加热板、载玻片、盖玻片、生理盐水、滴管、移液枪和精液。精子活力的主要测定方法是估测法，测定程序为：

载玻片预温：将恒温加热板放在载物台上，打开电源并调整控制温度至37℃，然后放上载玻片。

精液稀释：将生理盐水与精液等温后，按1∶10稀释。例如，用移液枪取10微升精液，再用100微升生理盐水等温稀释。

取样检查：取20~30微升稀释后的精液，放在预温后的载玻片中间，盖上盖玻片。

显微镜镜检：用 100 倍和 400 倍的观察。

活力估测：判断视野中前进运动精子所占的百分率（图 4.15）。

观察一个视野中 10 个左右的精子，计数有几个前进运动精子，如有 7 个前进运动的精子，则活力为 0.7。至少观察 3 个视野，3 个视野估测活力的平均值为该份精液的活力。如 3 次估测的活力分别为 0.5、0.6、0.5，平均为 0.53，活力则评定为 0.5。

图4.14 精子的活力检查

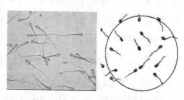

图4.15 精子活力的估测

活力记录：按 10 级制评分和记录。

③羊精液活力的要求。羊新鲜精液精子活力≥0.7，才可以用于人工授精和冷冻精液制作。羊冷冻精液的活力≥0.3，方可用于输精。

（6）精子密度：

①精子密度的定义和表示方法。精子密度也称精子浓度，指单位体积精液中所含的精子数，用个/毫升或亿/毫升表示。

②羊精液中精子的密度为 20 亿 ~ 30 亿/毫升，精子密度不能低于 6 亿/毫升，否则不能用于人工授精和制作冷冻精液。

③精子密度的测定方法。

目前主要采用血细胞计数法。

精子密度计数板（器）：精子计数室长宽各 1 毫米，面积 1

毫米²，盖上盖玻片时，盖玻片和计数室的高度为 0.1 毫米，计数室的总体积为 0.1 毫米³。计数室的构成由双线或三线组成 25 个（5×5）中方格；每个中方格内有 16 个小方格（4×4）；共计 400 个小方格，如图 4.16 所示。

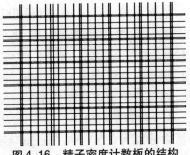

图 4.16　精子密度计数板的结构

精液的稀释：将精液注入计数室前必须对精液进行稀释，以便于计数。稀释的比例根据精液的密度范围确定。稀释方法是用 5～25 微升移液器和 100～1 000 微升移液器，在小试管中进行组合不同的稀释。稀释液为 3%氯化钠溶液，用以杀死精子，便于计数。先在试管中加入 3%氯化钠 1 000 微升，取原精液 5 微升直接加到 3%氯化钠中，充分混匀。

显微镜准备：在 400 倍显微镜下，找出计数板上的方格，在计数室上盖上盖玻片，将方格调整到最清晰位置。

精液注入计数室：取 25 微升稀释后的精液，将吸嘴放于盖玻片与计数板的接缝处，缓慢注入精液，使精液依靠毛细作用吸入计数室。

精子计数：将计数板固定在显微镜的推进器内，用 400 倍显微镜找到计数室的第一个中方格。计数左上角至右下角 5 个中方格的总精子数，也可计数四个角和最中间 5 个中方格的总精子数。

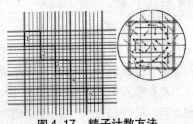

图 4.17　精子计数方法

对于头部压线的精子，依数上不数下，数左不数右的原则进行计数，如图 4.17 所示。

精液密度计算：精液密度 = 5 个中方格总精子数 × 5 × 10 × 1 000 × 稀释倍数

例如，羊精液通过计数，5 个中方格总精子数为 200 个，则精液密度 = 200 × 5 × 10 × 1 000 × 101 = 10.1 亿/毫升。

（7）精子畸形率：

①精子畸形率的定义和表示方法。精液中形态不正常的精子称为畸形精子，精子畸形率是指精液中畸形精子数占总精子数的百分比。畸形率对受精率有着重要影响，如果精液中含有大量畸形精子，则受精能力就会降低。

畸形精子各种各样，大体可分为以下 3 类。

头部畸形：顶体异常、头部瘦小、细长、缺损、双头等。颈部畸形：膨大、纤细、带有原生滴、双颈等。尾部畸形：纤细、弯曲、屈折、带有原生滴等。如图 4.18 所示。

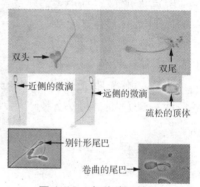

图 4.18 各种畸形精子

②畸形率的检查方法：精子的畸形率通常采用显微镜染色检查。

配制染液：精液染色可选用的染液有巴氏染液、0.5 克龙胆紫、纯红或纯蓝墨水、瑞士染液等。0.5 克龙胆紫用 20 毫升酒精助溶，加水至 100 毫升，过滤至试剂瓶中备用。

抹片（图 4.19）：用微量移液器取 5 微升原精液至试管中，并吸取 100 微升（羊可用 200 微升）0.9% 的氯化钠溶液混合均匀。左手食指和拇指向上捏住载玻片两端，使载玻片处于水平状态，取 10 微升稀释后的精液滴至载玻片右侧。右手拿一载玻片或盖玻片，使其与左手拿的载玻片呈向右的 45 度角，并使其接触面在精液滴的左侧。将载玻片向右拉至精液刚好进入两载玻片形成的角缝中，然后平稳地向左推至左边（不得再向回拉）。抹片后，使其自然风干。

图4.19　抹片

固定：在抹片上滴95%的酒精数滴，固定4~5分钟后，甩去多余的酒精。

染色：将载玻片放在用玻璃棒制成的片架上，滴上0.5%的龙胆紫或纯蓝或红墨水5~10滴，染色5分钟。

冲洗：用洗瓶或自来水轻轻冲去染色剂，甩去水分晾干。

计数（图4.20）：载玻片放在400倍的显微镜下进

图4.20　精子计数

行观察，共记录若干个视野200个左右的精子。

计算：畸形率=计数的畸形精子总数/总精子数×100%。

③羊精液畸形率的要求。羊新鲜精液畸形率≤15%才可以使用；羊冷冻精液解冻后畸形率≤20%才能用于人工授精。

（三）精液的稀释

1. 精液稀释倍数和表示方法　精液的稀释倍数是由原精液的质量（尤其是活力和密度）和每次输精所需的精子数决定。在生产实际中，稀释倍数往往存在小数而影响操作，大多数以需要加入的稀释液量直接计算。

原精液可分装份数（即一次采精可输精分装份数）＝原精

液密度×输精要求活力×采精量/每份精液总有效精子数

需加稀释液量 = 原精液可分装份数×每份精液体积 - 采精量

2. 液态保存时的精液稀释倍数 羊精液的液态保存指常温保存和低温保存，以及新鲜精液稀释后直接进行人工授精。羊精液液态保存每次输精有效精子数不能低于 0.5 亿个，输精前精液的活力不能低于 0.6，输精量为 0.5~1 毫升。

例如，某一次采精后，经精液品质检查，采精量为 1.2 毫升，活力为 0.6，精子密度为 22 亿个/毫升，其他指标均符合输精要求。若输精量按每次 0.5 毫升计算，则原精液可分装份数 = （22 亿个/毫升×0.6×1.2 毫升）/0.5 亿个 = 31.68≈31 份，结果中小数点后的数字忽略不计，否则，输精时的有效精子数就会不符合标准。

需加稀释液量 = 0.5 毫升×31 - 1.2 毫升 = 14.3 毫升

3. 制作冷冻精液时的精液稀释倍数 羊冷冻精液每次输精有效精子数不能低于 0.3 亿个，活力≥0.3，每次输精剂量颗粒冷冻精液 0.1 毫升、细管冷冻精液 0.25 毫升。第一次稀释倍数应为最终稀释后体积的 50%，第二次稀释按 1:1 稀释。

例如，制作 0.25 毫升细管冷冻精液，采精量为 3 毫升，密度为 22 亿个/毫升，则原精液可分装份数 = （22 亿个/毫升×0.3×3 毫升）/0.3 亿个 = 66 份；需加稀释液量 = 0.25 毫升×66 - 3 毫升 = 13.5 毫升；第一次稀释需加稀释液量 = 0.25 毫升×66×50% - 3 毫升 = 5.25 毫升；第二次稀释需加稀释液量 = 0.25 毫升×66×50% = 8.25 毫升。

4. 稀释方法及注意事项 原精液经检查合格后，应立即进行稀释，越快越好，从采精后到稀释的时间不超过 30 分钟；稀释时，稀释液的温度和精液的温度必须一致，以 30~35℃为宜；稀释时，将稀释液沿精液瓶壁缓慢加入，防止剧烈震荡；若做高倍稀释，应先低倍后高倍，分次进行稀释；稀释后精液立即进行分装（一般按一头母畜的输精量）保存。

（四）输精

输精是人工授精的最后一个技术环节。适时而准确地把一定量的优质精液输到发情母畜生殖道的一定部位是保证受胎率的关键。

1. 输精时间　羊采用二次输精。每天用试情公羊检查母羊群两次，上、下午各一次，公羊用试情布兜住腹部，避免发生自然交配。如果母羊接受公羊跳爬，证明已经发情，应在发现发情后 6～12 小时第一次输精，12～18 小时后第二次输精。

经产羊应于发现发情后 6～12 小时第一次输精，间隔 12～16 小时后第二次输精。

初配羊应于发现发情后 12 小时第一次输精，间隔 12 小时第二次输精。

2. 精液的准备　鲜精经稀释、精液品质检查符合要求后即可直接输精；低温保存时，输精前将精液经 10 分钟左右升温到 30～35℃时进行输精；颗粒冷冻精液和细管冷冻精液需要解冻后进行输精。

（1）颗粒冷冻精液的解冻：①解冻所需器材、溶液：恒温水浴锅（可用烧杯或保温杯结合温度计代替）、1 000 微升移液枪、5 毫升小试管、镊子、2.9% 柠檬酸钠。②将水浴锅温度设定为 38～40℃，在小试管中加入 1 毫升 2.9% 柠檬酸钠溶液，预温 2 分钟以上。③在液氮罐中用镊子夹取 1 个颗粒投入到小试管中，由液氮罐提取精液，精液在液氮罐颈部停留不应超过 10 秒，冷冻精液停留部位应在距颈管部 8 厘米以下。从液氮罐取出精液到投入小试管时间尽量控制在 3 秒以内。④轻轻摇晃小试管，使精液溶解并充分混匀。⑤用输精器将解冻好的精液吸到输精器中，准备输精。

（2）细管冷冻精液的解冻：①解冻所需器材：恒温水浴锅

（可用烧杯或保温杯结合温度计代替）、镊子、细管钳、输精器及外套管。②用镊子从液氮罐中取出细管冷冻精液，由液氮罐提取精液，精液在液氮罐颈部停留不应超过 10 秒，储精瓶停留部位应在距颈管部 8 厘米以下。从液氮罐取出精液到投入保温杯时间尽量控制在 3 秒以内。③直接投入到 37℃ 水浴锅（或用温度计将保温杯水温调整至 37℃），摇晃使其完全溶解。也可将水浴加温到（40±0.2）℃ 解冻，将细管冷冻精液投入到 40℃ 水浴环境解冻 3 秒左右，有一半溶解以后拿出使其完全溶解。④将解冻好的细管冷冻精液装入输精枪中，封口端朝外，再用细管钳将细管从露出输精枪的部分剪开，套上外套管，准备输精。

3. 输精操作 羊的输精主要采用开腔器输精法。输精前开腔器和输精器可采用火焰消毒，将酒精棉球点燃，利用火焰对开腔器和输精器进行消毒。并在开腔器前端涂上灭菌润滑剂（红霉素软膏或灭菌凡士林等均可），将精液吸入输精器。

（1）母羊的保定：母羊可采用保定架保定（图 4.21）、单人保定和双人保定。对体格较大的母羊可采用保定架或双人保定。体格中、小的母羊可采用单人倒提保定（图 4.22）。

图 4.21　羊保定架输精

图 4.22　倒提保定输精

（2）用卫生纸或捏干的酒精棉球将外阴部粪便等污物擦干净。

（3）用开膣器先朝斜上方侧进入阴道。

（4）开膣器前端快抵达子宫颈口时，将开膣器转平，然后打开开膣器。

（5）看到子宫颈口时，将输精器头旋转进入子宫颈（图4.23）。

（6）等输精器无法再进入子宫时，可将精液注入。

注意事项：羊在输精时，输精器进入子宫时难度较大，

图4.23　输精部位

通常深度为2~3厘米，最佳位置是通过子宫颈，直接输到子宫体内。输精完成后，将母羊再倒提保定2分钟，防止精液倒流。输精完成后，输精器和开膣器用自来水清洗干净，下次使用前消毒。

五、羊的妊娠诊断

配种后的母羊应尽早进行妊娠诊断，能及时发现空怀母羊，以便采取补配措施。对已受孕的母羊加强饲养管理，避免流产，这样可以提高羊群的受胎率和繁殖率。

（一）外部观察

母羊受孕后，在孕激素的作用下，发情周期停止，不再有发情表现，性情变得较为温顺。同时，甲状腺活动逐渐增强，孕羊的采食量增加，食欲增强，营养状况得到改善，毛色变得光亮润泽。仅靠表观征象观察不易准确诊断母羊是否怀孕，因此还应结合触诊法来确诊。

（二）触诊法

待检查的母羊自然站立，然后用两只手以抬抱方式在腹壁前

后滑动，抬抱的部位是乳房的前上方，用手触摸是否有胚胎胞块。注意抬抱时手掌展开，动作要轻，以抱为主。还有一种方法是直肠—腹壁触诊。待查母羊用肥皂灌洗直肠排出粪便，使其仰卧，然后用直径1.5厘米、长约50厘米、前端圆如弹头状的光滑木棒或塑料棒作为触诊棒，使用时涂抹上润滑剂，经过肛门向直肠内插入30厘米左右，插入时注意贴近脊椎。一只手用触诊棒轻轻把直肠挑起来以便托起胎胞，另一只手则在腹壁上触摸，如有胞块状物体即表明已妊娠；如果摸到触诊棒，将棒稍微移动位置，反复挑起触摸2～3次，仍摸到触诊棒即表明未孕。

注意，挑动时不要损伤直肠。羊属中小牲畜，不能像牛马那样能做直肠检查，因此触诊法在早期妊娠诊断还是很重要的，而且这种方法准确率也相当高。

（三）阴道检查法

妊娠母羊阴道黏膜的色泽、黏液性状及子宫颈口形状均有一些和妊娠相一致的规律变化。

1. 阴道黏膜　母羊怀孕后，阴道黏膜由空怀时的淡粉红色变为苍白色，但用开膣器打开阴道后，很短时间内即由白色又变成粉红色。空怀母羊黏膜始终为粉红色。

2. 阴道黏液　孕羊的阴道黏液呈透明状，而且量很少，因此也很浓稠，能在手指间牵成线。相反，如果黏液量多、稀薄、颜色灰白的母羊为未孕。

3. 子宫颈　孕羊子宫颈紧闭，色泽苍白，并有浆糊状的黏块堵塞在子宫颈口，人们称之为"子宫栓"。和发情鉴定一样，在做阴道检查之前操作者应认真修剪指甲及消毒手臂。

（四）免疫学诊断

怀孕母羊血液、组织中具有特异性抗原，能和血液中的红细胞结合在一起，用它诱导制备的抗体血清和待查母羊的血液混合时，妊娠母羊的血液红细胞会出现凝集现象。如果待查母羊没有怀孕，就会因为没有与红细胞结合的抗原，加入抗体血清后红细胞不会发生凝集现象。由此可以判定被检母羊是否怀孕。

（五）孕酮水平测定法

测定方法是将待查母羊在配种 20~25 天后采血制备血浆，再采用放射免疫标准试剂与之对比，判读血浆中的孕酮含量，判定妊娠参考标准为：绵羊每毫升血浆中孕酮含量大于 1.5 纳克，山羊大于 2 纳克。

（六）返情检查和超声波诊断法

1. 妊娠诊断时间 母羊人工授精后 15~25 天用试情公羊试情，40 天以后用 B 超进行妊娠诊断。

2. 超声波诊断法 超声波探测仪是一种先进的诊断仪器，有条件的地方利用它来做早期妊娠诊断便捷可靠（图 4.24）。检查方法是将待查母羊保定后，在腹下乳房前毛稀少的地方涂上凡士林或石蜡油等耦合剂，将超声波探测仪的探头对着骨盆入口方向探查。用超声波诊断羊早期妊娠的时间最好是配种 40 天以后，这时胎儿的鼻和眼已经分化，易于诊断（图 4.25、图 4.26）。

试情检查结合 B 超进行妊娠诊断，是目前羊妊娠诊断最准确、最为有效的方法。B 超的使用必须要熟练。

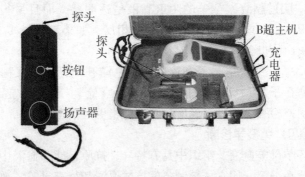

图 4.24　A 型超声波诊断仪（左）和便携式 B 型超声波诊断仪（右）

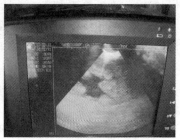

图 4.25　B 超进行妊娠诊断　　　图 4.26　B 超检测到的胎儿

六、母羊预产期的计算

母羊妊娠后，为做好分娩前的准备工作，应准确推算产羔期，即预产期。羊的预产期可用公式推算，即配种月份加 5，配种日期数减 2。

例一：某羊于 2011 年 5 月 24 日配种，它的预产期为：

5 + 5 = 10（月）预产月

24 - 2 = 22（日）预产日期

即该羊的预产日期是 2011 年 10 月 22 日。

例二：某羊于 2011 年 10 月 8 日配种，它的预产期为：10 + 5 = 15，大于 12，可将分娩年份推迟一年，并将该月份减去 12 月，余数就是下一年预产月数，即 15 - 12 = 3（月）为预产月份，8 - 2 = 6（日）为预产日期，即该母羊的预产期是 2012 年 3 月 6 日。

七、羊的分娩与助产

（一）羊的分娩征兆

母羊的分娩征兆主要体现在四方面的变化：

1. 行为变化　母羊分娩前精神不安，食欲减退，回顾腹部，时起时卧，不断努责和扒地，腹部明显下陷是临产的典型征兆。

2. 乳房变化　乳房在分娩前迅速发育，腺体充实，临近分娩时可从乳头中挤出少量清亮胶状液体或少量初乳，乳头增大变粗。

3. 外阴变化　临近分娩时，阴唇逐渐柔软、肿胀、增大，阴唇皮肤上的皱襞展开，皮肤稍变红。阴道黏膜潮红，黏液由浓厚黏稠变为稀薄滑润，排尿频繁。

4. 骨盆的变化　骨盆的耻骨联合，荐髂关节以及骨盆两侧的韧带活动性增强，在尾根及两侧松软，肷窝明显凹陷。用手握住尾根做上下活动，感到荐骨向上活动的幅度增大。

（二）羊的诱发分娩

1. 诱发分娩的方法　绵羊可行的诱发分娩方法是在妊娠144天时，注射12～16毫克地塞米松，多数母羊在40～60小时产羔。在预产前3天使用雌二醇苯甲酸盐或氯前列烯醇注射液1～2毫升，也能诱发母羊分娩，但效果似不如糖皮质激素好。

山羊的诱发分娩与绵羊相似。妊娠144天时，肌内注射PGF2α 2～20毫克或地塞米松16毫克，至产羔平均时间分别为32小时和120小时，而不处理母羊为197小时。

2. 诱发分娩的注意事项　在生产中经发情同期化处理，并对配种的母羊进行同期诱发分娩最有利，预产期接近的母羊可作为一批进行同期诱发分娩。例如同期发情配种的母羊妊娠第142天晚上注射，第144天早上开始产羔，持续到第145天全部产完。

（三）羊的助产

母羊产羔时，最好让其自行产出。接产人员的主要任务是监视分娩情况和护理初产羔羊。正常接产时首先剪净临产母羊乳房周围和后肢内侧的羊毛，然后用温水洗净乳房；挤出几滴初乳，再将母羊的尾根、外阴部、肛门洗净，用1%来苏儿消毒。一般情况下，经产比初产母羊产羔快，羊膜破裂数分钟至30分钟左右，羊羔便能顺利产出。正常羔羊一般是两前肢先出，头部附于两前肢之上，随着母羊的努责，羔羊可自然产出。产双羔时，间隔10～20分钟，个别间隔较长。当母羊产出第一只羔羊后，仍有努责、阵痛表现，是产双羔的症状，此时接产人员要仔细观察和认真检查。

八、母羊的产后护理

在分娩和产后期中，母羊整个机体，特别生殖器官发生剧烈的变化，机体抵抗力降低，产出胎儿时，子宫张开，可能会对产道黏模表皮造成损伤，产后子宫内又积存大量的恶露，即为微生物的侵入创造了条件，同时，分娩过程中，母羊丧失了很多水分。因此，对产后期的母羊应加以妥善处理。

（1）产后要供给母羊足够的水和麸皮汤等。

（2）保持母羊外阴部的清洁，要用消毒溶液清洗外阴部、尾巴及后躯。

（3）供给优质、易消化的饲料，但不宜过多，否则易引起消化道及乳腺疾病。饲料可逐渐变为正常。

（4）青饲料不宜过多，以免乳量分泌过多，引起乳房炎或羔羊拉稀。

（5）垫上清洁的草并勤换。

（6）母羊产后出现的一些病理现象，应及时妥善处理。

九、羔羊的护理程序

初生羔羊是指从出生到脐带脱落这一时期。羔羊脐带一般是在出生后的第二天开始干燥，6天左右脱落，脐带干燥脱落的早晚与断脐的方法、气温及通风有关。初生羔羊的护理工作是羔羊生产的中心环节，要想提高羔羊成活率，除了做好怀孕母羊的饲养管理，使之产下健壮羔羊外，搞好羔羊饲养管理也是关键所在

（图 4.27 ~ 图 4.31）。

1. 清除口鼻腔黏液　羔羊产出后，迅速将口、鼻、耳中的黏液抠出，让母羊舔净羔羊身上的黏液。

2. 擦干羊体　让母羊舔干羔羊身上的黏液。如母羊不舔，可在羔羊身上撒些麸皮，引诱其舔干。其作用是增进母子感情，促进催产素的分泌，以利胎衣排出。

3. 断脐　多数羔羊的脐带产出后自行扯断，可用 5% 的碘酒消毒。未断时，可在距腹部 5 ~ 10 厘米处向腹部挤血后扯断，再用 5% 碘酊充分消毒。

4. 喂初乳　产羔完毕后，剪掉母羊乳房周围长毛，用温水或高锰酸钾消毒乳房并弃去最初几滴乳，待羔羊自行站立后，辅助其吃上初乳，以获得营养与免疫抗体。用 0.1% 高锰酸钾清洗母羊乳房，再用毛巾擦干。羔羊出生后 30 分钟内吃上初乳。

5. 称重　羔羊首次吃初乳前，进行称重并记录。

6. 编号　羔羊生后 7 天内，打耳号或耳标。

7. 记录备案　羔羊出生后及时登记备案。

8. 注射破伤风抗毒素　羔羊出生 12 小时以内注射破伤风抗毒素。

9. 断尾　绵羊羔羊出生后 7 天内，在第 3、第 4 尾椎处采取结扎法进行断尾。

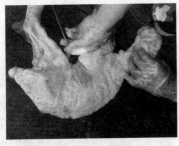
图 4.27　羔羊断脐带

图 4.28　母羊舔干羔羊

图4.29 清洗母羊乳房

图4.30 挤出初乳

图4.31 让羔羊吃到初乳

第五章　肉羊场建设与环境控制

　　标准化肉羊场的建设包括肉羊场场址选择、肉羊场工艺设计、肉羊场总平面布置、肉羊场基础设施工程规划四个方面。肉羊场的规划原则：要有利于肉羊的生产、卫生防疫和防止对外部环境的污染。

一、羊舍（棚）建设技术规程

　　根据羊的生物学特性及对温度、湿度、光照等环境的要求，结合当地气候条件，建造羊用棚圈。采用透光性能好、易封闭的覆盖材料，尽可能地利用太阳辐射热和畜体本身所散发的热量。棚圈应便于通风换气，防止舍内结露，但要避免贼风，创造有利于羊只生长发育和生产的小环境；减少能量消耗，降低维持需要。

（一）建筑要求

　　1. 棚址选择　应选择地势较高、向阳、背风、干燥、水源充足、水质良好、地段平坦且排水良好之处，应避开冬季风口、低洼易涝、泥石流冲积的地段，并要考虑放牧、饲草（料）运送和管理方便。

　　2. 建筑朝向　坐北朝南或南偏东不大于15°。

　　3. 建筑形式　棚圈可采用地面饲养或高床饲养（楼式羊舍）。建筑形式有开放式、半开放式；接羔舍宜采用半开放式或密闭式。屋顶可采用单坡、双坡、不等坡或拱形。

4. 舍内平面布置　采用单列北走道形式，走道宽以 1.0 ~ 1.2 米、饲槽宽以 0.6 ~ 0.8 米为宜。

5. 建筑尺寸　棚舍跨度不宜过小。单坡屋顶的跨度以 6 米左右为宜，北侧檐高不小于 1.8 米，南侧檐高不应低于 2.5 米。双坡、不等坡屋顶的跨度以 9 米左右为宜；拱形屋顶的跨度以 9 米、12 米为宜，檐高不小于 2.4 米。如采用高床饲养，床面距地面及距屋架下弦以 1.7 ~ 1.8 米为宜。棚舍长度可根据场地的地形走势、建筑结构材料、饲养规模来综合考虑。

羊群在 200 只及其以下时设一个圈门；超过 200 只，每 200 只设一圈门。门宽不小于 2.0 米，高 1.8 ~ 2.0 米。

6. 棚圈占地面积　每只成年羊所需的饲养面积以 0.8 ~ 1.0 平方米为宜，每栋棚圈的建筑面积不宜超过 300 平方米。棚圈南侧设运动场，运动场面积以棚舍建筑面积的 2 ~ 3 倍为宜。接羔舍所需面积可按羊舍建筑面积的 1/10 计算。

草料堆放可采用草垛或草料库，布置在距棚圈 20 米以上的侧风向处，占地面积按每 100 只羊 20 平方米计算。羊群规模在 500 只以下时，若不设单独的草料库，可考虑在棚圈内临时堆放部分草料，其棚圈建筑面积可在原有基础上做适当增加。不同规模羊群所需面积如表 5.1 所示。

表5.1　不同规模羊群所需面积

规模（只）	50	100	200	500	1 000
建筑面积（平方米）	45 ~ 55	90 ~ 110	180 ~ 220	400 ~ 500	800 ~ 1 000
运动场面积（平方米）	90 ~ 150	180 ~ 300	360 ~ 650	800 ~ 1 500	1 600 ~ 3 000
草料堆放占地面积（平方米）	10	20	40	100	200

7. 通风与采光　为满足采光、冬季保温排湿、夏季降温及

排除舍内污浊空气的需要，应加强通风换气，棚圈不宜封闭，宜在南墙和北墙开设窗户。南墙可通风面积不宜低于舍内地面面积的10%，北墙可通风面积取南墙的50%~60%。

8. 湿度 舍内相对湿度不宜超过75%。

9. 抗风雪 不低于当地民用建筑抗风雪强度设计规范要求。

10. 抗震 抗震裂度设计可按低于当地民用建筑1度设防。

11. 栋间距 羊群规模较大，需建设2栋以上棚圈时，栋与栋之间应保持3~5倍檐高的间距。

12. 供水 有稳定的水源，水质良好。冬季水槽中的水温应保持在0℃以上。

13. 粪污处理 宜在距棚圈50米以上的下风向设堆粪场，对粪便集中处理，经自然堆沤腐熟后作为肥料使用。

14. 防疫 应严格按照兽医卫生防疫要求进行。注意净污分道，防止交叉；不从疫区购买羊只；对病羊及外来羊只，在远离棚圈20米以上的下风向处利用活动围栏进行隔离观察；做好羊群、人员、圈舍、设备、运输车辆等的清洗消毒，入口处设消毒槽；在饲养区四周宜设置防疫沟或隔离带。具体可参见畜禽场场区设计技术规范中的有关规定。

15. 防火 应达到GBJ 39—1990的要求。草料堆或草料库宜设在棚圈侧风向处，并保持20米以上距离。确保安全用电，并配备必要的防火设施、设备及工具等。

（二）建筑材料

1. 墙体 宜用砖或复合夹心板等新型材料，也可用片石、土坯、草泥、土板等。

2. 门窗 宜采用塑钢等新型材料，也可用木料、竹子等材料。

3. 屋面 保温部分采用草泥或复合夹心板等新型材料，采光部分采用塑料中空板、塑料薄膜等透光材料。

4. 地面 采用三合土、砖等。

5. 结构骨架 采用钢、木、竹、玻璃钢等。

（三）施工技术要点

1. 场地平整 在主体建筑施工前应进行场地平整，场地应设 1% ~ 2% 的排水坡度。

2. 地基与基础 地基开挖前应按图纸定位放线；开挖后应验槽，遇土质土层结构复杂情况时，应采取专门的地基处理方法处理。具体施工可按 GBJ 202—1983 中次要建筑的要求执行。对个别特殊地区可按当地习惯施工。

3. 墙体 用复合夹心板等新型材料时，施工可根据厂家提供的建设安装要求进行，并用隔栏对墙体进行局部保护。用砖、毛石、砌块等砌筑的承重墙体，施工时可按 GB 50203—1998 中次要建筑执行。建造土板或土坯墙时，表面可用草泥或沙灰抹面，但须进行防水处理。留门洞口应避开冬季主导风向。

4. 地面 地面应铺设在均匀密实的基土上，遇不良基土时应换土或进行加固。地面材料宜选用保温和排水均良好的三合土或砖。三合土可按石灰∶沙∶骨料（体积比 1∶2∶4 ~ 1∶3∶6）的比例，铺设厚度为 220 毫米，夯至 150 毫米为宜；黏土砖地面下应设 150 毫米灰土垫层。

5. 骨架结构 简易的钢、木、竹骨架结构，施工时应用铁钉、铁丝、木楔、螺丝钉等连接固定，与两端墙体连接用草泥固定密封。骨架采用轻钢结构和木结构时，施工可分别按 GB 50205—1995、GB J18—1987 和 GB J206—1983 中的次要建筑执行，但轻钢结构骨架的耐腐蚀、耐久性要求应适当高于次要建筑标准。

6. 其他围护结构 在支架上覆盖塑料薄膜时，周围应余出 300 ~ 400 毫米搭在围墙、屋檐上，拉紧铺平并固定。可用以下方法固定：用板条、铁钉、绳子等固定在支架上，四周封严；将做支架用的木杆、钢筋等两端固定在屋檐和墙上，用草泥抹平后再覆膜，在塑料薄膜上面每隔两杆间压上直径 40～60 毫米的木杆，最后压实封严；用细尼龙绳编成 500 毫米×500 毫米的网罩在薄膜上，四周固定；若覆双层膜，两层膜间隔 30～100 毫米。双层塑料中空板、聚苯夹心板等新型覆盖材料的安装参见生产厂家的安装技术要求。

7. 门窗结构　圈门必须坚固灵活，门向外开，不设门槛或台阶。窗户宜采用卷帘、推拉窗或旋转窗，安装高度距室内地面不小于 1.2 米。北侧窗口应便于冬季采用泥草等材料进行封闭，防止形成贼风。

（四）工程质量验收

工程质量应按批准的工程设计图纸要求进行验收。

（五）注意事项

（1）棚圈基础施工应在结冻前完成。

（2）棚圈建成风干后方可使用。

（3）使用前，应进行彻底消毒。检查圈舍、设施、设备是否完好，是否有引起羊只损伤的利器、钝器等物件。特别要注意易损部件如门窗等是否有保护措施。

（4）冬季为降低舍内湿度，防止结露，可通过加强通风、铺设干燥羊粪和碎草混合厚垫料（30 厘米以上）加以解决。

二、肉羊场场址的选择

肉羊场场址的选择是肉羊养殖的重要环节，也是肉羊养殖成败的关键，无论是新建肉羊场，还是在现有设施的基础上进行改建或扩建，选址时必须综合考虑自然环境、社会经济状况、羊群的生理和行为需求、卫生防疫条件、生产流通及组织管理等各种因素，科学和因地制宜地处理好相互之间的关系。

因此，肉羊场场址的选择要从肉羊的生理特点着手，结合当地环境、资源等基础条件，为肉羊创造一个最佳的生活环境。在《GB/T 18407.3—2001 农产品安全质量 无公害畜禽肉产地环境要求》和《NY/T 5151—2002 无公害食品 肉羊饲养管理准则》所要求的基础上进行合理的选择。

（一）肉羊场场址的选择原则

总体来讲，肉羊场场址的选择要有利于肉羊的生产、管理和防疫，同时保证当地的生态环境不受影响。

一是周围及附近饲草，特别是像花生秧、甘薯秧、大蒜秆、大豆秆等优质农副秸秆资源必须丰富；二是交通方便而又不紧邻交通要道；三是地势高燥，既有利于防洪排涝又不至发生断层、陷落、滑坡或塌方；四是地形比较平坦，土层透水性好；五是有水、有电或水电问题较易解决；六是不至造成社会公用水源的污染；七是要与村落保持 150 米以上的距离，并尽量处在村落下风和低于农舍、水井的地方；八是土地开发利用价值低。

（二）肉羊场场址的基本要求

肉羊场场址的选择应具备以下几个基本条件：

1. 地形地势 地形是指场地的形状、范围以及地物，包括山岭、河流、道路、草地、树林、居民点等的相对平面位置状况；地势是指场地的高低起伏状况。肉羊场的场地应选在地势较高、干燥平坦、排水良好和向阳背风的地方。

（1）平原地区一般场地比较平坦、开阔，场址应注意选择在较周围地段稍高的地方，以利排水。地下水位要低，以低于建筑物地基深度 0.5 米以下为宜。

（2）靠近河流、湖泊的地区，场地要选择在较高的地方，应比当地水文资料中最高水位高 1~2 米，以防涨水时被水淹没。

（3）山区建场应尽量选择在背风向阳、面积较大的缓坡地带。应选在稍平缓坡上，坡面向阳，总坡度不超过 25%，建筑区坡度应在 2.5% 以内。坡度过大，不但在施工中需要大量填挖土方，增加工程投资，而且在建成投产后也会给场内运输和管理工作造成不便。山区建场还要注意地质构造情况，避开断层、滑坡、塌方的地段，也要避开坡底和谷地以及风口，以免受山洪和暴风雪的袭击。

肉羊有喜干燥厌潮湿的生活习性，如长期生活在低洼潮湿环境中，不仅影响生产性能的发挥，而且容易引发寄生虫病等一些疾病。因而，切忌将肉羊场建在低洼地、山谷、朝阴、冬季风口等处。土质黏性过重，透气透水性差，不易排水的地方，也不适宜建场。地下水位应在 2 米以下，土质以沙壤土为好，且舍外运动场具有 5～10 度的小坡度。这样，既有利于防洪排涝又不至发生断层、陷落、滑坡或塌方，地形比较平坦，土层透水性好。

2. 饲草料来源 饲草料是肉羊赖以生存的最基本条件，在以放牧为主的牧场，必须有足够的牧地和草场。以舍饲为主的农区、垦区和较集中的肉羊育肥产区，必须要有足够的饲草、饲料基地或便利的饲料原料来源。羊场周围及附近饲草，特别是像花生秧、甘薯秧、大蒜秆、大豆秆等优质农副秸秆资源必须丰富。建羊场要考虑有稳定的饲料供给，如放牧地、饲料生产基地、打草场等。

因此，对以舍饲为主的羊场，必须有足够的饲草饲料基地和便利的饲料原料来源；对以放牧为主的羊场，必须有足够的牧地和草场。切忌在草料缺乏或附近无牧地的地方建立肉羊场。

3. 水、电资源 水资源应符合《NY 5027—2001 无公害食品畜禽饮用水水质标准》。具有清洁而充足的水源，是建羊场必须考虑的基本条件。羊场要求四季供水充足，取用方便，最好使用自来水、泉水、井水和流动的河水；并且水质良好，水中大肠杆菌数、固形物总量、硝酸盐和亚硝酸盐的总含量应低于规定指标。

水源水质关系着生产和生活用水与建筑施工用水，要给予足够的重视。首先要了解水源的情况，如地面水（河流、湖泊）的流量，汛期水位；地下水的初见水位和最高水位，含水层的层次、厚度和流向。对水质情况需了解酸碱度、硬度、透明度，有无污染源和有害化学物质等。并应提取水样做水质的物理、化学和生物污染等方面的化验分析。了解水源水质状况是为了便于计算拟建场地地段范围内的水的资源，供水能力，能否满足肉羊场生产、生活、消防用水要求。

在仅有地下水源地区建场，第一步应先打一眼井。如果打井时出现任何意外，如流速慢、泥沙或水质问题，最好是另选场址，这样可减少损失。对肉羊场而言，建立自己的水源，确保供水是十分必要的。此外，水源和水质与建筑工程施工用水也有关系，主要与砂浆和钢筋混凝土搅拌用水的质量要求有关。水中的有机质在混凝土凝固过程中发生化学反应，会降低混凝土的强度，锈蚀钢筋，形成对钢混结构的破坏。

如羊场附近有排污水的工厂，应将羊场建于其上游。切忌在严重缺水或水源严重污染的地方建立羊场。尽量要求有电或水电问题较易解决；不造成社会公用水源的污染。

肉羊场内生产和生活用电都要求有可靠的供电条件。因此，需了解供电源的位置，与肉羊场的距离，最大供电允许量，是否经常停电，有无可能双路供电等。通常，建设肉羊场要求有Ⅱ级供电电源。在Ⅲ级以下供电电源时，则需自备发电机，以保证场内供电的稳定可靠。为减少供电投资，应尽可能靠近输电线路，以缩短新线路铺设距离。

4. 交通　肉羊场要求建在交通便利的地方，便于饲草和羊只的运输。羊场的交通方便而又不紧邻交通要道。距离公路、铁路交通要道远近适宜，同时考虑交通运输的便利和防疫两个方面的因素。要与村落保持150米以上的距离，并尽量处在村落下风方和低于农舍、水井的地方。但为了防疫的需要，羊场应距离村镇不少于 500 米，离交通干线 1 000 米、一般道路 500 米以上。同时应考虑能提供充足的能源和方便的电信条件，特别是电力供应要正常。

还应有充足的能源和方便的电信条件，这是现代养羊生产对外交流、合作的必备条件，也便于商品流通。应根据国家畜牧业发展规划和各地畜禽品种发展区划，将羊场选在适合当地主要发展品种的中心。

5. 防疫　在羊场场地及周围地区必须为无疫病区，放牧地和打草场均未被污染。羊场周围的畜群和居民宜少，应尽量避开附近单位的羊群转场通道，以便在发生疫病时容易隔离、封锁。选址时要充分了解当地和周围的疫情状况，切忌将羊场建在羊传染病和寄生虫病流行的疫区，也不能将羊场建于化工厂、屠宰场、制革厂等易造成环境污染的企业的下风向。同时羊场也不能污染周围环境，应处于居民点的下风向。

6. 环境生态　遵循国家《GB 14554—1993 恶臭污染物排放标准》和《NY/T 388—1999 畜禽场环境质量标准》。了解国家肉羊生产相关政策、地方生产发展方向和资源利用等。在开始建设以前，应获得市政、建设、环保等有关部门的批准，此外，还必须取得施工许可证。

选择场址必须符合本地区农牧业生产发展总体规划、土地利用发展规划和城乡建设发展规划的用地要求。必须遵守十分珍惜和合理利用土地的原则，不得占用基本农田，尽量利用荒地和劣地建场。大型肉羊企业分期建设时，场址选择应一次完成，分期征地。近期工程应集中布置，征用土地满足本期工程所需面积。远期工程可预留用地，随建随征。以下地区或地段的土地不宜征用：①规定的自然保护区、生活饮用水水源保护区、风景旅游区；②受洪水或山洪威胁及有泥石流、滑坡等自然灾害多发地带；③自然环境污染严重的地区。

三、肉羊场规划设计和功能分区

（一）规划设计

肉羊场规划设计主要包括规划设计说明书、总平面规划图、道路及其竖向工程规划图、给排水和粪污处理与利用工程规划图、采暖工程规划图、电力电信工程规划图、绿化工程规划图（以上图纸均为 1∶1 000 或 1∶500）。

1. 初步设计　主要为了说明设计方案的合理性和技术的可行性，包括场区总平面图，所有生活、生产、生产辅助建筑的平面图、主要立面图、剖面图，生产建筑的工艺平面图，粪污处理与利用工程工艺图，投资估算和工程技术经济指标汇总表，初步设计说明书。

2. 施工图设计　根据上级和各有关部门的审批意见修改初步设计后，由各专业工种进行详细的施工图设计，要求所有图纸与设计文件准确、齐全、简明、清晰、统一。

施工图文件包括：总平面图，所有拟建建筑和设施的建筑施工图（含平面图、立面图、剖面图、建筑构造详图等）、结构施工图、设备施工图（含给排水、采暖通风、电气），各专业施工图说明书与计算书、工程预算书。

（二）肉羊场功能分区

肉羊场通常分为生活管理区、辅助生产区、生产区和隔离区。生活管理区和辅助生产区应位于场区常年主导风向的上风处和地势较高处，隔离区位于场区常年主导风向的下风处和地势较低处。

1. 生活管理区　主要包括管理人员办公室、技术人员业务用房、接待室、会议室、技术资料室、化验室、食堂、职工值班宿舍、厕所、传达室、警卫值班室以及围墙和大门，外来人员第一次更衣消毒室和车辆消毒设施等。

对生活管理区的具体规划因肉羊场规模而定。生活管理区一般应位于场区全年主导风向的上风处或侧风处，并且应在紧邻场区大门内侧集中布置。肉羊场大门应位于场区主干道与场外道路连接处，设施布置应使外来人员或车辆经过强制性消毒，并经门卫放行才能进场。

生活管理区应和生产区严格分开，与生产区之间有一定缓冲地带，生产区入口处设置第二次人员更衣消毒室和车辆消毒设施。

2. 辅助生产区　主要布置供水、供电、供热、设备维修、物资仓库、饲料储存等设施，这些设施应靠近生产区的负荷中心布置，与生活管理区没有严格的界线要求。对于饲料仓库，则要求仓库的卸料口开在辅助生产区内，仓库的取料口开在生产区内，杜绝外来车辆进入生产区，保证生产区内外运料车互不交叉使用。

3. 生产区　主要布置不同类型的羊舍、剪毛间、采精室、人工授精室、肉羊装车台、选种展示厅等建筑。这些设施都应设置两个出入口，分别与生活管理区和生产区相通。

4. 隔离区　隔离区内主要是兽医室、隔离肉羊舍、尸体解剖室、病尸高压灭菌或焚烧处理设备及粪便和污水储存与处理设施。隔离区应位于全场常年主导风向的下风处和全场场区最低处，与生产区的间距应满足兽医卫生防疫要求。绿化隔离带、隔离区内部的粪便污水处理设施和其他设施也需有适当的卫生防疫间距。隔离区内的粪便污水处理设施与生产区有专用道路相连，与场区外有专用大门和道路相通。

四、标准化肉羊舍建设

肉羊舍是羊只生活的主要环境之一，羊舍的建设是否符合肉羊生产的需要，在一定程度上是养羊成败的关键。肉羊舍的规划建设必须结合不同地域和气候环境进行。

（一）肉羊舍建设的基本要求

首先要结合当地气候环境，南方地区天气较热，肉羊舍建设主要以防暑降温为主；而北方地区则以保温防寒为主。第二，尽量使建设成本降低，经济实用。第三，创造有利于肉羊的生产环境。第四，圈舍的结构要有利于防疫。第五，保证人员出入、饲喂羊群、清扫栏圈方便。第六，舍内光线充足、空气流通、羊群居住舒适。同时，主要圈舍应选择南北朝向，后备羊舍、产羔舍、羔羊舍要合理布局，而且要留有一定间距。

1. 地点要求　根据肉羊的生物学特性，应选地势高燥、排水良好、背风向阳、通风干燥、水源充足、环境安静、交通便利、方便防疫的地点建造羊舍。山区或丘陵地区可建在靠山向阳坡，但坡度不宜过大，南面应有广阔的运动场。低洼、潮湿的地方容易发生羊的腐蹄病和滋生各种微生物病，诱发各种疾病，不利于羊的健康，不适合羊舍建设。羊舍应接近放牧地及水源，要根据羊群的分布而适当布局。羊舍要充分利用冬季阳光采暖，朝向一般为坐北朝南，位于办公室和住房的下风向，屋角对着冬、春季的主导风向。用于冬季产羔的羊舍，要选择背山、避风、冬春季容易保温的地方。

2. 面积要求　各类羊只所需羊舍面积，取决于羊的品种、性别、年龄、生理状态、数量、气候条件和饲养方式。羊舍应有足够的面积，使羊在舍内不感到拥挤，可以自由活动。羊舍面积过大，既浪费土地，又浪费建筑材料；面积过小，舍内拥挤潮湿、空气污染严重有碍于羊体健康，管理不便，生产效率不高。

各类羊只羊舍所需面积，见表5.2。

表 5.2　各类羊舍所需面积

羊别	面积（米²/只）	羊别	面积（米²/只）
单饲公羊	4.0~6.0	育成母羊	0.7~0.8
群饲公羊	1.5~2.0	去势羔羊	0.6~0.8
春季产羔母羊	1.2~1.4	3~4月龄羔羊	0.3~0.4
冬季产羔母羊	1.6~2.0	育肥羯羊、淘汰羊	0.7~0.8
育成公羊	0.7~0.9	—	—

　　产羔室可按基础母羊数的 20%~25% 计算面积。运动场面积一般为羊舍面积的 2~2.5 倍。成年羊运动场面积可按 4 米²/只计算。

　　在产羔舍内附设产房，产房内有取暖设备，必要时可以加温，使产房保持一定的温度。产房面积根据母羊群的大小决定，在冬季产羔的情况下，一般可占羊舍面积的 25% 左右。

　　3. 高度要求　羊舍高度要依据羊群大小、羊舍类型及当地气候特点而定。羊数多，羊舍可高些，以保证足量的空气，但过高则保温不良，建筑费用亦高，一般高度为 2.5 米。双坡式羊舍净高（地面至天棚的高度）不低于 2 米。单坡式羊舍前墙高度不低于 2.5 米，后墙高度不低于 1.8 米。南方地区的羊舍防暑防潮重于防寒，羊舍高度应适当增加。

　　4. 通风采光要求　一般羊舍冬季温度保持在 0℃ 以上，羔羊舍温度不超过 8℃，产羔室温度在 8~10℃ 比较适宜。由于绵羊有厚而密的被毛，抗寒能力较强，所以舍内温度不应过高。山羊舍内温度应高于绵羊舍内温度。为了保持羊舍干燥和空气新鲜，必须有良好的通气设备。羊舍的通气装置，既可保证有足够的新鲜空气，又能避贼风。可以在屋顶上设通气孔，孔上有活门，必要时可以关闭。在安设通气装置时要考虑每只羊每小时需要 3~4 立方米的新鲜空气，对南方羊舍夏季要特别注意通风换气，以降低舍内的高温。

羊舍内应有足够的光线，窗户面积一般占地面面积的 1/15，冬季阳光可以照射到室内，既能消毒又能增加室内温度；夏季敞开，增大通风面积，降低室温。在农区，绵羊舍主要注重通风，山羊舍要兼顾保温。

5. 造价要求 羊舍的建筑材料以就地取材、经济耐用为原则。土坯、石头、砖瓦、木材、芦苇、树枝等都可以作为建筑材料。在有条件的地区及重点羊场内应利用砖、石、水泥、木材等修建一些坚固的永久性羊舍，这样可以减少维修的劳力和费用。

6. 内外高差 肉羊舍内地面标高应高于舍外地面标高 0.2 ~ 0.4 米，并与场区道路标高相协调。场区道路设计标高应略高于场外路面标高。场区地面标高除应防止场地被淹外，还应与场外标高相协调。场区地形复杂或坡度较大时，应作台阶式布置，每个台阶高度应能满足行车坡度要求。

（二）羊舍类型

羊舍形式按其封闭程度可分为开放舍、半开放舍和密闭舍。从屋顶结构来分：有单坡式、双坡式及圆拱式。从平面结构来分：有长方形、正方形及半圆形。从建筑用材来分：有砖木结构、土木结构及敞蓬围栏结构等。

单坡式羊舍的跨度小，自然采光好，适于小规模羊群和简易羊舍选用；双坡式羊舍跨度大，保暖能力强，但自然采光、通风差，适合于寒冷地区采用，是最常用的一种类型。在寒冷地区，还可选用圆拱式、双折式、平屋顶等类型；天气炎热地区可选用钟楼式羊舍。

在选择肉羊舍类型时，应根据不同类型肉羊舍的特点，结合当地的气候特点、经济状况及建筑习惯全面考虑，选择适合本地、本场实际情况的羊舍形式。

（三）羊舍类别

1. 成年基础母羊舍 成年羊舍是饲喂基础母羊的场所，多为对头双列式，中间带有走廊，这是国内外羊舍普遍采用的形式（图5.1）。

图5.1 成年基础母羊舍

2. 成年母羊舍 成年母羊舍可建成双坡、双列式。羊舍内的窗户应大一些，一般窗宽为1.5米、高1.5～2.0米，窗台距地面高1.5米。在南方，一面敞开，一面设大窗户；在北方，南面设大窗户，北面设小窗户，中间或两端可设单独的专用挤奶室。舍内水泥地面，有排水沟，舍外设带凉棚和饲槽的运动场，舍内设有饲槽和栏杆。温暖地区，羊舍两端开门；较冷的地区，可一端开门。整个羊舍人工通风，羊床厚垫蓐草。

成年羊舍的长度应根据饲养的山羊只数而定，一般饲养200只成年母羊的羊场，多以100只成年母羊为一栋，分为四组，每组25只。

3. 青年羊舍 青年羊舍用于饲养断奶后至分娩前的青年羊。这种羊舍设备简单，没有生产上的特殊要求，舍内只需设置与成年母羊相同的颈枷。

4. 羔羊舍 羔羊舍内可设置活动围栏，根据需要隔成小圈。羔羊舍在北方关键在于保暖，若为平房，其房顶、墙壁应有隔热层。舍内为水泥地面，排水良好，屋顶和正面两侧墙壁下部设通风孔，房的两侧墙壁上部设通风扇。室内设饲槽和喂奶间，运动场以土地面为宜，中部建筑运动场。

（四）肉羊舍的布局

羊舍修建宜坐北朝南，东西走向。羊场布局以产房为中心，周围依次为羔羊舍、青年羊舍、母羊舍与带仔母羊舍。公羊舍建在母羊舍与青年母羊舍之间，羊舍与羊舍间距保持 15 米，中间种植树木或草。隔离舍建在远离其他羊舍地势较低的下风向。羊场内清洁通道与排污通道分设。办公区与生产区隔开，其他设施则以方便防疫，方便操作为宜。

1. 肉羊舍的排列 单列式布置使场区的净污道路分工明确，但会使道路和工程管线线路过长。此种布局是小规模肉羊场和因场地狭窄限制的一种布置方式，地面宽度足够的大型肉羊场不宜采用。双列式布置是肉羊场最经常使用的布置方式，其优点是既能保证场区净污道路分流明确，又能缩短道路和工程管线的长度。多列式布置在一些大型肉羊场使用，此种布置方式应重点解决场区道路的净污分道，避免因线路交叉而引起互相污染。

2. 羊舍朝向 羊舍朝向的选择与当地的地理纬度、地段环境、局部气候特征及建筑用地条件等因素有关。适宜的朝向一方面可以合理地利用太阳辐射能，避免夏季过多的热量进入舍内，而冬季则最大限度地允许太阳辐射能进入舍内以提高舍温；另一方面，可以合理利用主导风向，改善通风条件，以获得良好的肉羊舍环境。

羊舍要充分利用场区原有的地形、地势，在保证建筑物具有合理的朝向，满足采光、通风要求的前提下，尽量使建筑物长轴沿场区等高线布置，以最大限度减少土石方工程量和基础工程费用。中国地处北纬20°~50°，太阳高度角冬季小、夏季大，为确保冬季舍内获得较多的太阳辐射热，防止夏季太阳过分照射，肉羊舍宜采用东西走向或南偏东或西15°左右朝向较为合适。

肉羊舍布置与场区所处地区的主导风向关系密切，主导风向直接影响冬季肉羊舍的热量损耗和夏季舍内和场区的通风，特别是在采用自然通风系统时。从室内通风效果看，若风向入射角（肉羊舍墙面法线与主导风向的夹角）为零时，舍内与窗间墙正对这段空气流速较低，有害空气不易排除；风向入射角改为30°~60°时，舍内低速区（涡风区）面积减少，改善舍内气流分布的均匀性，可提高通风效果。从整个场区的通风效果看，风向入射角为零时，肉羊舍背风面的涡流区较大，有害气体不易排除；风向入射角改为30°~60°时，有害气体亦能顺利排除。从冬季防寒要求看，若冬季主导风向与肉羊舍纵墙垂直，则会使肉羊舍的热损耗最大。因此，肉羊舍朝向要求综合考虑当地的气象、地形等特点来合理确定。

3. 羊舍间距　具有一定规模的肉羊场，生产区内有一定数量和不同用途的羊舍。除个别采用连栋形式的羊舍外，排列时羊舍与羊舍之间均有一定的距离要求。若距离过大，则会占地太多、浪费土地，并会增加道路、管线等基础设施投资，管理也不便。若距离过小，会加大各舍间的干扰，对羊舍采光、通风、防疫等不利。适宜的羊舍间距应根据采光、通风、防疫和消防几点综合考虑。

在中国采光间距（L）应根据当地的纬度、日照要求以及羊舍檐口高度（H）求得，采光一般以 $L = 1.5 \sim 2H$ 计算即可满足要求。纬度越高的地区，系数取大值。

通风与防疫间距要求一般取 $3 \sim 5H$（H 为南排羊舍檐高），可避免前栋排出的有害气体对后栋的影响，减少互相感染的机会，羊舍经常排放有害气体，这些气体会随着通风影响相邻羊舍。

防火间距要求：没有专门针对农业建筑的防火规范，但羊舍的建造大多采用砖混结构、钢筋混凝土结构和新型建材围护结构，其耐火等级在二级至三级，所以可以参照民用建筑的标准设置。耐火等级为三级和四级的民用建筑间最小防火间距是 8 米和 12 米，所以羊舍间距如在 3~5H，可以满足上述各项要求。

羊舍的间距主要是由防疫间距来决定。一般来说，每相邻两栋长轴平行的肉羊舍间距，无舍外运动场时，两平行侧墙的间距控制在 8~15 米为宜；有舍外运动场时，相邻运动场栏杆的间距控制在 5~8 米为宜。每相邻两栋肉羊舍端墙之间的距离不小于 15 米为宜。

（五）羊舍的基本构造

羊舍的基本构造包括：基础、地基、地面、墙、门窗、屋顶和运动场。

1. 基础和地基 基础是羊舍地面以下承受羊舍的各种负载，并将其传递给地基的构件。基础应具备坚固、耐久、防潮、防震、抗冻和抗机械作用能力。在北方通常用毛石做基础，埋在冻土层以下，埋深厚度 30~40 厘米，防潮层应设在地面以下 60 毫米处。

地基是基础下面承受负载的土层，有天然、人工地基之分。天然地基的土层应具备一定的厚度和足够的承重能力，沙砾、碎石及不易受地下水冲刷的沙质土层是良好的天然地基。

2. 地面 地面是羊躺卧休息、排泄和生产的地方，是羊舍建筑中重要组成部分，对羊只的健康有直接的影响。通常情况下羊舍地面要高出舍外地面 20 厘米以上。由于中国南方和北方气候差异很大，地面的选材必须因地制宜就地取材。羊舍地面有以下几种类型：

（1）土质地面：属于暖地面（软地面）类型。土质地面柔软，富有弹性也不光滑，易于保温，造价低廉。缺点是不够坚固，容易出现小坑，不便于清扫消毒，易形成潮湿的环境。只能在干燥地区采用。用土质地面时，可混入石灰增强黄土的黏固性，粉状石灰和松散的粉土按3:7或4:6的体积比加适量水拌和而成灰土地面。也可用石灰:黏土:碎石、碎砖或矿渣＝1:2:4或1:3:6拌制成三合土。一般石灰用量为石灰土总重的6%～12%，石灰含量越大，强度和耐水性越高。

（2）砖砌地面：属于冷地面（硬地面）类型（图5.2）。因砖的孔隙较多，导热性小，具有一定的保温性能。成年母羊舍粪尿相混的污水较多，容易造成不良环境，又由于砖砌地面易吸收大量水分，破坏其本身的导热性，地面易变冷变硬。砖地吸水后，经冻易破碎，加上本身易磨损的特点，容易形成坑穴，不便于清扫消毒。所以用砖砌地面时，砖宜立砌，不宜平铺。

（3）水泥地面：属于硬地面。其优点是结实、不透水、便于清扫消毒。缺点是造价高，地面太硬，导热性强，保温性差。为防止地面湿滑，可将表面做成麻面。水泥地面的羊舍内最好设木床，供羊休息、宿卧。

（4）漏缝地板：漏缝地板（图5.3）能给羊提供干燥的卧地，集约化羊场和种羊场可用漏缝地板。国外典型漏缝地面羊舍，为封闭双坡式，跨度为6.0米，地面漏缝木条宽50毫米，厚25毫米，缝隙22毫米。双列食槽通道宽50厘米，可为产羔母羊提供相当适宜的环境条件。中国有的地区采用活动的漏缝木条地板，以便于清扫粪便。木条宽32毫米，厚36毫米，缝隙宽15毫米。或者用厚38毫米、宽60～80毫米的水泥条筑成，间距为15～20毫米。漏缝或镀锌钢丝网眼应小于羊蹄面积，以便于清除羊粪而羊蹄不至于掉下为宜。漏缝地板羊舍需配以污水处理设备，造价较高，国外大型羊场和中国南方一些羊场已普遍采用。这类羊舍为了防潮，可隔日抛撒木屑，同时应及时清理粪便，以免污染舍内空气。

图 5.2　砖砌地面　　　　图 5.3　漏缝地板（羊床）

（5）吊楼式羊舍（图 5.4）：多在南方较热、潮湿地区采用，羊舍高出地面 1～2 米，吊楼上为羊舍，下为承粪斜坡，后与粪池相接，楼面为木条漏缝地面。这种羊舍的特点是离地面有一定高度，防潮，通风透气性好，结构简单。通常情况下饲料间、人工授精室、产羔室可用水泥或砖铺地面，以便消毒。

（6）自动清粪地面装置（图 5.5）：河南牧业经济学院权凯老师设计的全自动清粪羊舍（国家专利），改变了传统的人工清粪模式，羊舍既卫生、有利于羊的健康，又节约了劳动力，减少生产成本。全自动清粪羊舍是现代标准化肉羊养殖的典范。

图 5.4　吊楼式羊舍　　　　图 5.5　羊舍地面自动清粪装置

3.墙　墙是基础以上露出地面将羊舍与外部隔开的外围结构，对肉羊舍保温起着重要作用。中国多采用土墙、砖墙和石墙等。土墙造价低，导热小，保温好，但易湿不易消毒，小规模简易羊舍可采用。砖墙是最常用的一种，其厚度有半砖墙、一砖墙、一砖半墙等，墙越厚保暖性能越强。石墙坚固耐久，但导热性大，寒冷地区效果差。国外采用金属铝板、胶合板、玻璃纤维材料建成保温隔热墙，效果很好。

墙要坚固保暖。在北方墙厚为 24～37 厘米，单坡式羊舍后墙高度约 1.8 米，前高 2.2 米。南方羊舍可适当提高高度，以利于防潮防暑。一般农户饲养量较少时，圈舍高度可略低些，但不得低于 2.0 米。地面应高出舍外地面 20～30 厘米，铺成斜垮台以利排水。

墙壁根据经济条件决定用料，全部砖木结构或土木结构均可。无论哪种结构都要坚固耐用。潮湿和多雨地区，墙基和边角用石头，砖垒至一定高度，上边用土坯或打土墙建成。木头紧缺地区也可用砖建拱顶羊舍，既经济又实用。

墙体保护措施主要指做墙体防潮层、面层和墙裙。羊舍内表面（墙体、屋顶或吊顶）经常处于潮湿环境当中，也经常需要消毒，所以应该采用水泥砂浆抹面或贴面砖等防潮措施；墙体应该做 1.2～1.5 米的墙裙进行保护。

4. 门窗　羊舍门、窗的设置既要有利于舍内通风干燥，又要保证舍内有足够的光照，要使舍内硫化氢、氨气、二氧化碳等气体尽快排出，同时地面还要便于积粪出圈。羊舍窗户的面积一般占地面面积的 1/15，距地面的高度一般在 1.5 米以上。门宽度为 2.5～3 米，羊群规模小时，宽度为 2～2.5 米，高度为 2 米。运动场与羊床连接的小门，宽度为 0.5～0.8 米，高度为 1.2 米。

5. 屋顶　屋顶具有防雨水和保温隔热的作用。要求选用的材料具有一定厚度，结构简单，经久耐用，保温隔热性能良好，防雨、防火，便于清扫消毒。其材料有陶瓦、石棉瓦、木板、塑料薄膜、稻（麦）草、油毡等，也可采用彩色钢板和聚苯乙烯夹心板等新型材料。在寒冷地区可加天棚，其上可贮冬草，能增强羊舍保温性能。棚式羊舍多用木椽、芦席，半封闭式羊舍屋顶多用水泥板或木椽、油毡等。羊舍净高（地面至天棚的高度）2.0~2.4 米。在寒冷地可适当降低净高。羊舍屋顶形式有单坡式、双坡式等，其中以双坡式最为常见。单坡式羊舍，一般前高 2.2~2.5 米，后高 1.7~2.0 米。屋顶斜面呈 45°。

6. 运动场 运动场是舍饲或半舍饲规模羊场必需的基础设施。一般运动场面积应为羊舍面积的 2~2.5 倍，成年羊运动场面积可按 4 米^2/只计算。其位置排列根据羊舍建筑的位置和大小可位于羊舍的侧面或背面，但规模较大的羊舍宜建在羊舍的两个背面，低于羊舍地面 60 厘米以下，地面以沙质土壤为宜，也可采用三合土或者砖地面，便于排水和保持干燥。运动场周边可用木板、木棒、竹子、石板、砖等做围栏，高 2.0~2.5 米。中间可隔成多个小运动场，便于分群管理。运动场地面可用砖、水泥、石板和沙质土壤，不得高于羊舍地面，周边应有排水沟，保持干燥和便于清扫。并有遮阳棚或者绿植，以抵挡夏季烈日。

五、肉羊场基础设施建设

肉羊场基础设施的建设必须能够适应集约化、程序化肉羊生产工艺流程的需要和要求，整体规划经济合理，尽量避免追求豪华，应注重方便、有效和实用，建筑需考虑取材方便、材料和用工的成本等问题；但对必需的设施一定得建，还要便于生产管理，节省财力、物力和人力，尽可能达到高产、优质和高效等目的。尽量为羊只提供一个较适宜的生产环境，使之尽可能避免不良气候等因素的影响。

（一）防护设施

防护设施包括防止场外人员及其他动物进入场区的围墙，隔离场区与外界环境（防疫）的隔离带，以及场门、各生产区之间的隔离带和出入口。

1. 隔离带 肉羊场场区应以围墙和防疫沟与外界隔离，周围设绿化隔离带。围墙距一般建筑物的间距不应小于 3.5 米，围墙距肉羊舍的间距不应小于 6 米。规模较大的肉羊场，四周应建较高的围墙（2.5～3 米）或较深的防疫沟（1.5～2.0 米），以防止场外人员及其他动物进入场区。为了更有效地切断外界的污染因素，必要时可往沟内放水。但这种防疫沟造价较高，也很费工。靠墙绿化隔离带宽度一般不应小于 1 米，绿植高度不应低于 1 米，否则起不到应有的隔离作用。应该指出，用刺网隔离是不能达到安全目的的，最好采用密封墙，以防止野生动物侵入。

2. 场门 在肉羊场大门及各区域、肉羊舍的入口处，应设相应的消毒设施。场区大门口可设置长 4 米、宽 3 米、深 0.2 米的车辆消毒池；工作人员进入场区时要通过 S 形消毒通道，消毒通道内装设紫外线杀菌灯，消毒 3～5 分钟。地面上设置脚踏消毒槽或消毒湿垫，用氢氧化钠溶液消毒。消毒通道末端设置喷雾消毒室、更衣换鞋间等。

对肉羊场的一切卫生防护设施，必须建立严格的检查制度予以保证，否则会流于形式。

3. 生产区之间的隔离带和出入口 生产区与生活管理区和辅助生产区应设置围墙或树篱严格分开，树篱带的宽度一般在 5 米左右。在生产区入口处设置第二次更衣消毒室和车辆消毒设施。工作人员从管理区进入生产区要通过更衣消毒室，运送饲料车辆进入生产区要经过车辆消毒池，此处的车辆消毒池长为 3～3.5 米，宽 2～2.5 米，深度 0.2 米，内装氢氧化钠溶液消毒剂。这些设施一端的出入口开在生活管理区内，另一端的出入口开在生产区内。在场内各区域间，设较小的防疫沟或围墙，或结合绿化培植隔离林带。有防疫沟时，一般 1 米深、1.5～2 米宽；设置绿化隔离带时，绿化隔离带宽最小为 1 米，绿植高度最小为 1

米；有围墙时，围墙高在 1.5～2.0 米，并应使它们之间留有足够的卫生防疫距离（100～200 米）。

4. 制度 制定门卫制度，严禁人员、车辆不经消毒进入生产区。

（二）道路

场区道路要求在各种气候条件下能保证通车，防止扬尘。肉羊场道路包括与外部联系的场外主干道和场区内部道路。场外主干道担负着全场的货物、产品和人员的运输，其路面最小宽度应能保证两辆中型运输车辆的顺利错车，为 6.0～7.0 米。场内道路的功能不仅是运输，同时也具有卫生防疫作用，因此道路规划设计要满足分流与分工、联系简捷、路面质量、路面宽度、绿化防疫等要求。

1. 道路分类 按功能分为人员出入、运输饲料用的清洁道（净道）和运输粪污、病死畜禽的污物道（污道），有些场还设供畜禽转群和装车外运的专用通道。按道路担负的作用分为主要道路和次要道路。

2. 道路设计标准 净道一般是场区的主干道，路面最小宽度要保证饲料运输车辆的通行，宽 3.5～6.0 米，宜用水泥混凝土路面，也可选用整齐石块或条石路面，路面横坡 1.0%～1.5%，纵坡 0.3%～8.0%。污道宽 3.0～3.5 米，路面宜用水泥混凝土路面，也可用碎石、砾石、石灰渣土路面，路面横坡为 2.0%～4.0%，纵坡 0.3%～8.0%。与肉羊舍、饲料库、产品库、兽医建筑物、贮粪场等连接的次要干道，宽度一般为 2.0～3.5 米。

3. 道路规划设计要求 首先要求净污分开与分流明确，尽可能互不交叉，兽医建筑物须有单独的道路；其次要求路线简捷，以保证牧场各生产环节最方便的联系；三是路面质量好，要求坚实、排水良好，以沙石路面和混凝土路面为佳，保证晴雨通车和防尘；道路的设置应不妨碍场内排水，路两侧也应有排水沟、绿化。道路一般与建筑物长轴平行或垂直布置，在无出入口时，道路与建筑物外墙应保持1.5米的最小距离；有出入口时则为3.0米。

（三）给排水管道建设

1. 给水工程

（1）给水系统：由取水、净水、输配水三部分组成，包括水源、水处理设施与设备、输水管道、配水管道。大部分肉羊场的建设位置均远离城镇，不能利用城镇给水系统，所以都需要独立的水源，一般是自己打井和建设水泵房、水处理车间、水塔、输配水管道等。

（2）用水量估算：肉羊场用水包括生活用水、生产用水及消防和灌溉等其他用水。

①生活用水：指平均每一职工每日所消耗的水，包括饮用、洗衣、洗澡及卫生用水，其水质要求较高，要满足人的各项标准。用水量因生活水平、卫生设备、季节与气候等而不同，一般可按每人每日40~60升计算。

②生产用水：包括羊饮用、饲料调制、羊体清洁、饲槽与用具刷洗、肉羊舍清扫等所消耗的水。圈养状态下每头成年绵羊每日需水量为10升，羔羊为3升。肉羊圈舍很少用高压水冲洗粪便，一般都是干清粪，耗水量很少。

③其他用水：其他用水包括消防、灌溉、不可预见等用水。消防用水是一种突发用水，可利用肉羊场内外的江河湖塘等水源，也可停止其他用水，保证消防。绿地灌溉用水可以利用经过处理后的污水，在管道计算时也可不考虑。不可预见用水包括给水系统损失、新建项目用水等，可按总用水量的10%~15%考虑。

用水量在每个季度、每天的各个时间内都有变化。夏季用水量远比冬季多，上班后清洁肉羊舍与羊体时用水量骤增，夜间用水量很少。因此，为了充分地保证用水，在计算肉羊场用水量及设计给水设施时，必须按单位时间内最大用水量来计算。

2. 排水工程

（1）排水系统组成：排水系统应由排水管网、污水处理站、出水口组成。肉羊场的粪污量大而极容易对周边环境造成污染，因此肉羊场的粪污无害化处理与资源化利用是一项关系着全场经济、社会、生态效益的关键工程，粪污处理与利用另有专项工程论述，在此的排水工程仅指排水量的估算、排水方式选择与排水管网布置。

（2）排水分类：包括雨雪水、生活污水、生产污水（家畜粪污和清洗废水）。

（3）排水量估算：雨水量估算根据当地降水强度、汇水面积、径流系数计算，具体参见城乡规划中的排水工程估算法。肉羊场的生活污水主要来自职工的食堂和浴厕，其流量不大，一般不需计算，管道可采用最小管径 150～200 毫米。肉羊场最大的污水量是生产过程中的生产污水，生产污水量因饲养畜禽种类、饲养工艺与模式、生产管理水平、地区气候条件等差异而不同；其估算是以在不同饲养工艺模式下，单位规模的畜禽饲养量在一个生长生产周期内所产生的各种生产污水量为基础定额，乘以饲养规模和生产批数，再考虑地区气候因素加以调整。

（4）排水方式选择：肉羊场排水方式分为分流与合流两种。肉羊场的粪污需要专门的设施、设备与工艺来处理与利用，投资大、负担重，因此应尽量减少粪污产生与排放。在源头上主要采用干清粪等工艺，而在排放过程中应采用分流排放方式，即雨水和生产、生活污水分别采用两个独立系统。生产与生活污水采用暗埋管渠，将污水集中排到场区的粪污处理站；专设雨水排水管渠，不要将雨水排入需要专门处理的粪污系统中。

（5）排水管渠布置：场区实行雨污分流的原则，对场区自然降水可采用有组织的排水。对场区污水应采用暗管排放，集中处理，符合 GB 18596 的规定。

场内排水系统多设置在各种道路的两旁及家畜运动场的周边。采用斜坡式排水管沟，以尽量减少污物积存及被人畜损坏。为了整个场区的环境卫生和防疫需要，生产污水一般应采用暗埋管沟排放。暗埋管沟排水系统如果超过 200 米，中间应增设沉淀井，以免污物淤塞，影响排水。沉淀井不应设在运动场中或交通频繁的干道附近。沉淀井距供水水源至少应有 200 米以上的间距。暗埋管沟应埋在冻土层以下，以免因受冻而阻塞。雨水中也有些场地中的零星粪污，有条件的也宜采用暗埋管沟，如采用方形明沟，其最深处不应超过 30 厘米，沟底应有 1% ~2% 的坡度，上口宽 30 ~60 厘米。

给水和排水管道施工主要是按照设计要求，把图纸的设计意图在场区实地上表现出来，这就要求在施工前先对场区进行测量，然后进行排水明沟的开挖，以及排水暗沟渠的建设。同时进行建设的还有与之相关的附属构筑物。

（四）绿化

搞好肉羊场绿化，不仅可以调节小气候，减弱噪声，净化空气，起到防疫和防火等作用，而且可以美化环境。绿化应根据本地区气候、土壤和环境功能等条件，选择适合当地生长的、对人畜无害的花草树木进行场区绿化。

场区绿化率不低于 30%，绿化的主要地段是：生活管理区应具有观赏和美化效果；场内卫生防疫隔离用地及粪便污水处理设施周围应布置绿化隔离带；场区全年主风向的上风侧围墙一侧或两侧应种植防风林带，围墙的其他部分种植绿化隔离带。

树木与建筑物外墙、围墙、道路边缘及排水明沟边缘的最小距离不应小于 1 米。

1. 绿化带（防疫、隔离、景观）　周边种植乔木和灌木混合林带，特别是场界的北、西侧，应加宽这种混合林带（宽度达10米以上，一般至少应种五行），以起到防风阻沙的作用。场区隔离林带主要用以分隔场内各区及防火，如在生产区、住宅及生产管理区的四周都应有这种隔离林带。中间种乔木，两侧种灌木（种植 2~3 行，总宽度为 3~5 米）。

2. 绿化　内外道路两旁，一般种 1~2 行树冠整齐的乔木或亚乔木，在靠近建筑物的采光地段，不应种植枝叶过密、过于高大的树种，以免影响肉羊舍的自然采光。最好采用常青树种。

3. 运动场遮阴林　运动场的南及西侧，应设 1~2 行遮阴林。一般可选枝叶开阔、生长势强、冬季落叶后枝条稀少的树种，如北京杨、加拿大杨、辽杨、槐、枫等。也可利用爬墙虎或葡萄树来达到同样目的。运动场内种植遮阴树时，可选用枝条开阔的果树类，以增加遮阴、观赏及经济价值，但必须采取保护措施，以防被羊损坏。

（五）粪污处理系统

设计或运行一个畜禽场粪污处理系统，必须对粪便的性质，粪便的收集、转移、储存及施肥等方面的问题加以全面的分析研究。规划时，应视不同地区的气象条件及土壤类型、管理水平等进行不同的设计，以便使粪污处理系统能达到最佳的效果。

1. 粪污处理量的估算　粪污处理工程除了满足处理各种家畜每日粪便排泄量外，还需将全场的污水排放量一并加以考虑。肉羊大致的粪尿产量见表 5.3。按照目前城镇居民污水排放量一般与用水量一致的计算方法，肉羊场污水量估算也可按此法进行。

表5.3 肉羊粪尿排泄量（原始量）

饲养期（天）	每只日排泄量（千克）			每只饲养期排泄量（吨）		
	粪量	尿量	合计	粪量	尿量	合计
365	2.0	0.66	2.66	0.73	0.24	0.97

2. 粪污处理工程规划的内容 粪污处理工程设施是现代集约化肉羊场建设必不可少的项目，从建场伊始就要统筹考虑。其规划设计依据是粪污处理与综合利用工艺设计，应与肉羊场的排水工程综合考虑。粪污处理工程设施因处理工艺、投资、环境要求的不同而差异较大，实际工作中应根据环境要求、投资额度、地理与气候条件等因素先进行工艺设计。

一般其主要的规划内容应包括：粪污收集（即清粪）、粪污运输（管道和车辆）、粪污处理厂的选址及其占地规模的确定、处理厂的平面布局、粪污处理设备选型与配套、粪污处理工程构筑物（池、坑、塘、井、泵站等）的形式与建设规模。规划原则是：首先考虑其作为农田肥料的原料；充分考虑劳动力资源丰富的国情，不要一味追求全部机械化；选址时避免对周围环境的污染。还要充分考虑肉羊场所处的地理与气候条件，严寒地区的堆粪时间长，场地要较大，且收集设施与输送管道要防冻。

（六）采暖工程

1. 基本要求 肉羊场的采暖工程要保证肉羊生产需要和工作人员的办公和生活需要，是肉羊从出生到成年，不同生长发育阶段的供暖保证。

2. 采暖系统 采暖系统分为集中供暖系统、分散供暖系统和局部供暖系统。集中供暖系统一般以热水为热媒，由集中锅炉房、热水输送管道、散热设备组成，全场形成一个完整的系统。分散供暖系统是指每个需要采暖的建筑或设施自行设置供暖设备，如热风炉、空气加热器和暖风机。集中供暖能保证全场供暖均衡、安全和方便管理，但一次性投资太大，适于大型肉羊场。分散供暖系统投资较小，可以和冬季肉羊舍通风相结合，便于调节和自动控制；缺点是采暖系统停止工作后余热小，室温降低较快，中小型肉羊场可采用。

3. 采暖负荷　工作人员的办公与生活空间采暖与普通民用建筑采暖相同。由此估算全场的采暖负荷。

（七）电力电信工程

1. 基本要求　电力工程是肉羊场不可缺少的基础设施，要求经济、方便。随着经济和技术的发展，信息在经济与社会各领域中的作用越来越重要，电信工程也成为现代肉羊场的必需设施。电力与电信工程规划就是需要经济、安全、稳定、可靠的供配电系统和快捷、顺畅的通信系统，保证肉羊场正常生产运营和与外界市场的紧密联系。

2. 供电系统　肉羊场的供电系统由电源、输电线路、配电线路、用电设备构成。规划主要内容包括用电负荷估算、电源与电压选择、变配电所的容量与设置、输配电线路布置。

3. 用电量　肉羊场用电负荷包括办公、职工宿舍、食堂等辅助建筑和场区照明等，以及饲料加工、清粪、挤奶、给排水、粪污处理等生产用电。照明用电量根据各类建筑照明用电定额和建筑面积计算，用电定额与普通民用建筑相同；生活电器用电根据电器设备额定容量之和，并考虑同时系数求得。生产用电根据生产中所使用的电力设备的额定容量之和，并考虑同时系数、需用系数求得。在规划初期可以根据已建的同类肉羊场的用电情况来类比估算。

4. 电源和电压及变配电所的设置　肉羊场应尽量利用周围已有的电源，若没有可利用的电源，需要远距离引入或自建。为了确保肉羊场的用电安全，一般场内还需要自备发电机，防止外界电源中断使肉羊场遭受巨大损失。肉羊场的使用电压一般为

220V/380V，变电所或变压器的位置应尽量居于用电负荷中心，最大服务半径要小于500米。

5. 电信工程规划 是根据生产与经营需要配置电话、电视和网络。

六、肉羊场设施设备

肉羊场的设施设备包括各种栅栏、饲料和饮水设施、防疫设施、饲料加工设施设备等。

（一）各种用途的栅栏

1. 分群栏 当羊群进行羊只鉴定、分群及防疫注射时，常需将羊分群，分群栏可在适当地点修筑，用栅栏临时隔成。设置分群栏便于开展工作，节省劳动力，是羊场必不可少的。分群栏有一窄长的通道，通道的宽度比羊体稍宽，羊在通道内只能成单行前进，不能回转向后。通道长度为6～8米，在通道两侧可视需要设置若干个小圈，圈门的宽度相同，由此门的开关方向决定羊只的去路（图5.6）。

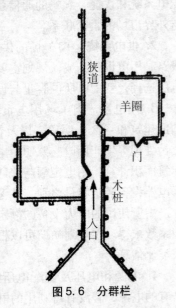

图5.6　分群栏

2. 母仔栏 母仔栏是羊场产羔时必不可少的一项设施。有活动的和固定的两种，大多采用活动栏板，由两块栏板用合页连接而成（图5.7）。可用钢筋制成，也可用木条、铁丝网或木板制成。每块栏板高1米、长1.2～1.5米，栏板厚2.2～2.5厘米，板宽7.5厘米，然后将活动栏在羊舍一角呈直角展开，并将其固定在羊舍墙壁上，可围成 1.2 米 × 1.5 米大小的母仔间，供一母双羔或一母多羔使用。活动母仔栏依产羔母羊的多少而定，一般按 10 只母羊一个活动栏配备。如将两块栏板成直线安置，也可供羊隔离使用，也可以围成羔羊补饲栏，应依需要而定。产羔母羊群所需母仔栏的数量一般为母羊数的 10% ~ 15%。

3. 羔羊补饲栏　用于给羔羊补饲，栅栏上留一小门，小羔羊可以自由进出采食，大羊不能进入，这种补饲栏用木板制成，板间距离 15 厘米，补饲栏的大小要依羔羊数量多少而定（图5.8）。

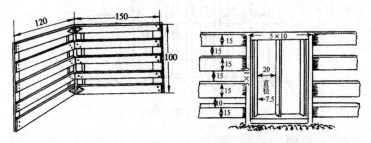

图 5.7　活动母仔栏（单位：厘米）　图 5.8　羔羊补饲栏（单位：厘米）

4. 活动围栏　活动围栏可供随时分隔羊群之用。在产羔时，也可以用活动围栏临时隔为母仔小圈、中圈等。通常有重叠围栏、折叠围栏和铁管钢筋制作的围栏等几种类型。活动围栏见图5.9、图 5.10。

5. 栏杆与颈枷　羊舍内的栏杆材料可用木料，也可用钢筋，形状多样，公羊栏杆高 1.2 ~ 1.3 米，母羊 1.1 ~ 1.2 米，羔羊1.0 米，靠饲槽部分的栏杆，每隔 30 ~ 50 厘米的距离，留一个羊头能伸出去的空隙，该空隙上宽下窄，母羊上部宽为 15 厘米，下部宽为 10 厘米，公羊为 19 厘米与 14 厘米，羔羊为 12 厘米与7 厘米。每 10 ~ 30 只羊可安装一个颈枷，以防止羊只在喂料时抢食和有利于打针、修蹄、检查羊只时保定，颈枷可上下移动，也可左右移动（图5.11）。

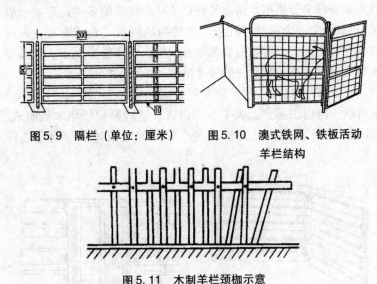

图5.9　隔栏（单位：厘米）　图5.10　澳式铁网、铁板活动
羊栏结构

图5.11　木制羊栏颈枷示意

（二）饲槽

饲槽是羊舍内最基本的设施之一，主要用来饲喂精料、颗粒料、青贮料、青草或干草。根据建造方式主要可分为固定式和移动式两种。羊舍饲槽建筑材料可用木材、钢筋、水泥和砖等。饲槽建造科学，对提高饲料的利用率、保持草料卫生和草料节约，都是极其重要的，特别是大规模工厂化养羊更重要。建造时必须符合以下要求：

第一，既可保证羊只自由采食，又能防止羊只跳进槽内把草料弄到槽外，造成污染和浪费；第二，槽深要适度，保证羊嘴能够到槽底的各处，以便羊只把槽中饲料全部吃净；第三，槽沿圆滑，槽底呈弧形，槽沿上设置隔栏，结实牢固、经久耐用，减少维修麻烦。

1. 固定式长方形饲槽　一般设置在羊舍或运动场，用砖石、水泥等砌成，平行排列。以舍饲为主的羊舍内应修建永久性饲槽，结实耐用，可根据羊舍结构进行设计建造（图 5.12）。用水泥做成固定长槽上宽下窄，槽底呈圆形。便于清理和洗刷，槽上宽 50 厘米左右。离地面 40～50 厘米，槽深 20～25 厘米。在饲槽上方设颈枷固定羊头，可限制其乱占槽位抢食造成采食不均，也可用于打针、刷拭、修蹄等。颈枷可用钢筋制成，一般每隔 30～40 厘米设 1 个，大小以能固定羊头为宜，上宽下窄（上宽 18 厘米，下宽 10～12 厘米）。在颈枷上方可设置一个活动木板或铁杆，当羊进入槽位，头伸进颈枷时，可将木板或铁杆放下系住，正好落在羊颈部上方。一般木板或铁杆距槽边距离为 25～30 厘米。槽长依羊只数量而定，一般可按大羊 30 厘米，羔羊 20 厘米设计。

固定式饲槽由砖或石块与水泥砌成，或用混凝土模具制成，或铁铸成。槽长 20～35 厘米/只（图 5.13）。

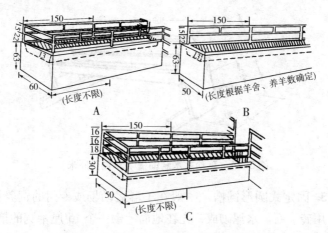

图 5.12 固定式永久饲槽（单位：厘米）

A. 对头饲喂式　B. 单侧饲喂式　C. 羔羊补饲槽

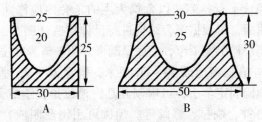

图 5.13　固定式饲槽（单位：厘米）

A. 靠墙单面固定式　B. 双面固定式

2. 移动式饲槽　移动式饲槽大多用木料或铁皮制作，坚固耐用、制作简单、便于携带，长 1.5～2 米，上宽 35 厘米，下宽 30 厘米。既可以饲喂草料，也可以供羊只饮水之用，一般用于冬季羊舍内饲喂。移动式饲槽具有移动方便、存放灵活的特点。适合于个体养羊少的农户或小规模养羊场。常见的移动式饲槽形式和尺寸见图 5.14。

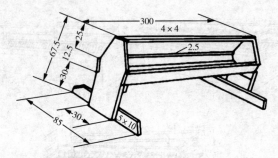

图 5.14　移动式木制饲槽（单位：厘米）

3. 固定式圆形饲槽　一般在羊群运动场或专门的饲养场使用，用砖、石、水泥砌成，先在地面上砌一个 15 厘米宽的槽边，在槽底盘边上 15 厘米处砌向圆心一个馒头状的土堆，表面要坚固光滑。在土堆的基部四周每 15 厘米竖一块砖，在土堆上，羊只从竖砖的中间采食。圆形饲槽具有添加草料方便、不浪费、减少草屑对被毛的污染等优点。

（三）草料架

草料架形式多种多样。有专供喂粗料用的草架（图 5.15A、图 5.15B)，有供喂粗料和精料两用的联合草料架，有专供喂精料用的料槽。利用草料架养羊能减少浪费和草屑污染羊毛。可以靠墙设置固定的单面草料架，也可以在饲养场设置若干排草架，草架隔栅可用木料或钢材制成，隔栏间距离为 9 ~ 10 厘米，用钢筋制作，为使羊头能伸进栏内采食，隔栏宽度可达 15 ~ 120 厘米，有的地区因缺少木料、钢材，常就地利用芦苇及树枝修筑简易草料架进行喂养。草料架有直角三角形、等腰三角形、梯形和正方形，比较实用的草料架和饲槽如图 5.15C、图 5.15D 所示。

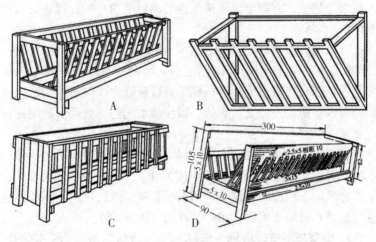

图 5.15　草料架（单位：厘米）

（四）草棚

为储备干草或农作物秸秆，供羊冬、春季补饲，羊场应建有草棚。草棚用砖或土坯砌成，或用栅栏、网栏围成，上面盖以遮雨雪的材料即可。草棚的地面应高出地面一定高度，向南有各种木制草架斜坡，便于排水。有条件的羊场可建成半开放式的双坡式草棚，四周的墙用砖砌成，屋顶用石棉瓦覆盖，这样的草棚防雨、防潮的效果更好。草堆下面应用钢筋架或木材等物垫起，不要让草堆直接接触地面，草堆与地面之间应有通风孔，这样能防止饲草霉变，减少浪费。

（五）药浴设备

1. 药浴池 为了防治疥癣等外寄生虫病，每年要定期给羊群药浴。没有淋药装置或流动式药浴设备的羊场，应在不对人、畜、水源、环境造成污染的地点建药浴池，药浴池一般为长方形水沟状，用水泥筑成，池深 0.8 ~ 1 米，长 5 ~ 10 米，上口宽 0.6 ~ 0.8 米，底宽 0.4 ~ 0.6 米，以单羊能通过而不能转身为宜。池的入口端为陡坡，方便羊只迅速入池。出口端为台阶式缓坡，以便浴后羊只攀登。

入口端设漏斗形贮羊圈，也可用活动围栏。出口设滴流台，以使浴后羊身上多余药液流回池内。装药液量不应淹没羊的头部。贮羊圈和滴流台大小可根据羊只数量确定。但必须用水泥浇筑地面。在药浴池旁安装炉灶，以便烧水配药。在药浴池附近应有水源。

农户小型羊场药浴池一般可修建在羊舍周围，长度为 1 ~ 1.2 米，宽度为 0.6 ~ 0.8 米，深度为 0.8 米。先按设计尺寸挖一个长方形坑，底部和四周分别用石板平铺，然后用水泥抹缝，也可用砖或石料铺底砌墙，用砂浆抹面（图 5.16）。

2. 小型药浴槽、浴桶、浴缸 小型浴槽容量约为 1 400 升，可同时将两只成年羊（小羊 3 ~ 4 只）一起药浴，并可用门的开闭来调节入浴时间。这种类型适宜小型羊场使用（图 5.17）。

3. 帆布药浴池 用防水性能良好的帆布加工制作。药浴池为直角梯形，上边长 3.0 米、下边长 2.0 米，深 1.2 米、宽 0.7 米，外侧固定套环。安装前按浴池的大小形状挖一土坑。然后放

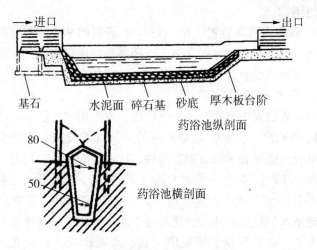

图5.16 药浴池（单位：厘米）

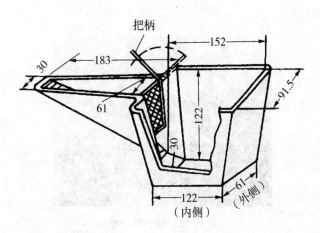

图5.17 小型药浴槽（单位：厘米）

入帆布药浴池，四边的套环用铁钉固定，加入药液即可进行工作。用后洗净，晒干，以后再用。这种设备体积小、轻便，可以反复使用。

4. 淋浴式药淋装置　中国近年来研制的 9AL – 8 型药淋装置,通过机械对羊群进行药淋。该药淋装置由机械和建筑两部分组成,圆形淋场直径为 8 米,可同时容纳 250 ~ 300 只羊药浴。

(六)饲料青贮设施

饲料青贮设施有青贮窖、青贮壕、青贮塔和青贮袋 4 种。

1. 青贮窖　青贮窖是最普遍的一种青贮设施。按照窖的形状,可分为圆形窖和长方形窖两种。按照窖的位置,可分为地上式(图 5.18)、半地下半地上式(图 5.19)和地下式三种。生产中多采用地下式。贮量多时,以长方形窖为好。但在地势低平、地下水位较高的地方,建造地下式窖易积水,可建造半地下半地上式。青贮窖壁、窖底应用砖、水泥砌成。窖壁光滑、坚实、不透水、上下垂直,窖底呈锅底状。窖的大小根据饲养规模和饲喂量确定。

图 5.18　地上青贮窖

2. 青贮壕　青贮壕为壕沟式青贮设施,一般为长方形。壕底及壕壁用砖、石、水泥砌成。为防止壕壁倒塌,青贮壕应建成倒梯形。青贮壕的一般尺寸:人工操作时,深 3 ~ 4 米,宽 2.5 ~

图 5.19　半地下半地上式青贮窖

3.5 米，长 4~5 米。机械操作时长度可延长至 10~15 米，以 2 ~3 天能将青贮原料装填完毕为原则。青贮壕也应选择在地势干燥的地方。在青贮壕四周 0.5~1.0 米处修排水沟，防止污水流入。

3. 青贮塔　青贮塔适用于机械化水平较高、饲养规模较大、经济条件较好的饲养场。用砖、石、水泥砌成，分全塔式和半塔式两种形式。半塔式的地下部分必须用石块砌成。塔壁需有足够强度，表面要光滑，不透水、不透气。塔的侧壁开有取料口，塔顶用不透水和不透气的绝缘材料制成，其上有一个可密闭的装料口。塔的直径为 4~6 米，高 6~16 米，容量 75~200 吨。半塔式青贮塔埋在地下的深度为 3~3.5 米，地上部分的高度为 4~6 米。青贮塔由于取出口较小，深度较大，饲料自重压紧程度大，含空气量很少，因此青贮养分损失较少。青贮塔便于实现机械化作业（装填和取料的机械自动化程度高），但造价较高。

4. 青贮袋　小型养殖场可采用质量较好的塑料薄膜制成袋，装填青贮饲料，袋口扎紧，堆放在羊舍内。袋宽 50 厘米，长 80~ 120 厘米，每袋装 40~50 千克。袋贮方法简单，贮存地点灵活，饲喂方便。但使用时应当注意：塑料布厚度须在 0.12 毫米以上；不可使用再生塑料；注意防鼠。

(七) 饲料库

规模较大的羊场应建有饲料库，库内通风良好、干燥、清洁，夏季防潮、防饲料霉变。饲料库地面及墙壁要平整，四周应设排水沟，建筑形式可以是封闭式、半敞开式或棚式。饲料库应靠近饲料加工车间且运输方便。

(八) 供水设施

在没有自来水的地区，应在羊舍附近修建水井、水塔或贮水池，并通过管道引入羊舍或运动场。水源与羊舍应相隔一定距离，以防止污染。运动场或羊舍内应设可移动的木制、铁制水槽或用砖、水泥砌成的固定水槽。水槽是发展舍饲养羊，特别是大规模工厂化养羊不可缺少的设备。水槽的建造和要求与饲槽相同。也可安装鸭嘴式自动饮水器（图 5.20）或专用饮水碗（图5.21）。

图 5.20 鸭嘴式自动饮水器

图 5.21　自动饮水碗

（九）人工授精室与兽医室

大、中型羊场应建造人工授精室和兽医室。人工授精室应设有采精室、精液处理室和输精室。为节约投资，提高棚舍利用率，也可在不影响母羊产羔及羔羊正常活动的情况下，利用一部分产羔室，再增设一间输精室即可。

兽医室主要承担肉羊的疫病防控，确保持续、健康养殖。并要有相应的检疫制度、无害化处理制度、消毒制度、兽药使用制度等规章制度。兽医室的建造和配套要求符合《NY 5149—2002 无公害食品 肉羊饲养兽医防疫准则》所规定条件。

（十）养羊机械

没有先进的养羊机械，就没有高效益的养羊业。尤其是在以盈利为目的的肉羊饲养场，更需要通过使用适宜的养羊机械来提高劳动生产率，降低生产成本。

1. 牧草收获机械　目前国内使用的牧草收获机械主要有畜力收获机械系统、传统收获机械系统、小方草捆收获机械系统、大圆草捆收获机械系统、集垛收获机械系统等，因其性能不同，可供不同条件的养羊场选择。但无论选用何种机具收获牧草，都要尽可能做到适时收获，及时处理，干燥均匀而迅速，减少各作业环节所造成的花、叶损失。

2. 饲草饲料加工机械

（1）青贮饲料收获调制机械：此类机械按调制工艺可分为分段收获调制机械和联合收获调制机械两种。分段收获调制机械的主体机具是铡草机，工作原理是先用机械或人工收获青饲作物，再用切碎机切碎装入青贮设施压紧密封，虽收获时间长，劳动生产率低，但设备简单，成本低，易推广。联合收获调制机械是在收获的同时进行切碎，抛入自卸拖车拉回场内直接卸入或用风机吹入青贮设施，此工艺能做到全盘机械化，劳动生产率高，青贮饲料质量高，适宜大型肉羊饲养场用。以上两种机械在国内均有定型产品可供选择，如北京琉璃河农具厂生产有 ZC‐1.0、ZC‐0.5、ZC‐6.0 等型号铡草机，赤峰市农牧机械厂生产有 4QS‐2、9QS‐5、9QS‐10 等型号通用式青饲收获机。

（2）袋装青贮装填机：其工艺是在传统青贮饲料生产方式如青贮窖、壕或塔等方式改革后发展起来的，在发达国家已得到广泛应用。它把切碎机和装填机组合在一起，减少了专用运输设备，生产操作方便灵活，适用于牧草、饲料作物、作物秸秆等青饲料的青贮和半干青贮，也可用于农作物秸秆的氨化处理。中国农业科学院草原研究所研制的 9DT‐1.0 型袋装青贮装填机，其整机重约 650 千克，每小时可生产青贮饲料 20 袋（每袋重 50 千克），可用电动机或拖拉机带动，并配有规格为 1 300 毫米×650 毫米×0.14 毫米的无毒塑料青贮袋，其中 70% 可重复使用 2 次，适合各类羊场、专业户使用，在气候潮湿、多雨、地下水位高的地区尤为实用。

（3）饲料热喷机：这是一种可对秸秆、秕壳、劣质蒿草、灌木等进行热喷加工，达到消毒、除臭、提高其利用率等目的的新设备。其原理是将准备热喷加工的物料，由自动设备装入高压罐内，关闭球阀密封，通入饱和蒸汽，保持含水量25%～40%，压力392～1 176千帕，温度145～190℃，作用3～8分钟，使物料的机械强度锐减，分散度倍增；当突然降压时，饲料喷爆出来碎成粉末，从而为提高家畜采食量和消化率创造了条件。经热喷处理的物料原来含有的有毒物质均消失，色、香、味等物理性状大为改善，使家畜的采食率、消化率和利用率均有较大幅度提高。此机械适于能源有保证，秸秆、灌木、干枝叶来源充足的农区、垦区等处的大中型羊场及羊集中产区。

（4）粗饲料压粒、压块机：粗饲料（包括牧草和各类作物秸秆）经过复合化学处理、压粒、压块后，更适于集约化程度高的养羊生产。其待点是：①压制后的草块堆集密度可达300～400千克/米³，能节约存放空间，便于装载、储存、运输和饲喂作业；②压制过程中可掺入氢氧化钠、氨水等碱性物质进行复合化学处理，也可掺入各种添加剂及必要的营养物质，以便配制全价饲料；③压制成的草块或草颗粒可加快牲畜采食速度，采食量提高30%以上，减少饲料浪费，降低饲喂总成本10%以上。目前的压粒、压块机组大体包括粉碎机、粗饲料和精饲料及各种添加成分的喂入与计量装置、化学处理剂调节剂量及喷洒装置、混合机、压粒压块机、冷却器等。

七、养殖场对环境的污染和调控

（一）养殖场对环境的污染

养殖场对环境的污染包括养殖场产生的有毒有害气体、粉尘、病原微生物、噪声、未被动物消化吸收的有机物、矿物质等，对大气、水体、土壤造成的污染。究其原因主要是养殖粪污处理不当，养殖粪污包括畜禽粪便、废弃的垫草垫料、生产及生活污水等。

1. 养殖场对大气的污染　养殖场产生的有毒有害气体、粉尘、病原微生物等排入大气后，可随大气扩散和传播。当这些物质的排出量超过大气环境的承受力（自净能力）时，将对人和动物造成危害。

2. 养殖场对水体的污染　养殖场对水体的污染主要为有机物污染、微生物污染、有毒有害物污染。有机物污染主要是养殖场粪污中含有的碳氢化合物、含氮、含磷有机物和未被消化的营养物质排放进入自然水体后，可使水体固体悬浮物、化学需氧量、生化需氧量升高。当超量的有机物进入水体后，超过其通过稀释、沉淀、吸附、分解、降解等作用的自净能力时，水质便会恶化。有机物被水中的微生物降解，为水生生物提供了丰富的营养，水生生物（主要是藻类）大量滋生，产生一些毒素并消耗水中大量的溶氧（DO），最后溶氧耗尽，水中生物大量死亡。此时因缺氧，水中的有机物（包括水生生物尸体）降解转为厌氧腐解，使水变黑变臭，水体"富营养化"，这种水体很难再净化和恢复生机。

3. 养殖场对土壤的污染　养殖场粪污不经无害化处理直接进（施）入土壤，粪污中的有机物被土壤中的微生物分解，一部分被植物利用；一部分被微生物降解为二氧化碳和水，使土壤得到净化或改良。如粪污进（施）入量超过了土壤的承受力（土壤自净能力），便会出现不完全降解或厌氧腐解，产生恶臭物质和亚硝酸盐等有害物质，引起土壤成分和性状发生改变，破坏了土壤的基本功能。另外，粪污中的一些高浓度物质（如铜、锌、铁、微生物等）会随粪污一同进入土壤，引起土壤中相应的物质含量异常的高（营养富集），不仅对土壤本身结构造成破坏或改变，而且还会影响生活于其上的人和动物的健康。

（二）空气污染的调控

1. 大气中的污染物　大气中的污染物主要分为自然来源和人为来源两大类。自然界的各种微粒、硫氧化物、各种盐类和异常气体等，有时可造成局部的或短期的大气污染。人为的来源有工农业生产过程和人类生活排放的有毒、有害气体和烟尘，如氟化物、二氧化硫、氮氧化物、一氧化碳、氧化铁微粒、氧化钙微粒、砷、汞、氯化物、各种农药产生的气体等。石化燃料的燃烧，特别是化工生产和生活垃圾的焚烧，是造成大气污染最主要的来源。燃烧完全产物主要有：二氧化碳、二氧化硫、二氧化氮、水蒸气、灰分（含有杂质的氧化物或卤化物，如氧化铁、氟化钙）等。燃烧不完全产物有一氧化碳、硫氧化物、醛类、碳粒、多环芳烃等。工业生产过程中向环境中排放大量的污染物。

2. 肉羊舍中的有害气体 集约化肉羊场以舍饲为主，肉羊起居和排泄粪尿都在肉羊舍内，产生有害气体和恶臭，往往造成舍内外空气污染，主要表现在空气中二氧化碳、水汽等增多，氮气、氧气减少，并出现许多有毒有害成分，如氨气、硫化氢、一氧化碳、甲烷、酰胺、硫醇、甲胺、乙胺、乙醇、丙酮、2-丁酮、丁二酮、粪臭素和吲哚等。

舍内有害气体的气味可刺激人的嗅觉，使人产生厌恶感，故又称为恶臭或恶臭物质，但恶臭物质除了家畜粪尿、垫料和饲料等分解产生的有害气体外，还包括皮脂腺和汗腺的分泌物、畜体的外激素以及黏附在体表的污物等，家畜呼出二氧化碳也会散发出不同的难闻气味。

肉羊采食的饲料消化吸收后进入后段肠道（结肠和直肠），未被消化的部分被微生物发酵，分解产生多种臭气成分，具有一定的臭味。粪便排出体外后，粪便中原有的和外来的微生物和酶继续分解其中的有机物，生成的某些中间产物或终产物形成有害气体和恶臭，一般来说臭气浓度与粪便氮、磷酸盐含量成正比。有害气体的主要成分是硫化氢、有机酸、酚、醛、醇、酮、酯、盐基性物质、杂环化合物、碳氢化合物等。

3. 空气污染的调控

（1）合理确定羊场位置是防止工业有害气体污染和解决肉羊场有害气体对人类环境污染的关键。场址应选择城市的郊区、郊县，远离工业区、人口密集区，尤其是医院、动物产品加工厂、垃圾场等污染源。如宁夏大武口区潮湖村的羊场正好处于发电厂煤烟走向的山沟里，结果造成 2 000 多只山羊因空气污染而生长停滞，发生空气氟中毒现象。

（2）设法使粪尿迅速分离和干燥，可以降低臭气的产生。放牧情况下羊圈每半年或一年清理一次粪便。集约化羊场因饲养密度大，必须每日清理。

（3）当 pH 值 >9.5 时，硫化氢溶解度提高，释放量减少；氨在 pH 值 7.0~10.0 时大量释放；pH 值 <7.0 时释放量大大减少；pH 值 <4.5 时，氨几乎不释放。另外，保持粪床或沟内有良好的排水与通风，使排出的粪便及时干燥，则可大大减少舍内氨和硫化氢等的产生。

（4）应用添加剂可减少臭气、污染物数量。目前常用的添加剂有微生态制剂、沸石、膨润土、海泡石、蛭石和硅藻土等。

（三）水污染的调控

1. 水中微生物的污染　水中微生物的数量在很大程度上取决于水中有机物含量，水源被病原微生物污染后，可引起某些传染病的传播与流行。由于天然水的自净作用，天然水源的偶然一次污染，通常不会引起水的持久性污染。但是如果长期污染，就有可能造成流行病的传播。据报道，能够引起人类发病的传染病共有 148 种，其中有 15 种是经水传播的。主要的肠道传染病有伤寒、副伤寒、副霍乱、阿米巴痢疾、细菌性痢疾、钩端螺旋传染病等。由病毒经水传播的传染病，到目前为止已发现 140 种以上，主要有肠病毒（脊髓灰质炎、柯萨奇病毒、人肠道外细胞病毒）、腺病毒。养羊场被污水污染后，可引起炭疽、布鲁杆菌病、结核病、口蹄疫等疫病的发生。

2. 水中有机物的污染 畜粪、饲料、生活污水等都含有大量的碳氢化合物、蛋白质、脂肪等腐败性有机物。这些物质在水中首先使水变混浊。如果水中氧气不足，则好气菌可分解有机氮为氨、亚硝酸盐，最终为稳定的硝酸盐无机物。如果水中溶解氧耗尽，则有机物进行厌氧分解，产生甲烷、硫化氢、硫醇之类的恶臭，使水质恶化不适于饮用。又由于有机物分解的产物是优质营养素，使水生生物大量繁殖，更加大了水的混浊度，消耗水中氧，产生恶臭，威胁贝类、藻类的生存，因而当有机物排放到水中时，要求水中应有充足的氧以对其进行分解，所以亦可按水中的溶解氧量，决定所容许的污染物排放量。

3. 水的沉淀、过滤与消毒 肉羊场大都在农村和远郊，一般无自来水供应，大部分采用自备井。井深差别较大，污染程度也有所区别，通常需进行消毒。地面水一般比较混浊，细菌含量较多，必须采用普通净化法（混凝沉淀及沙滤）和消毒法来改善水质。地下水较为清洁，一般只需消毒处理。有的水源较特殊，则应采用特殊处理法（如除铁、除氟、除臭、软化等）。

（1）混凝沉淀：水中较细的悬浮物及胶质微粒，不易凝集沉降，故必须加入明矾、硫酸铝和铁盐（如硫酸亚铁、三氯化铁等）混凝剂，使水中极小的悬浮物及胶质微粒凝聚成絮状物而加快沉降，此称混凝沉淀。

（2）沙滤：沙滤是把混浊的水通过沙层，使水中悬浮物、微生物等阻留在沙层上部，水即得到净化。集中式给水的过滤，一般可分为慢沙滤池和快沙滤池两种。目前大部分自来水厂采用快沙滤池，而简易自来水厂多采用慢沙滤池。分散式给水的过滤，可在河或湖边挖渗水井，使水经过地层自然滤过。如能在水源和渗水井之间挖一沙滤沟，或建筑水边沙滤井，则能更好地改善水质。

（3）消毒：饮水消毒的方法很多，如氯化法、煮沸法、紫外线照射法、臭氧法、超声波法、高锰酸钾法等。目前应用最广的是氯化消毒法，因为此法杀菌力强、设备简单、使用方便、费用低。消毒剂的用量，除满足在接触时间内与水中各种物质作用所需要的有效氯量外，还应该使水在消毒后有适量的剩余氯，以保证持续的杀菌能力。

氯化消毒用的药剂为液态氯和漂白粉。集中式给水的加氯消毒，主要用液态氯。小型水厂和分散式给水多用漂白粉。漂白粉易受空气中二氧化碳、水分、光线和高温等影响而发生分解，使有效氯含量不断减少。因此，须将漂白粉装在密闭的棕色瓶内，放在低温、干燥、阴暗处。

（四）土壤对肉羊生产的影响

土壤是肉羊生存的重要环境，但随着现代养羊业向舍饲化方向发展，其直接影响愈来愈小，而主要通过饮水和饲料等间接影响肉羊健康和生产性能。

畜体中的矿物元素主要从饲料中获得，土壤中某些元素的缺乏或过多，往往通过饲料和水引起家畜地方性营养代谢疾病。例如，土壤中钙和磷的缺乏可引起家畜的佝偻病和软骨症；缺镁则导致畜体物质代谢紊乱、异嗜，甚至出现痉挛症；宁夏盐池县为高氟地区，常发生慢性氟中毒现象。

土壤中的细菌大多是非病原性杂菌，如丝状菌、酵母菌、球菌以及硝化菌、固氮菌等。土壤深层多为厌氧性菌。土壤的温度、湿度、pH 值、营养物质等不利病原菌生存。但抗逆性较强的病原菌可能长期生存下来，如破伤风杆菌和炭疽杆菌在土壤中可存活 16~17 年甚至更多年，布鲁杆菌可生存 2 个月，沙门杆菌可生存 12 个月。土壤中非固有的病原菌如伤寒菌、大肠杆菌等，在干燥条件下可生存 2 周，在湿润条件下可生存 2~5 个月。各种致病寄生虫的幼虫和卵，原生动物如蛔虫、钩虫、阿米巴原虫等，在低洼地、沼泽地生存时间较长，常成为肉羊寄生虫病的传染源。

八、粪便的无害化处理

（一）羊粪的处理

1. 发酵处理 即利用各种微生物的活动来分解粪中有机成分，有效地提高有机物质的利用率。根据发酵微生物的种类可分为有氧发酵和厌氧发酵两类。

（1）充氧动态发酵：在适宜的温度、湿度以及供氧充足的条件下，好气菌迅速繁殖，将粪中的有机物质分解成易被消化吸收的物质，同时释放出硫化氢、氨等气体。在45~55℃下处理12小时左右，可生产出优质有机肥料和再生饲料。

（2）堆肥发酵处理（图5.22）：堆肥是指富含含氮有机物的畜粪与富含含碳有机物的秸秆等，在好氧、嗜热性微生物的作用下转化为腐殖质、微生物及有机残渣的过程。堆肥过程产生的高温（50~70℃），可使病原微生物和寄生虫卵死亡。炭疽杆菌致死温度为50~55℃，所需时间1小时，布鲁杆菌为65℃，需2小时。口蹄疫病毒在50~60℃下迅速死亡，寄生蠕虫卵和幼虫在50~60℃下，1~3分钟即可被杀灭。经过高温处理的粪便呈棕黑色、松软、无特殊臭味、不招苍蝇、卫生、无害。

（3）沼气发酵处理：沼气处理是厌氧发酵过程，可直接对粪水进行处理。其优点是产出的沼气是一种高热值可燃气体，沼渣是很好的肥料。经过处理的干沼渣还可做饲料。

2. 干燥处理（图5.23）

（1）脱水干燥处理：通过脱水干燥，使其中的含水量降低到15%以下，便于包装运输，又可抑制畜粪中微生物活动，减少养分（如蛋白质）损失。

（2）高温快速干燥：采用以回转圆筒烘干炉为代表的高温

图 5.22　堆肥发酵处理

图 5.23　羊粪的干燥处理

快速干燥设备，可在短时间（10 分钟左右）内将含水量为 70% 的湿粪，迅速干燥至含水量仅 10%～15% 的干粪。

（3）太阳能自然干燥处理：采用专用的塑料大棚，长度可达 60～90 米，内有混凝土槽，两侧为导轨，在导轨上安装有搅拌装置。湿粪装入混凝土槽，搅拌装置沿着导轨在大棚内反复行走，通过搅拌板的正反向转动来捣碎、翻动和推送畜粪，并通过强制通风排出大棚内的水汽，达到干燥畜粪的目的。夏季只需要约1周的时间即可把畜粪的含水量降到10%左右。

（二）羊粪的利用

1. 用作肥料（图5.24、图5.25）

（1）直接用作肥料：羊粪作为肥料首先根据饲料的营养成分和吸收率，估测粪便中的营养成分。另外，施肥前要了解土壤类型、成分及作物种类，确定合理的作物养分需要量，并在此基础上计算出羊粪施用量。

图5.24　羊粪用作肥料

图5.25　上海嘉定区利用羊粪有机肥种植的绿色作物

（2）生产有机无机复合肥：羊粪最好先经发酵后再烘干，然后与无机肥配制成复合肥。复合肥不但松软、易拌、无臭味，而且施肥后也不再发酵，特别适合于盆栽花卉和无土栽培及庭院种植业。

2. 用作饲料　羊粪经过沼气池发酵后，沼渣和沼液可以用作鱼类的饲料，降低养鱼成本，提高肉羊的养殖效益。

（三）粪便无害化卫生标准

畜粪无害化卫生标准借鉴于卫生部制定的国家标准（GB 7959—87），该标准适用于中国城乡垃圾、粪便无害化处理效果的卫生评价和为建设垃圾、粪便处理构筑物提供卫生设计参数。国家目前尚未制定出对于家畜粪便的无害化卫生标准，在此借鉴人的粪便无害化卫生标准，来阐述对家畜粪便无害化处理的卫生要求。

标准中的粪便是指排泄物；堆肥是指以垃圾、粪便为原料的好氧性高温堆肥（包括不加粪便的纯垃圾堆肥和农村的粪便、秸秆堆肥）；沼气发酵是以粪便为原料，在密闭、厌氧条件下的厌氧性消化（包括常温、中温和高温消化）。经无害化处理后的堆肥和粪便，应符合国家的有关规定，堆肥最高温度达 50~55℃甚至更高，应持续 5~7 天，粪便中蛔虫卵死亡率为 95%~100%，每克粪便大肠杆菌值为 10~100，可有效地控制苍蝇滋生，堆肥周围没有活动的蛆、蛹或新羽化的成蝇。沼气发酵的卫生标准是，密封贮存期应在 30 天以上，（53±2）℃的高温沼气发酵应持续 2 天，寄生虫卵沉降率在 95% 以上，粪液中不得检出活的血吸虫卵和钩虫卵。

九、病羊尸体的无害化处理

（一）销毁

患传染病家畜的尸体内含有大量病原体，并可污染环境，若不及时做无害化处理，常可引起人畜患病。对确认为是炭疽、羊快疫、羊肠毒血症、羊猝疽、肉毒梭菌中毒症、蓝舌病、口蹄疫、李氏杆菌病、布鲁杆菌病等传染病和恶性肿瘤或两个器官发现肿瘤的病畜的整个尸体，以及从其他病畜割除下来的病变部分和内脏都应进行无害销毁。其方法是利用湿法化制和焚毁，前者是利用湿化机将整个尸体送入密闭容器中进行化制，即熬制成工业油。后者是整个尸体或割除下来的病变部分和内脏投入焚化炉中烧毁炭化。

（二）化制

除上述传染病外，凡病变严重、肌肉发生退行性变化的其他传染病、中毒性疾病、囊虫病、旋毛虫病以及自行死亡或不明原因死亡的家畜的整个尸体或胴体和内脏，利用干化机，将原料分类，分别投入化制。

（三）掩埋

掩埋是一种暂时看来有效，其实极不彻底的尸体处理方法，但比较简单易行，目前还在广泛地使用。掩埋尸体时应选择干燥、地势较高，距离住宅、道路、水井、河流及牧场较远的偏僻地区。尸坑的长和宽以仅容纳尸体侧卧为度，深度应在 2 米以上。

（四）腐败

将尸体投入专用的尸体坑内进行腐败处理，尸坑一般为直径 3 米、深 10～13 米的圆形井，坑壁与坑底用不透水的材料制成。

（五）加热煮沸

对某些危害不是特别严重，而经过煮沸消毒后又无害的患传染病的病畜肉尸和内脏，切成重量不超过 2 千克，厚度不超过 8 厘米的肉块，进行高压蒸煮或一般煮沸消毒处理。但必须在指定的场所处理。对洗涤生肉的泔水等，必须经过无害处理；熟肉绝不可再与洗过生肉的泔水以及菜板等接触。

十、病羊产品的无害化处理

(一)病羊血液处理

1. 漂白粉消毒法 对患羊痘、山羊关节炎、绵羊梅迪/维斯那病、弓形虫病、锥虫病等传染病以及血液寄生虫病的病羊血液的处理,是将1份漂白粉加入4份血液中充分搅拌,放置24小时后于专设掩埋废弃物的地点掩埋。

2. 高温处理 凡属上述传染病者均可高温处理。方法是将已凝固的血液切成豆腐方块,放入沸水中烧煮,至血块深部呈黑红色并成蜂窝状时为止。

(二)病羊蹄、骨和角处理

将肉尸做高温处理时剔出的病羊骨、蹄、角,放入高压锅内蒸煮至骨脱或脱脂时止。

(三)病羊皮毛处理

1. 盐酸食盐溶液消毒法 此法用于被上述疫病污染的和一般病畜的皮毛消毒。方法是用2.5%盐酸溶液与15%食盐水溶液等量混合,将皮张浸泡在此溶液中,并使液温保持在30℃左右,浸泡40小时,皮张与消毒液之比为1:10,浸泡后捞出沥干,放入2%氢氧化钠溶液中,以中和皮张上的酸,再用水冲洗后晾干。也可按100毫升25%食盐水溶液中加入盐酸1毫升配制消毒液,在室温15℃条件下浸泡48小时,皮张与消毒液之比为1:4。浸泡后捞出沥干,再放入1%氢氧化钠溶液中浸泡,以中和皮张上的酸,再用水冲洗后晾干。

2. 过氧乙酸消毒法 此法用于任何病畜的皮毛消毒。方法是将皮毛放入新鲜配制的2%过氧乙酸溶液中浸泡30分钟捞出,用水冲洗后晾干。

3. 碱盐液浸泡消毒法 此法用于疫病污染的皮毛消毒。具体方法是将病皮浸入5%碱盐液(饱和盐水内加5%氢氧化钠)

中，室温（17～20℃）浸泡 24 小时，并随时加以搅拌，然后取出挂起，待碱盐液流净，放入 5% 盐酸液内浸泡，使皮上的碱被中和，捞出，用水冲洗后晾干。

4. 石灰乳浸泡消毒法　此法用于口蹄疫和螨病病皮的消毒。方法是将 1 份生石灰加 1 份水制成熟石灰，再用水配成 10% 或 5% 混悬液（石灰乳）。将口蹄疫病皮浸入 10% 石灰乳中浸泡 2 小时；而将螨病病皮浸入 10% 石灰乳中浸泡 12 小时，然后取出晾干。

5. 盐腌消毒法　主要用于布鲁杆菌病病皮的消毒。按皮重量的 15% 加入食盐，均匀撒于皮的表面。一般毛皮腌制 2 个月，胎儿毛皮腌制 3 个月。

十一、羊场污染物排放及其监测

集约化养羊场（区）排放的废渣，是指养羊场向外排出的粪便、肉羊舍垫料、废饲料及散落的羊毛等固体物质。恶臭污染物是指一切刺激嗅觉器官，引起人们不愉快及损害生活环境的气体物质。臭气浓度是指恶臭（包括异味）气体用无臭空气稀释到刚刚无臭时所需的稀释倍数。最高允许排水量是指在养羊过程中直接用于生产的水的最高允许排放量。

（一）水污染物排放标准

集约化养羊场（区）的废水不得排入敏感水域和有特殊功能的水域。排放去向应符合国家和地方的有关规定。

1. 水污染物的排放标准　采用水冲工艺的肉羊场，最高允许排水量：每天每 100 只羊排放水污染物冬季为 1.1～1.3 立方米，夏季为 1.4～2.0 立方米。采用干清粪工艺的肉羊场，最高允许排水量每天每 100 只羊冬季为 1.1 立方米，夏季为 1.3 立方米。集约化养羊场水污染物最高允许日均排放浓度 5 日生化需氧量 150 毫克/毫升，化学需氧量 400 毫克/毫升，悬浮物 200 毫克/

毫升，氨氮 80 毫克/毫升，总磷（以磷计）8.0 毫克/毫升，粪大肠杆菌数 1000 个/毫升，蛔虫卵 2 个/升。

2. 集约化养羊场废渣的固定贮存设施和场所　储存场所要采取防止粪液渗漏、溢流的措施。用于直接还田的畜粪须进行无害化处理。禁止直接将废渣倾倒入地表水或其他环境中。粪便还田时，不得超过当地的最大农田负荷量，避免造成面源污染的地下水污染。

（二）废渣及臭气的排放

集约化养羊场经无害化处理后的废渣，蛔虫死亡率要大于95%，粪大肠杆菌数小于每千克 10^5 个，恶臭污染物排放的臭气浓度应为 70，并通过粪便还田或其他措施进行综合利用。

（三）污染物的监测

污染物项目监测的采样点和采样频率应符合国家监测技术规范要求。监测污染物时生化需氧量采用稀释与接种法；化学需氧量用重铬酸钾法；悬浮物用重量法；氨氮用纳氏试剂比色法，水杨酸用分光光度法；总磷用钼蓝比色法；粪大肠菌群数用多管发酵法；蛔虫卵用吐温 –80 柠檬酸缓冲液离心沉淀集卵法；蛔虫卵死亡率用堆肥蛔虫卵检查法；寄生虫卵沉降法用粪稀蛔虫卵检查法，臭气浓度用三点式比较臭袋法。

十二、防虫

（一）害虫的危害

在畜禽养殖业中，害虫的大量存在会带来较大的危害。

1. 直接传播疾病　能够传播疾病的害虫很多，目前主要的致病害虫为蚊、苍蝇、蟑螂、白蛉、蠓、虻、蚋等吸血昆虫以及虱、蜱、螨、蚤和其他害虫等。它们通过直接叮咬传播疾病。昆虫叮咬直接造成的局部损伤、奇痒、皮炎、过敏，影响畜禽休息，降低机体免疫功能。

2. 污染环境 害虫通过携带的病原微生物污染环境、器械、设备，特别是对饮水、饲料的污染，也会间接传播疫病。因此，杀灭这些害虫有利于保持畜禽养殖场环境卫生，减少疫病传播，维护人畜健康。同时，也有利于提高消毒效果，因为有了这些昆虫的大量存在和滋生，就不可能进行彻底的消毒。

（二）防虫灭虫的方法

1. 保持环境卫生 搞好养殖场环境卫生，保持环境清洁、干燥，是减少或杀灭蚊、蝇、蠓等昆虫的基本措施。如蚊虫需在水中产卵、孵化和发育，蝇蛆也需在潮湿的环境及粪便等废弃物中生长。因此，填平无用的污水池、土坑、水沟和洼地。保持排水系统畅通，对阴沟、沟渠等定期疏通，勿使污水储积。对蓄水池等容器加盖，以防昆虫如蚊蝇等飞入产卵。对不能清除或加盖的防火储水器，在蚊蝇滋生季节，定期换水。永久性水体（如鱼塘、池塘等），蚊虫多滋生在水浅而有植被的边缘区域，修整边岸，加大坡度和填充浅湾，能有效地防止蚊虫滋生。鸡舍内的粪便应定时清除，并及时处理，储粪池应加盖并保持四周环境的清洁。

2. 物理杀灭 利用机械方法以及光、声、电等物理方法，捕杀、诱杀或驱逐蚊蝇。中国生产的多种紫外线光或其他光诱器，特别是四周装有电栅，通有将 220 伏变为 5 500 伏的 10 毫安电流的蚊蝇光诱器，效果良好。此外，还有可以发出声波并能将蚊蝇驱逐的电子驱蚊器等。

3. 生物杀灭 利用天敌杀灭害虫，如池塘养鱼即可达到鱼类治蚊的目的。此外，应用细菌制剂——内毒素杀灭吸血蚊的幼虫，效果良好。

4. 化学杀灭 使用天然或合成的毒物，以不同的剂型（粉剂、乳剂、油剂、水悬剂、颗粒剂、缓释剂等），通过不同途径（胃毒、触杀、熏蒸、内吸等），毒杀或驱逐昆虫。化学杀虫法具有使用方便、见效快等优点，是当前杀灭蚊蝇等害虫的较好方法。

（三）防虫灭虫注意事项

1. 减少污染　利用生物或生物的代谢产物防治害虫，对人畜安全，不污染环境，有较长的持续杀灭作用。如保护好益鸟、益虫等，充分利用天敌杀虫。

2. 杀虫剂的选择　不同杀虫剂有不同的杀虫谱，要有目的地选择。要选择高效、长效、速杀、广谱、低毒无害、低残留和廉价的杀虫剂。

十三、灭鼠

（一）鼠的危害

鼠是许多疾病的储存宿主，通过排泄物污染、机械携带及直接咬伤畜禽的方式，可传播多种疾病。鼠可形成人或各种动物传染病的疫源地，造成人和动物疾病的流行。

（二）防鼠

鼠的生存和繁殖同环境和食物来源有直接的关系。如果环境良好，食物来源充足则鼠可以大量繁殖；如果采取某些措施，破坏其生存条件和食物来源则可控制鼠的生存和繁殖。

1. 防止鼠类进入建筑物　鼠类多从墙基、天棚、瓦顶等处窜入室内，在设计施工时注意：墙基最好用水泥制成，碎石和砖砌的墙基，应用灰浆抹缝。用砖、石铺设的地面，应衔接紧密并用水泥灰浆填缝。各种管道周围要用水泥填平。通气孔、地脚窗、排水沟（粪尿沟）出口均应安装孔径小于 1 厘米的铁丝网，以防鼠窜入。畜禽舍和饲料仓库应是砖、水泥结构，设立防鼠沟，建好防鼠墙，门窗关闭严密，则老鼠无法打洞或进入。畜栏及墙体抹光，堵塞孔隙。

2. 清理环境　鼠喜欢黑暗和杂乱的场所，因此，畜禽舍和加工厂等地的物品要放置整齐，环境通畅、明亮，使害鼠不易藏身。禽舍周围的垃圾要及时清除，不能堆放杂物，任何场所发现鼠洞时都要立即堵塞。

3. 断绝食物来源 大量饲料应放在离地面15厘米的台或架上的饲料袋内，少量饲料应放在水泥结构的饲料箱或大缸中，并且要加金属盖，散落在地面的饲料要立即清扫干净，使老鼠无法接触到饲料，则鼠会离开畜禽舍，反之，鼠会集聚到畜禽舍取食。

4. 改造厕所和粪池 鼠可吞食粪便，这些场所极易吸引鼠，因此，应将厕所和粪池改造成使老鼠无法接近粪便的结构，同时也使鼠失去藏身躲避的地方。

（三）灭鼠

1. 器械灭鼠 此法简单易行，效果可靠，对人、畜无害。灭鼠器械种类繁多，主要有夹、关、压、卡、翻、扣、淹、粘、电等。近年来还研究采用电灭鼠和超声波灭鼠等方法，方法简便易行、效果确实、费用低、安全。

2. 熏蒸灭鼠 某些药物在常温下易汽化为有毒气体或通过化学反应产生有毒气体，这类药剂通称熏蒸剂。利用有毒气体使鼠吸入而中毒致死的灭鼠方法称熏蒸灭鼠。目前使用的熏蒸剂有两类：一类是化学熏蒸剂，如磷化铝等，另一类是灭鼠烟剂。

熏蒸灭鼠的优点：具有强制性，不必考虑鼠的习性；不使用粮食和其他食品，且收效快，效果一般较好；兼有杀虫作用；对畜禽较安全。

缺点：只能在可密闭的场所使用；毒性大，作用快，使用不慎时容易中毒；用量较大，有时费用较高；熏杀洞内鼠时，需找洞、投药、堵洞，工效较低。本法使用有局限性，主要用于仓库及其他密闭场所的灭鼠，还可以灭杀洞内鼠。

3. 毒饵灭鼠（化学灭鼠） 将化学药物加入饵料或水中，

使鼠致死的方法称为毒饵灭鼠。毒饵灭鼠效率高、使用方便、成本低、见效快，缺点是能引起人、畜中毒，有些老鼠对药剂有选择性、拒食性和耐药性。所以，使用时须选好药剂和注意使用方法，以保证安全有效。

灭鼠药剂种类很多，主要有毒饵灭鼠剂、熏蒸剂、烟剂、化学绝育剂等。养殖场的鼠类以孵化室、饲料库、畜禽舍最多，是灭鼠的重点场所。投放毒饵时，机械化畜禽场，实行笼养或栏养，只要防止毒饵混入饲料中即可。在采用全进全出制的生产程序时，可结合舍内消毒时一并进行。鼠尸应及时清理，以防被人、畜误食而发生二次中毒。选用鼠长期吃惯了的食物做饵料，突然投放，饵料充足，分布广泛，以保证灭鼠的效果。

（四）灭鼠的注意事项

1. 灭鼠时机和方法选择　要摸清鼠情，选择适宜的灭鼠时机和方法，做到高效、省力。一般情况下，4～5月是各种鼠类觅食、交配期，也是灭鼠的最佳时期。

2. 药物选择　灭鼠药物较多，但符合理想要求的较少，要根据不同方法选择安全的、高效的、允许使用的灭鼠药物。不要使用规定禁止使用的，已停产、停用的，不再登记的灭鼠药物，如禁止使用的灭鼠剂（氟乙酰胺、氟乙酸钠、毒鼠强、毒鼠硅、伏鼠醇等）、已停产或停用的灭鼠剂（安妥、砒霜或白霜、灭鼠优、灭鼠安）、不再登记作为农药使用的消毒剂（士的宁、鼠立死、硫酸铊等）等。

第六章　肉羊饲料和营养标准

　　饲料是肉羊生存和生产的基础，直接关系羊肉的质量。饲料配制必须以满足肉羊生产为前提，根据肉羊生产各阶段的营养需求加以调整。

一、饲料营养成分

　　肉羊为了生存、繁殖后代和生产产品，必须由饲料中获取其所必需的各种元素的化合物，这些化合物称为养分，亦称为营养物质或营养素。为了合理利用饲料，科学饲养肉羊，了解饲料养分的种类与功能是非常必要的。

　　饲料中的化学元素，绝大部分非以单质形式存在，而是相互结合成复杂的有机或无机化合物。

（一）饲料概略养分

　　常用的饲料养分是指概略养分，或近似养分，其分类见图6.1。

　　各种化学元素在饲料中的主要营养成分有六种：水分、蛋白质、脂肪、糖类、矿物质和维生素。这些营养成分除水分和一部分无机盐外，绝大多数都是有机化合物。这些有机化合物在动、植物体内进行着一系列的化学变化，构成分子水平的生命活动，维持生物体内新陈代谢的正常进行。

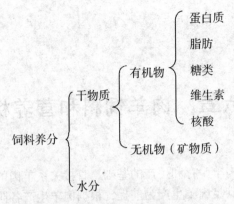

饲料养分
- 干物质
  - 有机物
    - 蛋白质
    - 脂肪
    - 糖类
    - 维生素
    - 核酸
  - 无机物（矿物质）
- 水分

图6.1　饲料概略养分分类

（二）饲料纯养分

上述饲料概略养分都不只限于某一种特定的纯养分，而生产上有时需要测定蛋白质、氨基酸、维生素以及各种矿物质元素等纯养分。饲料中纯养分的测定已有相应的仪器和方法，如利用氨基酸自动分析仪可测定各种氨基酸的含量；利用原子吸收分光光度计可测定微量元素的含量；利用近红外分析仪可一次性测定蛋白质、脂肪、纤维素、水分和灰分的含量。饲料概略养分中所含的纯养分见表6.1。

二、肉羊的营养需要

肉羊的营养需要是指肉羊在一定环境条件下，正常生长或达到理想生产成绩以及维持健康对各种营养物质种类和数量的要求。了解肉羊的营养需要是制定肉羊饲养标准、合理配合饲粮的重要依据。肉羊在维持生命和生产过程中所需要的营养成分主要有：能量、蛋白质、脂肪、矿物质、维生素、粗纤维、水分。

表6.1 饲料概略养分中所含的纯养分

概略养分		纯养分
水分		水和可能存在的挥发性物质
干物质	有机物质 粗蛋白质	纯蛋白质、氨基酸、硝酸盐、含氨的糖苷、糖脂质、B族维生素
	粗脂肪	油脂、油、蜡、有机酸、固醇类、色素、脂溶性维生素
	粗纤维	纤维素、半纤维素、木质素
	无氮浸出物	单糖、双糖、淀粉、果胶、有机酸类、树脂、单宁类、色素、水溶性维生素
	无机物质 灰分	常量元素：钙、钾、镁、钠、硫、磷、氯 微量元素：铁、锰、铜、钴、碘、锌、钼、硒、氟、锡

《NY/T 816—2004 肉羊饲养标准》规定了繁殖母羊的营养需要（表6.2）、育成母羊妊娠前后的营养需要（表6.3）、育成羊的营养需要（表6.4）、羔羊的营养需要（表6.5）。

三、肉羊饲料分类

肉羊饲料的种类很多，但任何一种饲料都存在营养上的特殊性和局限性，要饲养好肉羊必须进行多种饲料的科学搭配。要合理利用各种饲料，首先要了解饲料的科学分类，熟悉各类饲料的营养价值和利用特性。为了方便养殖者的使用，将肉羊的饲料分为：青绿多汁饲料、粗饲料、能量饲料、蛋白质饲料、矿物质饲料和饲料添加剂六大类。

表6.2 繁殖母羊的营养需要

体重（千克）	日增重（克）	干物质采食量 千克	干物质采食量 占体重（%）	可消化总养分（千克）	消化能（兆焦）	代谢能（兆焦）	粗蛋白质（克）	钙（克）	磷（克）	有效维生素A（单位）	有效维生素E（单位）
维持需要											
50	10	1.0	2.0	0.55	10.0	8.4	95	2.0	1.8	2 350	15
60	10	1.1	1.8	0.61	11.3	9.2	104	2.3	2.1	2 820	16
70	10	1.2	1.7	0.66	12.1	10.0	113	2.5	2.4	3 290	18
80	10	1.3	1.6	0.72	13.4	10.9	122	2.7	2.8	3 760	20
90	10	1.4	1.5	0.78	14.2	11.7	131	2.9	3.1	4 230	21
配种前2周和配种后3周（催情补饲）											
50	100	1.6	3.2	0.94	17.2	14.2	150	5.3	2.6	2 350	24
60	100	1.7	2.8	1.00	18.4	15.1	157	5.5	2.9	2 820	26
70	100	1.8	2.6	1.06	19.7	15.9	164	5.7	3.2	3 290	27
80	100	1.9	2.4	1.12	20.5	17.2	171	5.9	3.6	3 760	28
90	100	2.0	2.2	1.18	21.3	17.6	177	6.1	3.9	4 230	30

续表

体重（千克）	日增重（克）	干物质采食量		可消化总养分（千克）	消化能（兆焦）	代谢能（兆焦）	粗蛋白质（克）	钙（克）	磷（克）	有效维生素A（单位）	有效维生素E（单位）
		千克	占体重（%）								
妊娠前15周（非泌乳期）											
50	30	1.2	2.4	0.67	12.6	10.0	112	2.9	2.1	4 250	18
60	30	1.3	2.2	0.72	13.4	10.9	121	3.2	2.5	5 100	20
70	30	1.4	2.0	0.77	14.2	11.7	130	3.5	2.9	5 950	21
80	30	1.5	1.9	0.82	15.1	12.6	139	3.8	3.3	6 800	22
90	30	1.6	1.8	0.87	15.9	13.4	148	4.1	3.6	7 650	24
妊娠最后4周（预期产羔率为130%～150%）或哺乳单羔羊的泌乳期后4~6周											
50	180（45）	1.6	3.2	0.94	17.2	14.2	175	5.9	4.8	4 250	24
60	180（45）	1.7	2.8	1.00	18.4	15.1	184	6.0	5.2	5 100	26
70	180（45）	1.8	2.6	1.06	19.7	15.9	193	6.2	5.6	5 950	27
80	180（45）	1.9	2.4	1.12	20.5	16.7	202	6.3	6.1	6 800	28
90	180（45）	2.0	2.2	1.18	21.3	17.6	212	6.4	6.5	7 650	30

续表

体重（千克）	日增重（克）	干物质采食量 千克	干物质采食量 占体重（%）	可消化总养分（千克）	消化能（兆焦）	代谢能（兆焦）	粗蛋白质（克）	钙（克）	磷（克）	有效维生素A（单位）	有效维生素E（单位）
妊娠最后4周（预期产羔率为180%~225%）											
50	225	1.7	3.4	1.10	20.1	16.7	196	6.2	3.4	4 250	26
60	225	1.8	3.0	1.17	21.3	17.6	205	6.9	4.0	5 100	27
70	225	1.9	2.7	1.24	22.6	18.4	214	7.6	4.5	5 950	28
80	225	2.0	2.5	1.30	23.8	19.7	223	8.3	5.1	6 800	30
90	225	2.1	2.3	1.37	25.1	20.9	232	8.9	5.7	7 650	32
泌乳期哺乳单羔的前6~8周或泌乳期哺乳双羔的后4~6周											
50	-25（90）	2.1	4.2	1.36	25.1	20.5	304	8.9	6.1	4 250	32
60	-25（90）	2.3	3.8	1.50	27.6	22.6	319	9.1	6.6	5 100	34
70	-25（90）	2.5	3.6	1.64	30.1	24.7	334	9.3	7.0	5 950	38
80	-25（90）	2.6	3.2	1.69	31.0	25.5	344	9.5	7.4	6 806	39
90	-25（90）	2.7	3.0	1.75	31.8	26.4	353	9.6	7.8	7 640	40

续表

泌乳期哺乳双羔的前6~8周

体重（千克）	日增重（克）	干物质采食量		可消化总养分（千克）	消化能（兆焦）	代谢能（兆焦）	粗蛋白质（克）	钙（克）	磷（克）	有效维生素A（单位）	有效维生素E（单位）
		千克	占体重（%）								
50	-60	2.4	4.8	1.56	28.9	23.4	389	10.5	7.3	5 060	36
60	-60	2.6	4.3	1.69	31.0	25.5	405	10.7	7.7	6 000	39
70	-60	2.8	4.0	1.82	33.5	27.6	420	11.0	8.1	7 006	42
80	-60	3.0	3.8	1.95	36.0	29.3	435	11.2	8.6	8 060	45
90	-60	3.2	3.6	2.08	38.5	31.4	450	11.4	9.0	9 060	48

表6.3 育成母羊妊娠前后的营养需要

妊娠前15周（非泌乳期）

体重（千克）	日增重（克）	干物质采食量		可消化总养分（千克）	消化能（兆焦）	代谢能（兆焦）	粗蛋白质（克）	钙（克）	磷（克）	有效维生素A（单位）	有效维生素E（单位）
		千克	占体重（%）								
40	160	1.4	3.5	0.83	15.1	12.6	156	5.5	3.0	1 880	21
50	135	1.5	3.0	1.88	16.3	13.4	159	5.2	3.1	2 350	22
60	135	1.6	2.7	0.94	17.2	14.2	161	5.5	3.4	2 820	24
70	125	1.7	2.4	1.06	18.4	15.1	164	5.5	3.7	3 290	26

续表

体重（千克）	日增重（克）	干物质采食量 千克	干物质采食量 占体重（%）	可消化总养分（千克）	消化能（兆焦）	代谢能（兆焦）	粗蛋白质（克）	钙（克）	磷（克）	有效维生素A（单位）	有效维生素E（单位）
妊娠最后4周（预期产羔率为100%~120%）											
40	180	1.5	3.8	0.94	17.2	14.2	187	6.4	3.1	3400	22
50	160	1.6	3.2	1.06	18.4	15.1	189	6.3	3.4	4250	24
60	160	1.7	2.8	1.07	19.7	16.3	192	6.6	3.8	5100	26
70	150	1.8	2.6	1.14	20.9	17.2	194	6.8	4.2	5950	27
妊娠最后4周（预期产羔率为130%~175%）											
40	225	1.5	3.8	0.99	18.4	15.1	202	7.4	3.5	3400	22
50	225	1.6	3.2	1.06	19.7	15.9	204	7.8	3.7	4250	24
60	225	1.7	2.8	1.12	20.5	16.7	207	8.1	4.3	5100	26
70	215	1.8	2.6	1.14	20.9	17.2	210	8.2	4.7	5950	27
泌乳期哺乳单羔的前6~8周（8周断奶）											
40	-50	1.7	4.2	1.12	20.5	16.7	257	6.0	4.3	3400	26
50	-50	2.1	4.2	1.39	25.5	20.9	282	6.5	4.2	4250	32
60	-50	2.3	3.8	1.52	28.0	23.0	295	6.8	5.1	5100	34
70	-50	2.5	3.6	1.65	30.5	25.1	301	7.1	5.6	5450	38

续表

体重（千克）	日增重（克）	干物质采食量		可消化总养分（千克）	消化能（兆焦）	代谢能（兆焦）	粗蛋白质（克）	钙（克）	磷（克）	有效维生素A（单位）	有效维生素E（单位）
		千克	占体重（%）								
泌乳期哺乳双羔的前6~8周（8周断奶）											
40	−100	2.1	5.3	1.45	26.8	21.8	306	8.4	5.6	4 060	32
50	−100	2.3	4.6	1.59	29.3	23.8	321	8.7	6.0	5 060	34
60	−100	2.5	4.2	1.72	31.8	25.9	336	9.0	6.4	6 060	38
70	−100	2.7	3.9	1.85	33.9	27.6	351	9.3	6.9	7 060	40

表6.4 育成羊的营养需要

体重（千克）	日增重（克）	干物质采食量		可消化总养分（千克）	消化能（兆焦）	代谢能（兆焦）	粗蛋白质（克）	钙（克）	磷（克）	有效维生素A（单位）	有效维生素E（单位）
		千克	占体重（%）								
育成母羊											
30	227	1.2	4.0	0.78	14.2	11.7	185	6.4	2.6	1 410	18
40	182	1.4	3.5	0.91	16.7	13.8	176	5.9	2.6	1 880	21
50	120	1.5	3.0	0.88	16.3	13.4	136	4.8	2.4	2 350	22
60	100	1.5	2.5	0.88	16.3	13.4	134	4.5	2.5	2 820	22
70	100	1.5	2.1	0.88	16.3	13.4	132	4.6	2.8	3 290	22

续表

育成公羊

体重（千克）	日增重（克）	干物质采食量 千克	占体重（%）	可消化总养分（千克）	消化能（兆焦）	代谢能（兆焦）	粗蛋白质（克）	钙（克）	磷（克）	有效维生素A（单位）	有效维生素E（单位）
40	330	1.8	4.5	1.10	20.9	17.2	243	7.8	3.7	1 880	24
60	320	2.4	4.0	1.50	28.0	23.0	264	8.4	4.2	2 820	26
80	290	2.8	3.5	1.80	32.6	26.8	268	8.5	4.6	3 760	28
100	250	3.0	3.0	1.90	35.1	28.9	264	8.2	4.8	4 700	30

表6.5 羔羊的营养需要

肥育羔羊（4~7月龄）

体重（千克）	日增重（克）	干物质采食量 千克	占体重（%）	可消化总养分（千克）	消化能（兆焦）	代谢能（兆焦）	粗蛋白质（克）	钙（克）	磷（克）	有效维生素A（单位）	有效维生素E（单位）
30	295	1.3	4.3	0.94	17.2	14.2	191	6.6	3.2	1 410	20
40	275	1.6	4.0	1.22	22.6	18.4	185	6.6	3.3	1 880	24
50	205	1.6	3.2	1.23	22.6	18.4	160	5.6	3.0	2 350	24

续表

体重（千克）	日增重（克）	干物质采食量 千克	干物质采食量 占体重（%）	可消化总养分（千克）	消化能（兆焦）	代谢能（兆焦）	粗蛋白质（克）	钙（克）	磷（克）	有效维生素A（单位）	有效维生素E（单位）
早期断奶羔羊（中等生长潜力）											
10	200	0.5	5.0	0.40	7.5	5.9	127	4.0	1.9	470	10
20	250	1.0	5.0	0.80	14.6	12.1	167	5.4	2.5	940	20
30	300	1.3	4.3	1.00	18.4	15.1	191	6.7	3.2	1 410	20
40	345	1.5	3.8	1.16	21.3	17.6	202	7.7	3.9	1 880	22
50	300	1.5	3.0	1.16	21.3	17.6	181	7.0	3.8	2 350	22
早期断奶羔羊（快速生长潜力）											
10	250	0.6	6.0	0.48	8.8	7.1	157	4.9	2.2	470	12
20	300	1.2	6.0	0.92	16.7	13.8	205	6.5	2.9	940	24
30	325	1.4	4.7	1.10	20.1	16.7	216	7.2	3.4	1 410	21
40	400	1.5	3.8	1.14	20.9	17.2	234	8.6	4.3	1 880	22
50	425	1.7	3.4	1.29	23.8	19.7	240	9.4	4.8	2 350	25
60	350	1.7	2.8	1.29	23.8	19.7	240	8.2	4.5	2 820	25

（一）青绿多汁饲料

青绿多汁饲料包括天然水分含量在45%以上的新鲜野生杂草、栽培牧草、青刈饲料、草地牧草、树叶类、蔬菜、水生植物，未完全成熟的谷物植株和非淀粉质的块根、块茎、瓜果类等，统称为青饲料。块根、块茎、瓜果类为多汁饲料，其他为青绿饲料。青绿多汁饲料的共同特点是养分比较丰富，适口性好，易于消化，饲料利用率高，生产成本低和单位面积营养物质产量高。缺点是水分含量高、干物质含量少、体积大。

（二）粗饲料

粗饲料是指天然水分含量在45%以下，干物质中粗纤维含量在18%以上的一类饲料，包括青干草、农作物的秸秆、荚壳、各种干草、干树叶及其他农副产品。其特点是体积大、重量轻、养分浓度低，但蛋白质含量差异大，总能含量高，消化能低，维生素D含量丰富，其他维生素较少，含磷较少，粗纤维含量高，较难消化。

在粮食主产区，可利用一些先进技术将农作物秸秆及加工副产品加工处理，使其适口性和营养价值提高。通常，质地粗硬的秸秆或藤蔓可用揉草机揉软、切短后饲喂，或用粉碎机粉碎后拌精料制成微贮料。玉米秸、谷草、稻草、麦秸、豆秸及荚壳饲喂时最好经粉碎后与其他精料混合制成颗粒料饲喂。

（三）能量饲料

能量饲料是指饲料干物质中粗纤维含量低于18%，粗蛋白质含量小于20%，消化能含量在10.5兆焦/千克以上的一类饲料，包括谷实类、糠麸类等。这类饲料的基本特点是体积小、可消化养分含量高，但养分组成较偏，如籽实类能量价值较高，但蛋白质含量不高。含粗脂肪7.5%左右，且主要为不饱和脂肪酸。含钙不足，一般低于0.1%。磷较多，可达0.3%～0.45%，但多为植酸盐，不易被消化吸收。另外，缺乏胡萝卜素，但B族维生素比较丰富。这类饲料适口性好，消化率高，在肉羊饲养中占有极其重要的地位。

（四）蛋白质饲料

蛋白质饲料是指干物质中粗纤维含量在18%以下，粗蛋白质含量在20%以上的一类饲料。它是肉羊日粮中蛋白质的主要来源，其在日粮中所占比例为10%～20%。包括植物性蛋白质饲料和单细胞蛋白质饲料。

（五）矿物质饲料

矿物质饲料包括：食盐、石粉、贝壳粉、蛋壳粉、石膏、硫酸钙、磷酸氢钠、磷酸氢钙、混合矿物质补充饲料等。加喂矿物质饲料是为了补充饲料中的钙、磷、钠和氯等的不足。这类饲料的补喂量一般占精料量的3%左右，最好让羊自由舔食食盐。

（六）饲料添加剂

饲料添加剂是指在配合饲料中加入的各种微量成分，其作用是完善饲料的营养成分，提高饲料的利用率，促进肉羊生长和预防疾病，减少饲料在储存期间的营养损失、改善产品品质。常用的有补充饲料营养成分的添加剂，如氨基酸、矿物质和维生素；促进饲料的利用和保健作用的添加剂，如生长促进剂、驱虫剂和助消化剂等；防止饲料品质降低的添加剂，如抗氧化剂、防霉剂、黏结剂和增味剂等。

四、肉羊常用牧草

（一）紫花苜蓿

紫花苜蓿又名紫苜蓿、苜蓿或苜蓿草（图6.2），是当今世界种植面积最大、分布国家最广的优良栽培牧草。

紫花苜蓿产量高而稳定、生产成本低，一次种植可利用7～8年，如管理好，可利用10年以上。一年可刈割2～3次，每亩鲜草产量为3.5～4.5吨，折合干草1～1.5吨；收获种子时，要

图6.2　紫花苜蓿

在上部荚果变黄，中下部荚果变褐色时及时收获。头茬种子最好，以后再收几次，种子每亩产量为30～50千克。

紫花苜蓿质地柔软、味道清香、适口性好，是畜禽最为理想的饲料。初花期的营养成分为：干物质含量25.5%，干物质中粗蛋白、粗脂肪、粗纤维、无氮浸出物以及粗灰分含量分别为20.5%、3.1%、25.8%、41.3%、9.3%（表6.6）。

表6.6　紫花苜蓿不同生育期风干营养成分表（%）

生育期	风干物质				
	粗蛋白	粗脂肪	粗纤维	无氮浸出物	粗灰分
抽茎期	26.1	4.5	17.2	42.2	10.0
现蕾期	22.1	3.5	23.6	41.2	9.6
初花期	20.5	3.1	25.8	41.3	9.3
开花期	18.2	3.6	28.5	41.5	8.2
成熟期	12.3	2.4	40.6	37.2	7.5

（二）红豆草

红豆草又名驴喜豆、驴食草（图6.3），原产于欧洲，中国西北边疆也有野生种。中国最早从英国引入红豆草，在华北、西北、东北地区栽培，产量高、质量好，可与"牧草之王"紫花苜蓿媲美，故有"牧草皇后"的美称。目前是中国干旱和半干旱地区有价值的牧草之一。

红豆草每年可刈割3~4次，鲜草产量为每亩4.5~5.5吨。红豆草营养价值大，花期干物质含量为17.8%，干物质中粗蛋白质、粗脂肪、粗纤维、无氮浸出物、粗灰分、钙及磷的含量分别为15.1%、2.0%、31.5%、43.0%、8.4%、2.1%、0.24%。可消化粗蛋白质为229克/千克，总能18.2兆焦/千克，消化能11.1兆焦/千克，代谢能9.2兆焦/千克。红豆草花期长、落粒性强，给种子收获产生极大的麻烦，所以及时收获非常有必要，一般在花序中下部荚果变褐色时及时采收，第一年产量较低，为30千克左右，第2~4年产量可达到50~60千克。

（三）白三叶

白三叶又名白车轴草、荷兰翘摇（图6.4），原产于欧洲，是世界上分布最广、栽培最多的牧草之一。

图6.3　红豆草　　　　图6.4　白三叶

白三叶为刈割与放牧兼用型牧草，但以刈割为主，每年可刈割3~4次，每亩鲜草产量为2.5~3吨。种子每亩为10~15千克。白三叶营养丰富、草质嫩、适口性好、消化率高。花期干物质含量为15.8%，干物质中粗蛋白质的含量为23.3%，粗纤维的含量为16.5%，钙和磷的含量分别为1.5%、0.3%。另外各种维生素含量比较全，是一种很好的高蛋白和多维牧草。

白三叶含有雌性激素香豆雌醇，单独饲喂或者一次性饲喂过多，会使家畜产生生殖困难。另外，白三叶还含有植物胶质甲基醇，被大量或者采食过多后，会发生臌胀病，严重时会致死。

（四）白花草木樨

白花草木樨又名白香草木樨、金花草、白甜车轴草（图6.5），原产于亚洲的西部，现在广泛地分布在欧洲、亚洲、美洲以及大洋洲。中国西北、东北以及华北有悠久的栽培历史，深受广大群众的欢迎。

白花草木樨为豆科草木樨属二年生草本植物，植株体内含有香豆素，因而全株有香草气味。白花草木樨产草量高，春播当年每亩产鲜草600千克，第二年产草量为3 000～4 500千克。白花草木樨的种子产量也很高，可以达到每亩50～100千克。

图6.5　白花草木樨

白花草木樨富含营养物质（表6.7），据测定，全株粗蛋白含量为17.51%，同紫花苜蓿相近，营养期风干物质中钙和磷的含量分别是1.79%和0.23%。

表6.7　白花草木樨的营养成分（%）

样品成分	水分	粗蛋白	粗脂肪	粗纤维	无氮浸出物	灰分
叶	12.0	28.5	4.4	9.6	36.5	9.0
茎	3.7	8.8	2.2	48.8	31.0	5.5
全株	7.37	12.51	3.12	30.35	34.55	7.05

（五）沙打旺

沙打旺又名直立黄芪、麻豆秧、地丁（图6.6），是中国特有的牧草，适应性强、产量高、用途广泛，栽培历史有120多年，曾经在河南、山东等中原地区广泛栽培，深受群众的欢迎，栽培面积逐年扩大。随着20世纪70年代北方各省大量育种和飞播沙打旺，现已经成为改造中国"三北"生态环境的首选草种。

沙打旺利用年限长，产草量高，一年可刈割鲜草2～3次，鲜草的产量为每亩4～4.5吨，每亩产种子25～50千克。

沙打旺营养丰富（表6.8），花期干物质含量为25%，干物质中总能为18.4兆焦/千克，消化能9.49兆焦/千克，花期粗蛋白质含量为

图6.6 沙打旺

13.27%，可消化粗蛋白质为99克/千克，纤维素含量为37.91%，钙和磷的含量分别为0.48%和0.19%。沙打旺富含各种氨基酸，现蕾开花初期3种限制性必需氨基酸赖氨酸、蛋氨酸、色氨酸含量分别为0.66%、0.08%、0.10%。

表6.8 沙打旺营养成分［占风干物百分比（%）］

物候期	水分	粗蛋白	粗脂肪	粗纤维	无氮浸出物	灰分
孕蕾期	8.31	22.33	1.99	21.36	36.09	9.92
开花期	7.45	13.27	1.54	37.91	32.73	6.78
结荚期	7.51	10.91	1.42	39.59	33.98	6.59

（六）多年生黑麦草

多年生黑麦草又名英国黑麦草、宿根黑麦草、黑麦草（图6.7），是世界温带地区最重要的禾本科牧草之一，原产于欧洲西

南、北非及亚洲西南。目前在中国，该草主要分布在华中、华东及西南地区，在江苏、浙江、湖南、四川、云贵高原等地都已大面积种植，其生长良好，但在北方地区越冬不良。

图6.7　多年生黑麦草

放牧时应在草层高20～30厘米以上进行。刈制干草者，以盛花时刈割为宜。一个生长季节可刈割2～4次，每亩产鲜草3 000～4 000千克。一般在暖温带两次刈割应间隔3～4周。通常第一次刈割后利用再生草放牧，耐践踏，即使采食稍重，生机仍旺。刈牧留茬高度以5～10厘米为宜。

多年生黑麦草营养生长期长，能形成茂盛的草丛，富含粗蛋白质，无论鲜草或干草质地均为上乘，其适口性也好，为各种家畜所喜食。多年生黑麦草和一年生黑麦草相比，二者营养成分不相上下，其营养成分含量见表6.9。

表6.9　黑麦草属主要栽培牧草抽穗期的营养成分（％）

水分	占干物质百分比					钙	磷
	粗蛋白	粗脂肪	粗纤维	无氮浸出物	粗灰分		
多年生黑麦草 7.52	10.98	2.20	36.51	40.20	10.11	0.31	0.24
一年生黑麦草 7.10	7.36	2.97	36.80	42.97	9.90	0.74	0.19

多年生黑麦草实际饲用价值甚好，早期收获的饲草叶多茎少，质地柔嫩，适于青饲或调制成优质干草，亦可与三叶草等混播，专供肉羊冬季放牧利用。放牧时间可达140～200天。如将黑麦草干草粉制成颗粒饲料，与精料配合做肉羊肥育饲料，效果更好。

五、饲料加工调制技术

肉羊的主要粗饲料包括青干草、稻草、谷草、玉米秸、豆秸、花生秧等。这些农副产品如果直接用来饲喂肉羊，其利用率很低，适口性极差。为了改善粗饲料的品质，可对粗饲料进行适当地加工与调制，以提高饲用价值。

（一）青干草调制

1. 青干草收储与调制　包括牧草的适时刈割、干燥、储藏和加工等几个环节，其干燥方法不同，牧草营养成分有很大的差异。在生产中，常用的方法有自然干燥法和人工干燥法。豆科牧草在初花期至盛花期刈割，禾本科牧草在抽穗期刈割。刈割青草应通过自然干燥或人工干燥使之在较短的时间内水分快速降至17%以下，营养物质得到较好保存。青干草切成2～3厘米后喂羊或打成草粉拌入配合饲料中饲喂。

（1）自然干燥：利用日晒、自然风干来调制干草。应根据不同地区的气候特点，采用不同的方法。

田间干燥法：适合中国北方夏、秋季雨水较少的地区。牧草刈割后，原地平铺或堆成小堆进行晾晒，根据当地气候和青草含水状况，每隔数小时适当翻动，加速水分蒸发。当水分降至50%以下时，再将牧草集成高0.5～1米的小堆，任其自然风干，晴好天气可以倒堆翻晒。晒制过程中要尽可能避免雨水淋湿，否则会降低干草的品质。

架上晒草法：在南方地区或夏、秋雨水较多时，宜用草架晒草。草架的搭建可因地制宜，因陋就简。如用木椽或铁丝搭制成独木架、棚架、锥形架、长形架等。刈割后的青草，自上而下放置在干草架上，厚70～80厘米，离地20～30厘米，保持蓬松并有一定的斜度，以利于采光和排水，并保持四周通风良好，草架上端应有防雨设施（如简易的棚顶等）。风干时间1～3周。

（2）人工干燥：利用加热、通风的方法调制干草。其优点是干燥时间短，养分损失小，可调制出优质的青干草，也可进行大规模工厂化生产，但其设备投资和能耗较高，国外应用较多，中国较少应用。主要有以下三种方法：

常温通风干燥法：在修建的草库内，利用高速风力来干燥牧草。设备简单。可采用一般风机或加热风机，草库的大小可根据干草生产量的大小来设计。

低温烘干法：用浅箱式或传送带式干燥机烘干牧草，适合于小型农场。干燥温度为 50～150℃，时间几分钟至数小时。

高温快速干燥法：目前国外采用较多的是转鼓气流式干燥机。将牧草切碎（2～3 厘米）后经传送机进入烘干滚筒，经短时（数分钟甚至数秒钟）烘烤，使水分降至 10%～12%，再由传输系统送至储藏室内。这种方法对牧草养分的保护率可达90%～95%，但设备昂贵，只适于工厂化草粉生产。

2. 干草品质的评定　优质干草色泽青绿、气味芳香，植株完整且含叶量高，泥沙少，无杂质、霉烂和变质，水分含量在15%以下。青干草按五级进行质量评定，一级：枝叶鲜绿或深绿色，叶及花序损失小于 5%，含水量 15%～17%，有浓郁的干草香味；二级：枝叶绿色，叶及花序损失小于 10%，含水量 15%～17%，有香味；三级：叶色发黄，叶及花序损失小于 15%，含水量 15%～17%，有干草香味；四级：茎叶发黄或发白，叶及花序损失大于 15%，含水量 15%～17%，香味较淡；五级：发霉，有臭味，不能饲喂。

（二）秸秆加工调制

肉羊瘤胃微生物可以消化利用秸秆中的粗纤维，但当秸秆木质化后，粗纤维被木质素包裹，不易被消化利用。因此，为了提高肉羊对农副产品的消化利用率，在不影响农作物产量和质量的前提下，尽量提早收获，并快速调制，减少木质化程度。

秸秆经适当的加工调制，可改变原来的体积和理化性质，营养价值和适口性有所提高，是肉羊冬季补饲的主要饲料，主要加工方法有物理调制法、化学调制法和生物学调制法。

1. 物理调制法　物理调制法即对秸秆进行切碎、碾青、制粒以及热喷等处理。这种方法一般不能改善秸秆的消化利用率，但可以改善适口性，减少浪费。秸秆粉碎后与精料混合使用，可扩大饲料来源。除此以外，有人试图采用蒸煮或辐射处理来改善秸秆的营养价值，也取得某些进展，但还未进入使用阶段。

（1）切碎：切碎的目的是为了便于肉羊采食和咀嚼，并易于与精料拌匀，防止羊挑食，从而减少饲料的浪费，也便于与其他饲料进行合理搭配，提高其适口性，增加采食量和利用率，同时又是其他处理方法不可缺少的首道工序。近年来，随着饲料工业的发展，世界上许多国家将切碎的粗饲料与其他饲料混合压制成颗粒状，这种饲料利于储存、运输，适口性好，营养全面。

在粗饲料进行切碎处理中，切碎的长度一般为 0.8～1.2 厘米为宜。添加在精料中的粗饲料长度宜短不宜长，以免羊只吃精料而剩下粗饲料，降低粗饲料利用率。

（2）碾青：将秸秆铺在晒场上，厚度为 30～40 厘米，再在其上铺约 30 厘米厚的青饲料，最后再在青饲料上面铺约 30 厘米厚的秸秆，用石碾或镇压器碾压，把青饲料压扁，流出的汁液被上下两层秸秆吸收。这样既缩短了青饲料干燥的时间，减少养分的损失，又提高了秸秆的营养价值和利用率。

（3）制粒：将秸秆、秕壳和干草等粉碎后，根据羊的营养需要，配合适当的精料、糖蜜（糊精和甜菜渣）、维生素和矿物质添加剂混合均匀，用颗粒饲料机（图 6.8）生产出不同大小和形状的颗粒饲料（图 6.9）。秸秆和秕壳在颗粒饲料中的适宜含量为 30%～50%。这种饲料营养平衡，粉尘减少，颗粒大小适宜，便于咀嚼，改善了适口性。在国外，有的用单纯的粗饲料或优质干草经粉碎制成颗粒饲料，可减少粗饲料的体积，便于储藏和运输。另一种是秸秆添加尿素，做法是：将秸秆粉碎后，加入尿素（占全部日粮总氮量的30%）、糖蜜（1份尿素，5~10份糖蜜）、精料、维生素和矿物质，压制成颗粒、饼状或块状。这种饲料粗蛋白质含量较高，适口性好，有助于延缓氨在瘤胃中的释放速度，防止中毒，可降低饲料成本，节约蛋白质饲料。

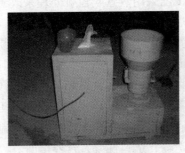
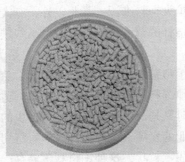

图6.8　颗粒饲料机　　　　　　　图6.9　颗粒饲料

（4）热喷：热喷是将初步破碎或不经破碎的秸秆、秕谷等粗饲料装入热喷机中，通入热饱和蒸汽，经过一定时间的高压热处理后，突然降低气压，使经过处理的粗饲料膨胀，形成爆米花状，其色香味发生变化。经过处理，可提高羊对粗饲料的采食量和有机物质的消化率。

2. 化学调制法　化学调制法是利用化学试剂对粗饲料进行处理，使其内部化学结构发生改变，使之更易被瘤胃微生物所消化。粗饲料化学方法处理国内外已积累很多经验，其中如碱化处理中苛性钠处理法、氨处理法，酸处理中蚁酸和甲醛处理法以及酸碱混合处理法、生物酶法等。

（1）碱化法：利用强碱液处理秸秆，破坏植物细胞壁及纤维素构架，释放出与之关联的营养物质。这种方法能较大幅度地提高秸秆的消化率，但处理成本高，对环境污染严重。

①氢氧化钠处理：传统的方法也称湿法处理，具体方法是用 8 倍于秸秆重量的 1.5% 的氢氧化钠溶液浸泡秸秆 12 小时，然后用水冲洗至中性。该法处理的秸秆羊喜食，有机物质消化率提高 24%。明显的缺点是费力费时，需水量大，且营养物质随水洗流失较多，还会造成环境污染。为克服湿法的这些缺点，目前已对该法进行了改进，主要包括半干处理和干处理。半干处理是秸秆经氢氧化钠溶液浸泡后不用水洗，而是通过压榨机将秸秆压成半干状态，然后烘干饲喂。干处理是将秸秆切短，通过螺旋混合器加入 30% 的氢氧化钠溶液，混匀，使秸秆含氢氧化钠的量为其干物质的 3% ~ 5%，然后将这种秸秆送入颗粒机压成颗粒，冷却后饲喂。

②石灰液处理：按秸秆与生石灰以 100∶1 备料，先将生石灰按 1 千克加水 20 千克溶解，除去沉渣，然后用该石灰液浸泡切短的秸秆 24 小时，捞取稍干饲喂，该法效果比氢氧化钠差，且秸秆易发霉。但原料易得，成本低，方法简便，能提高秸秆的钙质。也可再加入 1% 的氨，防止秸秆发霉。

（2）氨化法：目前推广的粗饲料氨化法中主要有液氨法、尿素或碳酸氢铵处理法等。

液氨处理法：秸秆等粗饲料用液氨处理，采用草捆垛、土窖或水泥池来处理。

草捆垛整齐，垛可打得高，节省塑料薄膜，容易机械化操作，适合大规模饲养。标准草捆垛长 4.6 米，宽 4.6 米，高 2.1 米。垛顶塑料膜压以实物，以防风刮，用绳把垛四周塑料膜纵横捆住，垛底塑料膜覆土盖紧，以防漏气，秸秆等粗饲料含水量调整为 20%，水要均匀撒在每个草捆上。为便于插入注氨钢管，可提前在垛中留一空隙，如放一木杠等，通氨时取出木杠，插入钢管，其通氨量为氨化饲料重量的 3% 为宜。

秸秆等粗饲料用窖氨化处理可以节省塑料膜，比较容易堆积，防鼠咬，占地少。具体方法是窖底部与四周铺好塑料膜，将秸秆等一层一层放入，边放边洒水搅拌边踩实，一直到窖顶，窖顶覆盖塑料膜与窖边塑料膜对折用土压实，通氨。通氨完毕，取出氨管，封口。最后用土盖在窖顶。通氨量、用水量同上。

尿素或碳酸氢铵处理法：尿素或碳酸氢铵也可用来氨化秸秆等粗饲料，其来源广泛，利用方便，操作方便，更适合在农村普及。

尿素或碳酸氢铵处理秸秆等粗饲料具体方法是：将尿素或碳酸氢铵溶于水中，拌匀，喷洒于切短的秸秆上，喷洒搅拌，一层一层压实，直到窖顶，把塑料薄膜密封。一般尿素用量每100千克秸秆（干物质）为 3 ~ 5.5 千克，碳酸氢铵为 6 ~ 12 千克，用水量为 60 千克。

除了用窖氨化外，还可用塑料袋及氨化炉来氨化秸秆粗饲料，原理同上。总之，氨化好的秸秆色泽黄褐，有刺鼻气味，不发霉变质，饲喂前晾晒，放味，以利肉羊采食。经氨化处理的秸秆或其他粗饲料，能增加含氮量 0.8% ~ 1%，使粗蛋白质含量增加 5% ~ 6%，并能增加羊的采食量。麦秸、稻草、玉米秸经氨化处理后可使消化率提高 30% 左右。

（3）生物酶法：该处理是利用自然界存在着的、能分解植物纤维素的微生物分泌的酶，来提高粗饲料的利用率的一种方法。通过筛选纤维素分解酶活性强的菌株进行发酵培养，分离出纤维素酶或将发酵产物连同培养基制成含酶添加剂，用来处理秸秆或加入日粮中饲喂，能有效地提高秸秆的利用率。据报道，日本先用氢氧化钠，再用高活性的木霉纤维素酶可将几乎全部的纤维素转化为纤维二糖与葡萄糖，分解率达 80%。

3. 生物学调制法　生物学调制法是利用微生物在一定温度、湿度、酸碱度、营养物质条件下，分解粗饲料中半纤维素、纤维素等成分，来合成菌体蛋白、维生素和多种转化酶等，将饲料中难以消化吸收的物质转化为易消化吸收的营养物质的过程。

秸秆微贮技术是一种现代生物技术，是通过一种叫"秸秆发酵活杆菌"完成的。秸秆等粗饲料微贮就是在农作物秸秆中，加入微生物高效活性菌种——秸秆发酵活杆菌，放入密封容器（如水泥窖、土窖、塑料袋）中贮藏，经一定的发酵过程使农作物秸秆变成具有酸、香味的饲料。

微贮成本低、效益高，适口性好。每吨微贮饲料只需 3 克秸秆发酵活杆菌。秸秆微贮粗纤维的消化率可提高 20% ~ 40%，肉羊对其采食显著提高，在添到肉羊日采食量 40% 时，肉羊日增重达 250 克。

（1）秸秆微贮方法：水泥窖微贮法与传统青贮窖相似，将作物秸秆切碎，按比例喷洒菌液后装入池内，分层压实、封口。这种方法优点是池内不易进气进水，密封性好，经久耐用。

土窖微贮法选地势高、土质硬、向阳干燥、排水容易、地下水位低、离羊舍近、取用方便的地方。根据贮量挖一长方形窖（深 2 ~ 3 米为宜），在窖底部和周围铺层塑料布（膜）将秸秆切碎后放入池内，分层喷洒菌液后压实，上面盖上塑料膜后覆土密封。这种方法贮量大、成本低、方法简单。

塑料袋窖内微贮法首先按土窖贮法选好地点，挖圆形窖将制作好的塑料袋放入窖内，分层喷洒菌液。压实后将塑料袋口扎紧覆土压实，适于小量贮藏。

微贮步骤：①菌种复活：秸秆发酵活杆菌每袋 3 克，可处理稻草、麦秸、玉米秸秆 1 000 千克或青饲料 2 000 千克。在处理秸秆前先将菌种倒入 200 毫升清洁、没有漂白粉的水中，充分溶解。最好先在水中加入白糖 20 克，可以提高菌种复活率。然后在常温下静置 1 ~ 2 小时使菌种复活。复活好的菌种一定要当天用完，不可隔夜。②菌液的配制：将复活好的菌种倒入充分溶解的 1% 食盐溶液中拌匀，用量见表 6.10。③秸秆切短：将微贮秸秆切短成 3 ~ 5 厘米,便于压实,排除空气,并提高微贮窖池的利用率。④装填压实:在水泥窖或土窖的四周,衬塑料膜,在窖池底部铺放 20 ~ 30 厘米厚的秸秆,均匀喷洒菌液水,压实后再铺 20 ~ 30 厘米,再喷洒菌液水,再压实直到高出窖池口 40 ~ 50 厘米时封口。装填中随时检查贮料含水量是否均匀合适,层与层之间不要出现夹层。检查方法是取秸秆用力握攥,指缝间有水但不滴下,水分为 60% ~ 70% 最为理想。⑤密封:充分压实后,在最上面一层均匀撒上食盐,每平方米 250 克,再压实后盖上塑料薄膜,在上面撒 20 ~ 30 厘米厚的稻麦秸,盖土 15 ~ 20 厘米密封。如果当天装不完,可盖上塑料膜第 2 天再装。⑥利用:微贮发酵温度适应范围广,室外气温 10 ~ 40℃均可。在封窖池后 20 ~ 30 天即可完成发酵过程。优质微贮稻麦秸呈金黄色,青玉米呈橄榄绿色。具有醇香、果香气味。若有腐臭、发霉味则不能饲喂。取料时要从一角开始,从上至下逐渐取用。每次用量应在当天喂完为宜。取料后一定要将窖口封严,以免水进入引起变质。

表 6.10　秸秆微贮食盐水和菌液量

种类	重量 (千克)	活杆菌用量 (克)	食盐用量 (千克)	水用量 (升)	微贮料含水量 (%)
稻、麦秸秆	1 000	3.0	12	1 200	60 ~ 65
黄玉米秸秆	1 000	3.0	8	800	60 ~ 65
青玉米秸秆	1 000	1.5		适量	60 ~ 65

(2)注意事项:①用窖微贮,微贮饲料应高于窖口 40 厘米,盖上塑料薄膜,上盖约 40 厘米稻、麦秸秆后覆土 15 ~ 20 厘米,封闭。②用塑料袋微贮,塑料袋厚度须达到 0.6 ~ 0.8 毫米,无破损,厚薄均匀,严禁使用装过有毒物品的塑料袋及聚氯乙烯塑料袋,每袋以装 20 ~ 40 千克微贮料为宜。开袋取料后须立即扎紧袋口,以防变质。③微贮饲料喂养肉羊须有一渐进过程,喂量

逐渐增加。一般每只羊每天 1.5 ~ 2.5 千克为宜。

六、饲料青贮

饲料青贮是以新鲜的全株玉米、青绿饲料、牧草、野草及收获后的玉米秸和各种藤蔓等为原料，切碎后装入青贮窖或青贮塔内，在密闭条件下利用青贮原料表面上附着的乳酸菌的发酵作用，或者在外来添加剂的作用下促进或抑制微生物发酵，青贮料 pH 值下降，而使饲料得以保存（图 6.10、图 6.11）。

图 6.10 饲料青贮池青贮   图 6.11 塑料袋装青贮

（一）青贮设施的要求

1. 不透空气　这是调制优良青贮饲料的首要条件。无论用哪种材料建造青贮设施，必须做到严密不透气。可用石灰、水泥等防水材料填充和抹青贮窖、壕壁的缝隙，如能在壁内衬一层塑料薄膜更好。

2. 不透水　青贮设施不要靠近水塘、粪池，以免污水渗入。地下式或半地下式青贮设施的底面，必须高出于地下水位（约 0.5 米），在青贮设施的周围挖好排水沟，以防地面水流入。如有水浸入会使青贮饲料腐败。

3. 墙壁要平直　青贮设施的墙壁要平滑垂直，墙角要圆滑，这会有利于青贮饲料的下沉和压实。下宽上窄或上宽下窄都会阻碍青贮饲料的下沉，或形成缝隙，造成青贮饲料霉变。

4. 要有一定的深度 青贮设施的宽度或直径一般应小于深度，宽:深为 1:1.5 或 1:2，以利于青贮饲料借助本身重力而压得紧实，减少空气，保证青贮饲料质量。

5. 能防冻 地上式的青贮塔，必须能很好地防止青贮饲料冻结。

（二）青贮设施的大小和容量

青贮窖的容量大小与青贮原料的种类、水分含量、切碎压实程度以及青贮设施种类等有关。各种青贮饲料在密封后，均有不同程度的下沉。所以同样体积，装填时的重量一定较利用时的为低。青贮壕一般可装填青贮饲料 500~400 千克/米^3，青贮塔为 650~750 千克/米^3。

（三）青贮的方法步骤

第一步：严格按照基本条件的要求选择原料，做到适时刈割，刈割过早水分过多，不宜贮存，刈割过晚营养价值降低。禾本科植物应在抽穗期收割，豆科植物应在开花期收割。

第二步：青贮前应将容器彻底清扫，并用硫黄或福尔马林、高锰酸钾熏蒸消毒。

第三步：由铡草机等将青贮原料铡成 2~3 厘米长的短节。

第四步：装填并随时借助机器或人力一层一层充分压实。

第五步：压实后经一昼夜的自然沉降，再加压一次。窖的顶部覆盖 5~10 厘米的秸秆并压实，覆盖一层塑料薄膜，膜上再填 5~10 厘米厚的土层，压实，并用草泥封顶。袋青贮在压实后用热压封口或用绳子束紧。

第六步：为防止雨水的渗入，可将窖顶做成弧形，四周设排水沟。

第七步：平时多注意检查，发现问题及时处理。

第八步：青贮开启使用时应注意防止二次发酵，降低青贮品

质。故每次使用青贮料后都应再密封好；每个容器中的青贮料，
开启后应尽快用完。

也可用聚乙烯袋调制半干青贮料。将含水量 50% 的禾本科
草（不用切短），装入聚乙烯袋中，用压缩机压缩成捆。放置一
周后袋内可造成厌氧环境。这种方法制成的半干青贮料，保存 1
年色泽不变，并散发出酸香味。

（四）防止青贮二次发酵

二次发酵又叫好气性腐败，指发酵完成的青贮饲料，在温暖
季节开启后，随着空气进入，好气性微生物重新大量繁殖，青贮
料的营养物质也因此大量损失，并产生大量的热，出现好气性腐
败。

二次发酵多发生在冬初和春夏。二次发酵的青贮料 pH 值在
4.0 以上，含水量在 64% ~ 75%。

防止二次发酵的方法：

（1）适时刈割。以玉米为例，应选用霜前黄熟的早熟品种
玉米，其含水量不超过 70%。如果在霜后收割青贮，乳酸发酵
受到抑制，结果青贮料的 pH 值升高，总酸量减少，开封后已发
生二次发酵，所以应在黄熟期收获。

（2）装填密度。原料的装填密度要大，青贮原料应切短。

（3）完全密封。

（4）青贮料应重物压紧并填平。

（5）可用甲酸、丙酸、丁酸等喷洒在青贮料上，也可喷洒
甲醛、氨水等。

（6）仔细计算日需要量，合理安排日取量的比例。

（7）减少青贮容器的体积，每一单位贮量以在 1 ~ 3 天喂完
为佳。为此可将窖分成若干小区，各区间密闭不相通，每小区的
贮存量仅供 1 ~ 2 天采食。也可用缸等小容器来缩小单位的贮量。

（五）青贮品质的鉴定

现场评定青贮品质主要从气味、颜色、酸碱度等三方面进行。

1. 取样　于青贮窖表层 25 ~ 30 厘米处，一般以四角和中央各一点，五点共取青贮料约半烧杯。

2. 气味　立即鉴别样品的气味。良好的青贮料应具有酒味或酸香味。如果出现醋酸味，表示品质较差。劣质的青贮料有腐烂的粪臭味。

3. 颜色　优质的青贮料呈绿色。如果出现黄绿色或褐色，表示质量较差。劣质青贮料呈暗绿色或黑色。

4. 酸碱度　可用广泛 pH 试纸等测定其 pH 值，3.8 ~ 4.2 的为优质青贮料，4.2 ~ 4.6 的较次。pH 值越高，质量越差。

七、肉羊饲养标准和日粮配合

肉羊的营养需要是制订饲养标准及日粮配合的科学依据，是保证肉羊正常生产和生命活动的基础。饲养标准则是总结大量饲养试验结果和动物实际生产的需要，对各种特定动物所需要的各种营养物质的定额所做的系统的规定。它是动物生产计划中组织饲料供给、设计饲料配方、生产平衡日粮及对动物实行标准化饲养的技术指南和科学依据。

（一）肉羊饲养标准

肉羊饲养标准的核心是保证日粮中能量、粗蛋白质、粗纤维及钙、磷的平衡，使肉羊既能表现出应有的生产性能，又能经济有效地利用饲料。

一个完整的饲养标准应包括以下四部分：①规定各种营养物质的日需要量或供应量；②日粮营养物质的含量水平；③常用饲料的营养价值表；④典型的日粮配方。

在具体应用过程中需注意以下几方面：①各国的饲养标准多是以本国饲养条件和生产水平为基础编制的，应灵活应用，切忌生搬硬套。②肉羊对营养物质的需要量不是固定不变的。随着品种的改良、日粮全价性的完善以及对饲料利用率的提高，其对营养物质的需要量也将逐步有所变化。③饲养标准是科学实验和生产实践相结合的产物，只有一定的代表性，但自然条件、管理水平等的差异，决定了广大肉羊生产者应根据具体条件，适当修改和检验肉羊的营养需要量。

（二）日粮配合

标准的配合饲料又称全价配合饲料或全价料，是按照动物的营养需要标准（或饲养标准）和饲料营养成分价值表，由多种单个饲料原料（包括合成的氨基酸、维生素、矿物元素及非营养性添加剂）混合而成的，能够完全满足动物对各种营养物质的需要。

饲料配方方法很多，常用的有手算法和电脑运算法。随着近年来计算机技术的快速发展，人们已经开发出了功能越来越完全、速度越来越快的计算机专用配方软件，使用起来越来越简单，大大方便了广大养殖户。

1. 电脑运算法 运用电脑制订饲料配方，主要根据所用饲料的品种和营养成分、肉羊对各种营养物质的需要量及市场价格变动情况等条件，将有关数据输入计算机，并提出约束条件（如饲料配比、营养指标等），根据线性规划原理很快就可计算出能满足营养要求而价格较低的饲料配方，即最佳饲料配方。

电脑运算法配方的优点是速度快，计算准确，是饲料工业现代化的标志之一。但需要有一定的设备和专业技术人员。

2. 手算法 手算法包括试差法、对角线法和代数法等。其中以"试差法"较为实用。试差法是专业知识、算术运算及计算经验相结合的一种配方计算方法。可以同时计算多个营养指标。不受饲料原料种数限制。但要配平衡一个营养指标满足已确定的营养需要，一般要试算多次才可能达到目的。在对配方设计要求不太严格的条件下，此法仍是一种简便可行的计算方法。现以体重35千克，预期日增重200克的生长育肥绵羊饲料配方为例，举例说明如下。

（1）查肉羊饲养标准（表6.11）。

表6.11　体重35千克，日增重200克的生长育肥羊饲养标准

干物质	消化能	粗蛋白	钙	磷	食盐
千克/ （只·日）	兆焦/ （只·日）	克/ （只·日）	克/ （只·日）	克/ （只·日）	克/ （只·日）
1.05～1.75	16.89	187	4.0	3.3	9

（2）查饲料成分表（表6.12）。根据羊场现有饲料条件，可利用饲料为玉米秸青贮、野干草、玉米、麸皮、棉籽饼、豆饼、磷酸氢钙、食盐。

表6.12　供选饲料养分含量

饲料名称	干物质 （%）	消化能 （兆焦/千克）	粗蛋白 （%）	钙 （%）	磷 （%）
玉米秸青贮	26	2.47	2.1	0.18	0.03
野干草	90.6	7.99	8.9	0.54	0.09
玉米	88.4	15.40	8.6	0.04	0.21
麸皮	88.6	11.09	14.4	0.18	0.78
棉籽饼	92.2	13.72	33.8	0.31	0.64
豆饼	90.6	15.94	43.0	0.32	0.50
磷酸氢钙				32	16

（3）确定粗饲料采食量。一般羊粗饲料干物质采食量为体重的2%～3%，取中等用量2.5%，则35千克体重肉羊需粗饲料干物质为0.875千克。按玉米秸青贮和野干草各占50%计算，用量分别为0.875×50%≈0.44千克。然后计算出粗饲料提供的

养分含量（表6.13）。

表6.13　粗饲料提供的养分含量

饲料名称	干物质（千克）	消化能（兆焦）	粗蛋白（克）	钙（克）	磷（克）
玉米秸青贮	0.44	4.17	35.5	3.04	0.51
野干草	0.44	3.88	43.25	2.62	0.44
合计	0.88	8.05	78.75	5.66	0.95
与标准差值	0.17~0.87	8.84	108.25	1.66	-2.35

（4）试定各种精料用量并计算出养分含量（表6.14）。

表6.14　试定精料养分含量

饲料名称	用量（千克）	干物质（千克）	消化能（兆焦）	粗蛋白质（克）	钙（克）	磷（克）
玉米	0.36	0.32	5.544	30.96	0.14	0.76
麸皮	0.14	0.124	1.553	20.16	0.25	1.09
棉籽饼	0.08	0.07	1.098	27.04	0.25	0.51
豆饼	0.04	0.036	0.638	17.2	0.13	0.2
尿素	0.005	0.005		14.4		
食盐	0.009	0.009				
合计	0.634	0.56	8.832	109.76	0.77	2.56

由表6.14可见日粮中的消化能和粗蛋白已基本符合要求，如果消化能高（或低），应相应减（或增）能量饲料，粗蛋白也是如此，能量和蛋白符合要求后再看钙和磷的水平，两者都已超出标准，且钙、磷比为1.78:1，在正常范围，不必补充相应的饲料。

（5）定出饲料配方。此育肥羊日粮配方为：青贮玉米秸1.69（0.44/0.26）千克，野干草0.49（0.44/0.906）千克，玉米 0.36 千克，麸皮 0.14 千克，棉籽饼 0.08 千克，豆饼 0.04 千克，尿素 5 克，食盐 9 克，另加添加剂预混料。

精料混合料配方（%）：玉米 56.9%，麸皮 22%，棉籽饼 12.6%，豆饼 6.3%，尿素 0.8%，食盐 1.4%，添加剂预混料另加。

（三）典型饲料配方举例

设计和采用科学而实用的饲料配方是合理利用当地饲料资源，提高养羊生产水平，保证羊群健康，获得较高经济效益的重要保证。现列出一些肉羊饲料配方仅供读者参考（表 6.15 ~ 表 6.17）。

表 6.15　体重 15~20 千克，日增重 200 克羔羊育肥日粮推荐配方

饲料原料	采食量（克/天）	全日粮配比（%）	精料配比（%）	营养水平	
花生蔓	430.0	38.3	—	DE 兆焦/千克	10.70
野干草	320.0	29.1	—	CP%	12.36
玉米	226.7	18.9	58.0	NFC%	27.28
小麦麸	22.1	2.0	6.0	NDF%	48.52
棉粕	29.2	2.6	8.0	ADF%	34.18
豆粕	85.4	7.5	23.0	Ca%	0.62
食盐	4.9	0.49	1.5	P%	0.31
磷酸氢钙	1.6	0.16	0.5	Ca/P	2.01
石粉	2.6	0.26	0.8	RDP/RUP	1.61
碳酸氢钠	3.9	0.39	1.2		
预混料	3.3	0.33	1.0		
合计（千克）	1.13	100.0	100.0		

注：DE 为代谢能，CP 为粗蛋白，NFC 为非纤维性碳水化合物，NDF 为中性洗涤纤维，ADF 为酸性洗涤纤维，Ca 为钙，P 为磷，Ca/P 为钙/磷，RDP/RUP 为瘤胃降解蛋白/瘤胃不可降解蛋白。

表6.16　体重20~25千克，日增重200克羔羊育肥日粮推荐配方

饲料原料	采食量（克/天）	全日粮配比（%）	精料配比（%）	营养水平	
玉米秸青贮	2 000.0	38.9	—	DE 兆焦/千克	10.70
花生蔓	500.0	34.5	—	CP%	11.3
玉米	241.1	15.4	58.0	NFC%	27.6
小麦麸	39.2	2.7	10.0	NDF%	50.6
棉粕	31.1	2.1	8.0	ADF%	35.2
豆粕	78.9	5.3	20.0	Ca%	0.66
食盐	5.2	0.4	1.5	P%	0.32
磷酸氢钙	3.5	0.3	1.0	Ca/P	2.09
石粉	1.7	0.1	0.5	RDP/RUP	1.66
碳酸氢钠	1.7	0.1	0.5		
预混料	1.7	0.1	0.5		
合计（千克）	2.90	100.0	100.0		

表6.17　羊精、粗饲料推荐饲喂量　　单位：千克/（只·日）

羔羊各阶段饲喂期	精饲料	青干草	多汁饲料[2]
种公羊非配种期	0.3~0.8	2.2~2.5	0.5~1.0
种公羊配种期	1.0~1.5	2.0~2.5[1]	1.0~1.5
繁殖母羊空怀及妊娠90天内	0.5~1.0	2.2~2.5	0.2~0.5
母羊妊娠90~150天	1.0~1.5	1.8~2.0[1]	0.3~1.0
哺乳母羊	1.0~1.8	0.5~2.0[1]	0.8~1.5
育成羊	0.3~0.8	1.2~2.0	0.5~1.0

注：①其中最好有30%的苜蓿干草。

②为了保证健康和食欲，最好以胡萝卜为主。

八、羊全混合日粮（TMR）

全混合日粮 TMR（Total Mixed Ration）为全混合日粮的英文缩写，羊用 TMR 饲料是指根据羊在不同生长阶段对营养的需要，进行科学调配，将多种饲料原料，包括粗饲料、精饲料及饲料添

加剂等成分，用特定设备经粉碎、混匀而制成的全价配合饲料。全混合日粮（TMR）保证了羊所采食每一口饲料都具有均衡性的营养。

（一）TMR 饲料的优点

（1）精粗饲料均匀混合，避免羊挑食，维持瘤胃 pH 值稳定，防止瘤胃酸中毒。羊单独采食精料后，瘤胃内产生大量的酸；而采食有效纤维能刺激唾液的分泌，降低瘤胃酸度。TMR 使羊均匀地采食精、粗饲料，维持相对稳定的瘤胃 pH 值，有利于瘤胃健康。

（2）改善饲料适口性，提高采食量。与传统的粗、精饲料分开饲喂的方法相比，TMR 饲料可增加羊体内益生菌的繁殖和生长，促进营养的充分吸收，提高饲料利用效率。可有效解决营养负平衡时期的营养供给问题。

（3）增加羊干物质采食量，提高饲料转化效率。提高生长速度，缩短存栏期。根据羊生长各个阶段所需不同的营养，更精确地配制均衡营养的饲料配方，使日增重大大提高。如：山羊 10 ~ 40 千克，日增重可达到 200 克，与普通自配料相比可以缩短存栏期 3 个月。

（4）充分利用农副产品和一些适口性差的饲料原料，减少饲料浪费，降低饲料成本。

（5）根据饲料品质、价格，灵活调整日粮，有效利用非粗饲料的 NDF。

（6）简化饲喂程序，减少饲养的随意性，使管理的精准程度大大提高。可提高劳动生产率，降低管理成本。

（7）实行分群管理，便于机械饲喂，提高劳动生产率，降低劳动力成本。

（8）实现一定区域内小规模羊场的日粮集中统一配送，从而提高养羊业生产的专业化程度。

（9）增强瘤胃功能，有效预防消化道疾病。羊用 TMR 颗粒饲料既可以保证羊的正常反刍，又大大减少了羊反刍活动所消耗的能量，并有效地把瘤胃 pH 值控制在 6.4～6.8，利于瘤胃微生物的活性及其蛋白质的合成，从而避免瘤胃酸中毒和其他相关疾病的发生。实践证明，使用数月羊用全配合颗粒饲料，不仅可降低消化道疾病 90% 以上，而且还可以提高羊只的免疫力，减少流行性疾病的发生。

由于以上原因，使用羊用 TMR 饲料，和传统饲料饲喂方式对比，羊采食量高、生长速度快、发病率低、经济效益好。

（二）TMR 饲喂方法与步骤

1. 羊只分群　TMR 饲养工艺的前提是必须实行分群管理，合理的分群对保证羊健康、提高羊产量以及科学控制饲料成本等都十分重要。对规模羊场来讲，根据不同生长发育阶段羊的营养需要，结合 TMR 工艺的操作要求及可行性进行羊只分群。

2. TMR 的调配

（1）根据不同群别的营养需要，考虑 TMR 制作的方便可行，一般要求调制三种不同营养水平的 TMR 日粮，分别为母羊 TMR、羔羊 TMR、育肥羊 TMR。

（2）对于一些健康方面存在问题的特殊羊群，可根据羊群的健康状况和进食情况饲喂相应合理的 TMR 日粮或粗饲料。

哺乳期羔羊开食料为精料，应该营养丰富全面，适口性好，给予少量 TMR，让其自由采食，引导采食粗饲料。断奶后到 6 月龄以前主要供给育肥羊 TMR。

3. TMR 的制作

（1）添加顺序：基本原则是先干后湿，先粗后精，先轻后重。添加顺序为干草—粗饲料—精料—青贮—湿糟类等。如果是立式饲料搅拌车应将精料和干草添加顺序颠倒。

（2）搅拌时间：掌握适宜搅拌时间的原则，最后一种饲料加入后搅拌 5~8 分钟即可。

（3）效果评价：感官上，精、粗饲料混合均匀，松散不分离，色泽均匀，新鲜不发热，无异味，不结块。

（4）水分控制：水分控制在 45%~55%。

（5）TMR 的制作：

①TMR 原料。目前，最为基本的 TMR 原料包括干草类（花生秧、红薯秧、豆秆、花生壳、米糠、谷糠，以及部分菌棒等）、精饲料（玉米、豆粕、棉粕、麸皮、预混料）、糟渣类（豆腐渣、酒糟、啤酒渣、果渣、药厂的糖渣等）三大类。

干草类：尽量结合当地资源选择。

羊专用预混料：根据羊的营养需求，羊的预混料基本分为羔羊预混料、肥育羊预混料和种羊预混料 3 种。羊专用预混料主要包括钴、钼、铜、碘、铁、锰、硒、锌等各种微量元素，食盐，磷酸氢钙和维生素 A、维生素 D_3、维生素 E 等各种维生素。预混料是舍饲养羊所必须的。任何一种物质的缺乏均会导致繁殖下降，甚至繁殖障碍。

羊专用预混料使用量：舍饲羊只按 50 千克体重每天专用预混料需求量计算，食盐要大于 6 克，磷酸氢钙要大于 6 克，各种微量元素大于 6 克，再加佐料，维生素等，每天 50 千克体重羊专用预混料添加在 24 克左右。

目前，市场上常见到的羊预混料往往以百分多少为主，因羊每天对预混料的需求量是相对稳定的，百分多少的预混料在配方设计上均没有标记按羊采食多少精饲料添加，在养羊场（户）使用时，往往造成预混料不足或者过量，影响羊的正常繁殖。

另外，羊预混料原料成本在 2 000~2 800 元/吨，再加加工、包装及运输费用，最低价格也在 2 600~3 400 元/吨，价格过低，多数原料添加量不足。

羊专用预混料使用注意事项：羊专用预混料不可直接饲喂，

使用时尽量与精饲料混合均匀，合格的羊专用预混料，无需另行添加其他添加剂，有特殊情况除外。

糟渣类：糟渣类作为饲料原料喂羊，不仅降低成本，也能充分利用资源优势，但必须科学保存，合理添加。例如豆腐渣，蛋白含量很高，但能量不足，在使用豆腐渣时，可降低精饲料中豆粕、棉粕的含量，适当增加青贮饲料含量；酒糟、啤酒渣、果渣、药厂的糖渣等正好相反，能量较高，但蛋白含量相对低，可在精饲料中适当提高豆粕、棉粕的含量。

②精饲料配方举例。

种羊精饲料配方：如果没有豆腐渣、酒糟等，只有干草、青贮和精饲料三部分组成 TMR 饲料，种羊的精饲料就要控制在 0.15～0.25 千克/天的饲喂量；肥育羊则要在 0.3～0.6 千克/天的饲喂量。精饲料配方则如表6.18 所示。

表6.18 羊精饲料组成重量比例（%）

	精饲料平均日喂量（只）	玉米	豆粕	棉粕	麸皮	预混料
种羊	0.15	58	7	7	12	16
	0.2	60	7	8	13	12
	0.25	60.5	8	8	14	9.6
肥育羊	0.3	62	8	9	13	8
	0.35	63	8	9	13	6.9
	0.4	63	8	10	13	6
	0.45	63	8.5	10	13	5.3
	0.5	63.5	8.5	10	13	4.8
	0.55	64	8.5	10	13	4.4
	0.6	64	9	10	13	4

备注：饼粕类指豆粕、棉籽粕、花生粕等，豆粕在6%以上，其余部分用棉籽粕或花生粕。预混料日饲喂量为24克。

精饲料制作：配方比例将玉米、饼粕类、麸皮、预混料混合均匀即可。

③日粮配合举例。TMR配合比例如下。

A：如果没有豆腐渣、酒糟等，只有干草、青贮和精饲料三部分组成TMR饲料。羊饲料组成重量比例如表6.19所示。

表6.19 羊饲料组成重量比例配方一（%）

	精饲料平均日喂量（只）	精饲料	黄贮玉米	干草
种羊	0.15	5	80	15
	0.2	6	79	15
	0.25	8	77	15
肥育羊	0.3	10	75	15
	0.35	11	74	15
	0.4	13	72	15
	0.45	14	71	15
	0.5	16	69	15
	0.55	18	67	15
	0.6	19	66	15

备注：黄贮玉米按水分含量在60%~70%计算。

B：如果有豆腐渣，可按照每只羊每天1千克饲喂，则豆腐渣、干草、青贮和精饲料四部分组成TMR饲料。羊饲料组成重量比例如表6.20所示。

表6.20　羊饲料组成重量比例配方二（%）

精饲料平均日喂量（只）	精饲料	黄贮玉米	干草	豆腐渣
0.15	5	48	15	32
0.2	6	47	15	32
0.25	8	45	15	32
0.3	10	43	15	32
0.35	11	42	15	32
0.4	13	40	15	32
0.45	14	39	15	32
0.5	16	37	15	32
0.55	18	35	15	32
0.6	19	34	15	32

种羊（0.15、0.2、0.25）；肥育羊（0.3~0.6）

备注：黄贮玉米、豆腐渣按水分含量在60%~70%计算。

④不同养殖规模的 TMR 日粮的制作。

根据羊的养殖数量，羊 TMR 日粮的制作大体分为五大类。

50 只以内养殖规模：按比例依次取干草、青贮饲料、精饲料；通过人工将干草、青贮饲料、精饲料充分揉制并混合均匀（图6.12）；将 EM 菌按 2 千克/吨全价日粮喷洒；直接饲喂或用塑料薄膜密封好，7 天内饲喂。

50~200 只小规模：按比例依次取干草、青贮饲料、精饲料；采用小型揉丝机将干草、青贮饲料、精饲料充分揉制并混合均匀；将 EM 菌按 2 千克/吨全价日粮喷洒；直接饲喂或用塑料薄膜密封好，7 天内饲喂。

200~1 000 只中小规模：采用大型揉丝机将干草、青贮饲料、精饲料充分揉制并混合均匀（图6.13、图6.14）。

<table>
<tr><td>图6.12 人工混合饲料</td><td>图6.13 大型揉丝机混合饲料</td></tr>
</table>

1 000~3 000 只中等规模：通过 TMR 混料机将干草、青贮饲料、精饲料充分揉制并混合均匀。

3 000 只以上规模：直接购置 TMR 混料饲喂车，通过 TMR 混料饲喂车（图 6.15），将极大地简化饲喂程序，节约人力，一台 5 吨的车就可以饲喂 3 000 只以上的羊只。

<table>
<tr><td>图6.14 大型揉丝机揉制饲料</td><td>图6.15 TMR 喂料车</td></tr>
</table>

⑤羔羊代乳料。

配方：羔羊在产后 10 日尽量开始训练采食，最好制作成颗粒饲料，任其自由采食，配方可参照表 6.21。

表 6.21 羔羊饲料配方

玉米	豆粕	棉粕	麸皮	预混料	优质草粉	益生菌
60	10	8	10	4	6	2

制粒：按 20% 加水，尽可能加入优质草粉。

⑥使用 TMR 的注意事项。

A. 根据搅拌车的说明，掌握适宜的搅拌量，避免过多装载，影响搅拌效果，通常装载量占总容积的 60% ~75% 为宜。

B. 严格按日粮配方，保证各组分精确给量，定期校正计量控制器。

C. 控制精粗比例。羊的精饲料和粗饲料的比例控制在 1∶4 ~ 1∶2.3，肥育羊精饲料比例可适当提高。繁殖母羊精饲料∶粗饲料尽量在 1∶3 以内。豆腐渣类不能完全按精饲料或粗饲料来计算，添加豆腐渣类可替代部分玉米和饼粕类饲料。但豆腐渣类过多会引起繁殖母羊代谢病增加。

D. 根据青贮及付饲料等的含水量，掌握控制 TMR 日粮水分。绵羊全价日粮水分尽量控制在 50% ±5%，即全价日粮的干物质含量在 50% ±5%。山羊全价日粮水分尽量控制在 42% ±3%，即全价日粮的干物质含量在 58% ±3%。

E. 添加过程中，防止铁器、石块、包装绳等杂质混入搅拌车，造成车辆损伤。

F. TMR 饲养工艺的特点讲求的是群体饲养效果，同一组群内个体的差异被忽略，不能对羊进行单独饲喂，产量及体况在一定程度上取决于个体采食量差异。

九、羊 EM 专用菌

EM 菌（Effective Microorganisms）为有效微生物群的英文缩写，也被称作 EM 技术（EM Technology）。它是光合细菌、乳酸菌、酵母菌、芽孢杆菌、醋酸菌、双歧杆菌、放线菌七大类微生物中的 10 属 80 种微生物共生共荣，这些微生物能非常有效地分解有机物。

青贮饲料是青绿饲料贮存的最好方式。模拟青贮自然发酵过程的微生物群落特点，筛选与配制能够促进青贮料快速发酵的活菌制剂，在青贮饲料制作时加入到青贮饲料中，改善青贮饲料的质量。

微生物青贮剂亦称青贮接种菌，是专门用于饲料青贮的一类微生物添加剂，由2种以上的产酸益生菌、复合酶、益生素等多种成分组成，主要作用是有目的地调节青贮料内主导微生物菌群，调控青贮发酵过程，促进乳酸菌大量繁殖，以更快地产生乳酸，促进多糖与粗纤维的转化，从而有效地提高青贮饲料的质量。

这种技术的特点是：

（1）微生物青贮剂添加到青贮料中，其中乳酸菌为主导发酵菌群，加速发酵进程，产生更多的乳酸，使pH值快速下降，限制植物酶的活性，抑制粗蛋白降解成非蛋白氮，有助于减少蛋白质的损失。

（2）提高了发酵物干物质回收率1%～2%，提高了青贮饲料的消化率。

（3）降低了青贮饲料中乙酸和乙醇的数量，提高乳酸的含量，改善适口性，提高进食量。

（4）能够保护青贮饲料蛋白质不被分解，而直接被瘤胃利用。

第七章 肉羊饲养管理

羊按生理阶段可分为羔羊、育成羊和成年羊三个阶段。羊的饲养管理可根据不同生理阶段和性别进行分类饲养管理。

一、繁殖母羊的饲养管理

繁殖母羊可分为空怀期、妊娠期和哺乳期三个阶段，其中妊娠期可分为前期（前3个月）和后期（后2个月）；哺乳期也分为前期和后期（各为2个月）。饲养管理的重点是妊娠后期和哺乳前期，共约4个月。

（一）空怀母羊

以恢复体况、膘情达到七成以上、适宜配种为宜。空怀期母羊配种前（10~15天），母羊饲喂量按干物质计算，约为体重的3%，全价混合日粮水分控制在50%左右，日饲喂量3~4千克，其中精料0.15~0.2千克，含预混料24克。

（二）妊娠母羊

应做好保胎工作，保证胎儿发育良好。不饲喂发霉、变质、冰冻或其他异常饲料。不得空腹饮水和饮冰碴儿水。日常管理中应避免羊受到惊吓、驱赶避免羊猛跑等，特别是羊在出入圈门或补饲时，要防止相互挤压，避免流产。妊娠后期的母羊要给予补饲，不宜进行防疫注射。母羊怀孕后期2个月应在放牧的基础上，根据膘体等具体情况补饲。

在妊娠前 3 个月，营养需要与空怀期基本相同。在妊娠的后 2 个月，比空怀期蛋白质提高 15%～20%，钙、磷含量增加 40%～50%，并要有足量的维生素 A、维生素 E 和维生素 D。妊娠后期，每天每只补饲混合精料 0.2 千克。

（三）哺乳母羊

产后 2 个月为哺乳期，应保证母羊全价饲养，应保证哺乳母羊有充足的奶水供给羔羊。经常检查母羊乳房，如有乳房发炎、化脓等情况，要及时采取相应措施予以处理。应保持圈舍清洁干燥，及时清除胎衣、毛团、塑料袋（膜）等。

在母羊产后的 7 天内，可喂给米汤、米潲水（让其自由饮用）；产后（15～20 天），根据母羊乳汁量情况可适当增加补饲，一般每天可补饲精料 0.2～0.3 千克。每天全价混合日粮采食量为 3～4 千克。

（四）繁殖母羊的管理

制订好完整的繁殖规划。怀孕母羊应加强管理，要防拥挤、防跳沟，防惊群，防滑倒，日常活动要以"慢、稳"为主，不能吃霉变饲料和冰冻饲料，以防流产。

母羊产后 1～3 天，不能喂过多的精料，不能喂冷水、冰水。羔羊断奶前，应逐渐减少多汁饲料和精料喂量，防止发生乳房疾病。母羊舍要经常打扫、消毒，胎衣和毛团等污物要及时清除，以防羔羊吞食发病。一般羔羊到 2 月龄左右断乳。

加强日常管理，搞好栏舍维护，要做到"一保、二用、三不、四勤"。"一保"是保证圈舍清洁卫生、干燥温暖；"二用"是用温水饮羊，用干草或干栏舍；"三不"是圈舍不进风、不漏雨、不潮湿；"四勤"是圈舍勤垫草、勤换草、勤打扫、勤除粪；同时，还要绝对避免踢打、惊吓，防止与其他羊或其他动物相斗或互相挤压。

（五）母羊饲养管理注意事项

1. 及时断奶 尽量保证羔羊在 2 月龄以内断奶，最高可提前到 42 天断奶，可以保证母羊的及时发情、及时配种（人工授精）。

2. 及时配种 母羊断奶后在 1 个月内完成统一发情和配种（人工授精），尽量避开 7~9 月季节的配种，防止母羊在 12 月、1 月和 2 月产羔，造成羔羊死亡率增加。

3. 准确的妊娠诊断 对妊娠 2 月龄母羊及时做好妊娠诊断，减少空怀。

二、种公羊的饲养管理

种公羊的好坏对整个羊群的生产性能和品质高低起决定性作用。俗话说："母羊好，好一窝，公羊好，好一坡。"种公羊数量少，种用价值高，对后代的影响大，对提高羊群的生产力起重要作用，故在饲养上要求很高。对种公羊必须精心饲养管理，要求保持良好的种用体况，即四肢健壮，体质结实，膘情适中，精力充沛，性欲旺盛，精液品质良好。常年保持中上等膘情，健壮的体质、充沛的精力、优良的精液品质，可保证和提高种羊的利用率。

种公羊的日粮特点对种公羊饲料的要求是营养价值高，有足量的蛋白质、维生素和矿物质，且易消化，适口性好。理想的粗饲料有苜蓿干草、三叶草干草和青燕麦干草等；精料有玉米、大麦、豌豆、豆饼、麸皮等；多汁饲料有胡萝卜、甜菜、玉米青贮等。精料中不可多用玉米或大麦，且多喂麸皮、豌豆、大豆或饼渣类以补充蛋白质。配种任务繁重的优秀公羊可补动物性饲料。饲喂种公羊的草料应力求多样，互相搭配，营养全价，容易消化，适口性好，含有丰富的蛋白质、维生素和无机盐。

（一）非配种期的饲养

非配种期加强饲养，每日一般补给精料 0.4~0.5 千克、干草 2~3 千克、青贮饲料 2 千克、块茎饲料 0.5 千克、食盐 5~10 克、磷酸氢钙 5 克，每日喂 3~4 次，饮水 1~2 次。

（二）配种期的饲养

饲料应力求多样化，互相搭配，使营养价值完全，容易消化，适口性好。根据当地情况，有目的、有针对性地选用。

配种期饲养可分为预备配种期（配种前 1~1.5 个月）和配种期两个阶段。预备配种期开始补喂精料，喂量为配种期标准的 60%~70%，然后逐渐增加到配种期的饲养标准。要定期抽检精液品质。

配种时期，每天必须增补精料和蛋白质。1 毫升精液需可消化蛋白质 50 克。体重 80~90 千克的种公羊，每天需要 250 克以上的可消化粗蛋白质，并且随日采精次数的多少，而相应调整标准喂量及其他特需饲料（牛奶、鸡蛋等）。

日粮定额一般可按混合精料 1.2~1.4 千克，青干草 2 千克，胡萝卜等多汁饲料 0.5~1.5 千克（有放牧条件者后两种可全减或酌减），鸡蛋 1~4 个或牛奶 0.5~1.0 千克，食盐 15~20 克，磷酸氢钙 5~10 克的标准喂给，分 2~3 次给草料，饮水 3~4 次。每日放牧或运动时间约 6 小时。配好的精料要均匀地撒在食槽内，要经常观察种公羊食欲好坏，以便及时调整饲料，判别种公羊的健康状况。

燕麦是配种期中的最好饲料。黍米可改善性腺活动，提高精液品质。谷类豆饼与麸皮混合喂饲，比单喂更能促进精子形成。

（三）种公羊的管理

种公羊配种采精要适度，一般 1 只公羊即可承担 30~50 只母羊的配种任务。种公羊配种前 1~1.5 个月开始采精，同时检查精液品质。开始一周采精 1 次，以后增加到一周 2 次，到配种时每天可采 1~2 次，不要连续采精。

1. 环境 种公羊舍应环境安静，远离母羊舍，以减少发情母羊和公羊之间的相互干扰。种公羊舍应选择通风、向阳、干燥的地方，高温、潮湿，会对精液品质产生不良影响。种公羊应单独饲养，每只公羊约需面积 2 平方米，以免相互爬跨和顶撞。专人饲养，以便熟悉其特性，建立条件反射和增进人畜感情。

2. 公羊的培育 小公羊要及时进行生殖器官检查，对小睾丸、短阴茎、包皮偏后、独睾、隐睾、附睾不明显、公羊母相、8 月龄无精或死精的公羊，进行淘汰。坚持运动，每天运动 1~2 小时，每天刷拭一次，定期修蹄，每季度一次。耐心调教，和蔼待羊，驯养为主，防止恶癖。10 月龄时可适量采精或交配。种公羊在采精初期，每周采精最好不要超过两次。1 岁可正式投入采精生产，每周采精 4 次左右。若饲养条件好且种公羊体质好，每周采精次数可适当增加。

（四）种公羊饲养管理注意事项

专人专养，公羊的饲养人员要固定，同时，采精工作也应该由饲养员负责，这样有利于公羊和饲养员之间的交流，减少应激。

1.5 岁的种公羊，一天内采精不宜超过 2 次，每次采精收集 2 次射精量，两次采精间隔 10~15 分钟，公羊在采精前不宜吃得过饱。

三、育成羊的饲养管理

育成羊指断奶到第一次配种的羊。

（一）育成羊的饲养

保证有足够青干草、青贮料、多汁饲料的供应。每天要补给混合精料 150~250 克。对种用羊公、母分群，按种用标准饲养。母羊初配体重应达到成年体重的 70%。

（二）育成羊的管理

1. 称重　在 3 月龄、6 月龄和 1 周岁时进行称重（表 7.1）。

表 7.1　绵羊由初生到 12 月龄体重变化　（单位：千克）

月龄	初生	1	2	3	4	5	6	7	8	9	10	11	12
公羊	4.0	12.8	23.0	29.4	34.7	37.6	40.1	43.1	47.0	51.5	56.3	59.6	60.9
母羊	3.9	11.7	19.5	25.2	28.7	31.4	34.4	36.8	39.8	42.6	46.0	49.8	52.6

2. 选留　将不符合种用的转入肥育舍进行育肥。

3. 饮水　自由饮水。

4. 运动　加强运动。

5. 卫生防疫　做好圈舍卫生，按时防疫。

四、羔羊的饲养管理

羔羊指从出生到断奶阶段（60 天左右）的羊只。此阶段的饲养管理主要是保证羔羊及时吃好初乳和常乳。提早补料，10 日龄开始采食幼嫩的青干草；15～20 日龄适量补饲精料，并在饲料中加入 0.5% 食盐和 1% 磷酸氢钙，以及铜、铁、钴等微量元素添加剂。防寒防湿，通风保暖；加强运动，增强羔羊体质。

（一）初乳阶段（出生后 7 天内）

初乳期羔羊要尽量使其多吃初乳，羊羔至少每日早、中、晚各吃一次奶。同时，要做好肺炎、肠胃炎、脐带炎和羔羊痢疾的预防工作。

（二）常乳阶段（1 周龄～断奶前）

安排好羔羊的吃奶时间，最好让羔羊能在早、中、晚各吃一次奶。10～14 日龄开始训练采食精料和干草。每只每日日粮供给量（以干物质为基础）：1 月龄内，每日补饲精料 0.05～0.1 千克，干草 0.1 千克；1～2 月龄，每日补饲精料 0.15～0.2 千克，干草 0.3～0.5 千克，青贮饲料 0.2 千克；3 月龄，每日补饲精料 0.2 ~ 0.25 千克，干草 0.5 ~ 0.8 千克，青贮饲料 0.2 ~ 0.3 千克。一般应在 2 ~ 3 月龄断奶。

10 日龄的羔羊，要将幼嫩青干草捆成把吊在空中，让小羊自由采食。20 天开始训练吃料。在饲槽里放上用开水烫后的半湿混合精料，注意烫料的温度不可过高，应与奶温相同。

15 日龄的羔羊，开始每天补饲混合精料。开始阶段为 50 ~ 75 克，1 ~ 2 月龄时 100 ~ 200 克。2 月龄以后，日粮中可消化蛋白质以 16% ~ 20% 为佳，可消化总养分以 74% 为宜（表 7.2）。

表 7.2　羔羊配合饲料配方（%）

配方	玉米	豆饼	麸皮	苜蓿粉	蜜糖	食盐	碳酸钙	无机盐
1	50	30	12	1	2	0.5	0.9	0.3
2	55	32	—	3	5	1	0.7	0.3
3	48	30	10	1.6	3	0.5	0.8	0.3

（三）羔羊的断奶

羔羊精饲料日补饲超过 200 克，60 日即可实施断奶。

（四）羔羊补饲的注意事项

（1）尽可能提早补饲。

（2）当羔羊习惯采食饲料后，所用的饲料要多样化、营养好、易消化。

（3）饲喂时要做到少喂、勤添。

（4）要做到定时、定量、定点。

（5）保证饲槽和饮水的清洁、卫生。

（五）羔羊的管理

1. 产后护理　①去除黏液；②擦干羊体；③假死急救，将羔羊浸在 40℃ 左右温水中，同时进行人工呼吸，按拍胸部两侧，或向鼻孔吹气，使其复苏；④断脐，5% 碘酊消毒；⑤初乳，羔羊出生后 30 分钟内吃上初乳；⑥称重；⑦编号。

2. 鉴定、断尾和去势　初生羔羊的鉴定是对羔羊的初步挑选。尽可能较早知道种公羊的后裔测验结果，确定其种用价值。经初步鉴定，可把羔羊分为优、良、中、劣四级。挑选出来的优秀个体，可用母仔群的饲养管理方式加强培育。

（1）编号：羔羊生后 3 天内，打耳号或耳标。

（2）断尾：绵羊羔羊出生后 10 天内，在第 3、第 4 尾椎处采取结扎法进行断尾。

（3）去势：非种用公羔，生后 1～2 周采取结扎或手术法进行去势。

3. 搞好棚圈卫生　凡羊舍过于狭小、脏、烂、阴暗潮湿、闷热不堪、通气不良，都可引起羔羊病的大量发生。所以必须搞好棚圈卫生和对周围环境及用具的消毒。

4. 运动　羔羊初生到 20 天以前，可在运动场上或羊圈周围任其自由活动，20 天以后可组成羔羊群外出运动。每天不超过 4 小时，距离不超过 500 米左右。2 个月以后每天可运动 6 小时左右，往返距离不超过 1000 米。要特别注意防止羔羊吃毛、吃土等。

5. 饮水　羔羊每天饮水 2～3 次，水槽内应经常有清洁的水，最好是井水，水温不低于 8℃。

6. 防疫　搞好防疫注射。

（六）羊的编号

编号对于羊只识别和选种选配是一项必不可少的基础性工作，常用的方法有耳标法、剪耳法、墨刺法和烙角法。

1. 耳标法　耳标有金属耳标和塑料耳标两种，形状有圆形和长条形，以圆形为好。耳标用以记载羊的个体号及出生时间等。金属耳标是用钢字钉把羊的出生年月和个体号打在耳标上，上边第一个号数代表年份的最末一个字，第二、三个数代表月份，后面的数字代表个体号。如 910023，前面的 910 表示 1999

年10月出生，后面的 023 为个体号。塑料耳标使用也很方便，是把羊的出生年月和个体号写上。一般习惯将公羊编为单号，将母羊编为双号，每年从1号或2号编起，不要逐年累计。而且可用红、黄、蓝三种不同颜色代表羊的等级。

耳标一般戴在左耳的耳根软骨部，避开血管，要在蚊蝇未发生时安好耳标。

2. 剪耳法 没有耳标时常用此法。用耳号钳在羊耳朵上剪耳缺，代表一定的数字，作为个体号。其规定是：左耳作个位数，右耳作十位数，耳上缘一缺刻代表3，下缘代表1。这种方法简单易行，但有缺点，羊数量在1 000以上无法表示，而且在羔羊时期剪的耳缺到成年时往往变形无法辨认。所以此法现在用得很少。

墨刺法和烙角法虽然简便经济，但都有不少的缺点，如墨刺法字迹模糊，无法辨认，而烙角法仅适用于有角羊。所以，现在这两种方法使用较少，或者只是用作辅助编号。

五、标准化育肥

（一）舍饲育肥

育肥羊在圈舍中，按饲养标准配制日粮，采用科学的饲养管理，是一种短期强度育肥方式。此法育肥期短、周转快、效果好、经济效益高，并且不分季节，可全年均衡供应羊肉产品。舍饲育肥主要用于组织肥羔生产，用以生产高档肥羔肉，也可根据生产季节，组织成年羊育肥。舍饲育肥期通常为 75 ~ 100 天。与相同月龄的放牧肥育羊相比，舍饲提高活重 10% 以上，胴体重高出 20%。

舍饲育肥的基本要求是：精料占日粮的 45% ~ 60%，随着精料比例的增加，羊的育肥强度加大，增大精料比例应逐渐进行，以预防采食精料过多造成羊肠毒血症和因钙磷比例失调引起尿结石症。精料以颗粒料的饲喂效果较好，圈舍应保持干燥、通风、安静和卫生。

（二）工厂化育肥生产

工厂化育肥生产是指在人为控制的环境条件下，进行规模化、集约化、工艺化的养羊生产模式，具有生产周期短、自动化程度高、受外界环境因素影响小的特点。在工厂化育肥生产中，3月龄的肉羊体重可达周岁羊的50%，6月龄可达75%。

1. 进度与强度 一般细毛羔羊在8~8.5月龄育肥结束，半细毛羔羊7~7.5月龄结束，肉用羔羊6~6.5月龄结束。若采用强度育肥，育肥期短，且可以获得好的增重效果，若采用放牧育肥，需延长育肥期，但生产成本较低。

2. 育肥准备 育肥前做好圈舍和饲草饲料的准备。舍饲、混合育肥均需要羊舍，羊舍要求冬暖夏凉、清洁卫生、平坦高燥，圈舍大小按每只羊占地面积0.8~1.0平方米计算。在中国北方地区应推广使用塑料暖棚养羊技术。育肥羊的饲料种类应多样化，尽量选用营养价值高、适口性好、易消化的饲料，主要包括精料、粗饲料、多汁饲料、青绿饲料，还需准备一定量的微量元素添加剂、维生素、抗生素添加剂以及食盐、磷酸氢钙等，粉渣、酒糟、甜菜渣等加工副产品也可以适当选用。

3. 挑选育肥羊 根据市场销路和肥育条件，确定每次育肥羊的数量。育肥羊主要来源于自群繁殖和外地购入，收购来的肉羊当天不宜饲喂，只给予饮水和少量干草，让其安静休息。同期育肥羊根据瘦弱状况、性别、年龄、体重等分组，育肥前要进行驱虫、防疫。育肥开始后，观察羊只表现，及时挑出伤、病、弱羊只，给予治疗并改善管理条件。

（三）育肥技术

严格按饲养管理日程进行操作（表7.3），育肥羊的日粮定额一般按每天2~3次定时定量加给，为防止羊抢食，且便于准确观察每只羊的采食情况，应训练羊在固定位置采食。羊舍内或运动场内应备有饮水设施，定时供给清洁饮水。

表7.3 舍饲育肥羊饲养管理日程表（仅供参考）

时间	任务
7：30~9：00	清扫饲槽，第一次饲喂
9：00~12：00	将羊赶到运动场，打扫圈舍卫生
12：00~14：30	羊饮水，躺卧休息
14：30~16：00	第二次饲喂
16：00~18：00	将羊赶到运动场，清扫饲槽
18：00~20：00	第三次饲喂
20：00~22：00	躺卧休息，饮水
22：00以后	饲槽中投放铡短的干草，供羊夜间采食

不同年龄羊只的育肥应采取不同的措施，例如：

1. 羔羊早期育肥 从羔羊群中挑选体格较大，早熟性好的公羔作为育肥羊，以舍饲为主，育肥期一般为50~60天。羔羊不提前断奶，保留原有的母仔对，不断水断料，提高隔栏补饲水平。羔羊要求及早开食，每天喂2次，饲料以谷物粒料为主，搭配适量豆饼，粗料用上等苜蓿干草，让羔羊自由采食。3月龄后体重达到25~27千克的羔羊出栏上市，活重达不到此标准者继续饲养，通常在4月龄全部达到上市要求。这种方法目的是利用母羊的全年繁殖，安排秋季和初冬季节产羔，供应节日特需的羔羊肉。

2. 断奶后羔羊育肥 从中国羊肉生产的总体形势看，正常断奶羔羊育肥是最普遍的生产方式，也是向工厂化高效肉羊生产过渡的主要途径。

（1）育肥前的准备：羔羊在断奶时必须承受母仔分离、转群的环境变化、饲料条件等多方面的断奶应激。为减弱断奶应激，在转群和运输时应先将羊群集中，暂停供水供草，空腹一夜，第二天清晨称重后运出。在整个的装、卸车过程中应注意小心操作，避免损伤羔羊四肢。驱赶转群时，每天的驱赶路程不超过 15 千米。

转群进入肥育场的第 2～3 周是羔羊肥育的关键时期，一旦死亡损失较大。在转群前加大补饲可降低损失。进入肥育圈后应减少对羔羊的人为惊扰，保证羔羊充分的休息和饮水，必要时可给羔羊提供营养补充剂。

转群后的羔羊一般都要进行驱虫，常用驱虫药为丙硫苯咪唑，同时进行羊四联、羊肠毒血症及羊痘疫苗免疫。根据季节和气温情况适时剪毛，以利于羔羊生长。

转群后应按照羔羊体格大小合理分群，体格大的羔羊可适当优先给予精料型日粮，进行短期强度育肥，提早上市；体格较小的羔羊日粮中精料比例可适当降低。

（2）育肥技术要点：羔羊断奶后育肥是羊肉生产的主要方式，分为预饲期和正式育肥期两个阶段。

羔羊进入育肥期后，一般要有 15 天的预饲期以适应日粮的过渡。整个预饲期大致可分为三个阶段。第一阶段 1～3 天，只喂干草，让羔羊适应新的环境。第二阶段为 4～10 天，仍以干草为基础日粮，逐步添加配合日粮，此阶段日粮含蛋白质 13%，钙 0.78%，磷 0.24%，精饲料占 36%，粗饲料占 64%。第三阶段 10～14 天，从第 11 天起逐步用第三阶段日粮，第 15 天结束后，转入正式育肥期，日粮中含蛋白质 12.2%，钙 0.62%，磷 0.26%，精粗比 1:1。

预饲期间，平均每只羔羊应保证占有 25～30 厘米长的饲槽，以防止采食时拥挤。以日喂 2 次为宜，每次投料量以羔羊 45 分钟内能吃完为准。饲料不够时要及时添加，饲料过剩应及时清扫料槽以防饲料霉变。在采食时，饲养员要勤观察羔羊的采食行为和习惯，发现问题应及时调整。如果要加大饲喂量或变更饲料配方，饲料过渡期应至少为 3 天，切忌变换过快。

对体重大或体况好的断奶羔羊进行强度育肥，选用精料型日粮，经 40 ~ 55 天出栏体重达到 48 ~ 50 千克。日粮配方为玉米粒96%，蛋白质平衡剂 4%，矿物质自由采食。

对体重小或体况差的断奶羔羊进行适度育肥，日粮以青贮玉米为主，青贮玉米可占日粮的 67.5% ~ 87.5%，育肥期在 80 天以上，日粮的喂量逐日增加，10 ~ 14 天达到正常饲喂量，日粮中石灰石粉不可缺少。

3. 成年羊育肥　按品种、活重和预期日增重等主要指标来确定肥育方式和日粮标准。

第八章 肉羊保健与疫病监测

预防为主是动物防疫工作一贯支持的方针，随着中国的畜禽生产方式的转变，规模化、现代化程度的提高，"预防为主"的方针显得愈加重要。

一、肉羊的卫生保健

肉羊卫生保健是肉羊健康高效养殖的保证。肉羊的卫生保健受养殖环境、肉羊自身状况（包括健康状况、年龄、性别、抗病力、遗传因素等）、外界致病因素及气候、环境等的影响。

（一）羊的各种生理正常数值

羊正常体温为 38～39.5℃，羔羊高出约 0.5℃，剧烈运动或经曝晒的病羊，须休息半小时后再测体温。健康羊脉搏数 70～80 次/分。健康羊呼吸频率为 12～20 次/分，一般都是胸腹式呼吸，胸壁和腹壁的运动都比较明显，呈节律性运动，吸气后紧接呼气，经短暂间歇，又行下一次呼吸。在正常情况下羊用上唇摄取食物，靠唇舌吮吸把水吸进口内来饮水（表8.1）。

正常时羊瘤胃左侧胈窝稍凹陷，瘤胃收缩次数每2分钟2～4次，听诊瘤胃蠕动音类似沙沙声，在胈窝隆起时最强，以后逐渐减弱（表8.2）。羊粪呈小而干的球样。羊排尿时，都取一定姿势。

表8.1 羊的体温、呼吸、脉搏（心跳）数值

年龄	性别	体温（℃）		呼吸（次/分）		脉搏（次/分）	
		范围	平均	范围	平均	范围	平均
3～12月龄	公	38.4～39.5	38.9	17～22	19	88～127	110
	母	38.1～39.4	38.7	17～24	21	76～123	100
1岁以上	公	38.1～38.8	38.6	14～17	16	62～88	78
	母	38.1～39.6	38.6	14～25	20	74～116	94

表8.2 羊的反刍情况和瘤胃蠕动次数

年龄	每个食团咀嚼次数		每个食团反刍时间（秒）		反刍间歇时间（秒）		瘤胃蠕动次数（5分钟）	
	范围	平均	范围	平均	范围	平均	范围	平均
4～12月龄	54～100	81	33～58	44	4～8	6	9～12	11
1岁以上	69～100	76	34～70	47	5～9	6	8～14	11

（二）羊临床检查方法

1. 问诊 了解羊群和病羊的生活史与患病史，着重了解以下三方面：一是患羊发病时间和病后主要表现，附近其他羊只有无类似疾病发生；二是饲养管理情况，主要了解饲料种类和饲喂量；三是治疗经过，了解用药种类和效果。

2. 视诊 视诊是用眼睛或借助器械观察病羊的各种异常现象，是识别各种疾病不可缺少的方法，特别对大羊群中发现病羊更为重要。视诊时，先观察全貌，如精神、营养、姿势等。然后再由前向后查看，即从头部、颈部、胸部、腹部、臀部及四肢等处，注意观察体表有无创伤、肿胀等现象。最后让病羊运动，观察步行状态。

3. 触诊 触诊是利用手的感觉进行检查的一种方法。根据病变的深浅和触诊的目的可分为浅部触诊和深部触诊。浅部触诊的方法是检查者的手放在被检部位上轻轻滑动触摸，可以了解被

检部位的温度、湿度和疼痛部位等；深部触诊是用不同的力量对病羊进行按压，以了解病变的性质。

4. 叩诊　叩诊就是叩打动物体表某部，使之振动发生声音，按其声音的性质以推断被叩组织、器官有无病理改变的一种诊断方法。羊常用指叩诊，根据被叩组织是否含有气体，以及含气量的多少，可出现清音、浊音、半浊音和鼓音。

5. 听诊　直接用耳听取音响的，称为直接听诊，主要用于听取病羊的呻吟、喘息、咳嗽、喷嚏、嗳气、磨牙及高朗的肠音等。用听诊器进行听诊的称为间接听诊，主要用于心、肺及胃肠检查。

6. 嗅诊　嗅诊就是借嗅觉器官闻病羊的排泄物、分泌物、呼出气、口腔气味以及深入羊舍了解卫生状况，检查饲料是否霉败等的一种方法。

（三）羊临床检查指标

1. 体温

（1）发热：体温高于正常范围，并伴有各种症状的称为发热。

（2）微热：体温升高 0.5～1℃称为微热。

（3）中热：体温升高 1～2℃称为中热。

（4）高热：体温升高 2～3℃称为高热。

（5）过高热：体温升高 3℃以上称为过高热。

（6）稽留热：体温高热持续 3 天以上，上、下午温差 1℃以内，称为稽留热。见于纤维素性肺炎。

（7）弛张热：体温日差在 1℃以上而不降至常温的，称弛张热。见于支气管肺炎、败血症等。

（8）间歇热：体温有热期与无热期交替出现，称为间歇热。见于血孢子虫病、锥虫病。

（9）无规律发热：发热的时间不定，变动也无规律，而且体温的温差有时相差不大，有时出现巨大波动，见于渗出性肺炎等。

（10）体温过低：体温在常温以下，见于产后瘫痪、休克、虚脱、极度衰弱和濒死期等。

2. 脉搏　利用羊股动脉检脉。检查时，通常用右手的食指、中指及无名指先找到动脉管后，用 3 指轻压动脉管，以感觉动脉搏动，计算 1 分钟的脉搏数（健康羊脉搏数 70~80 次/分）。发热性疾病、各种肺脏疾病、严重心脏病以及贫血等均能引起脉搏数增多。

3. 呼吸

（1）呼吸数增多：临床上常见能引起脉搏数增多的疾病，多能引起呼吸数增多。另外，呼吸疼痛性疾病（胸膜炎、肋骨骨折、创伤性网胃炎、腹膜炎等）也可致使呼吸数增多。呼吸数减少，见于脑积水、产后瘫痪和气管狭窄等。

（2）呼吸运动：在病理状态下可出现胸式呼吸（吸气时胸壁运动比较明显）或腹式呼吸（吸气时腹壁的运动比较明显）。吸气后紧接呼气，经短暂间歇，又行下一次呼吸。一般吸气短而呼气略长，可因兴奋、恐惧和剧烈运动等而发生改变。如呼吸运动长时间变化，则是病理状态。临床上常见的呼吸节律变化有潮式呼吸、间歇呼吸、深长呼吸三种。

（3）呼吸困难：有吸气性呼吸困难、呼气性呼吸困难和混合性呼吸困难。吸气性呼吸困难是指吸气用力，时间延长，鼻孔开张，头颈伸直，肘向外展，肋骨上举，肛门内陷，并常听到类似哨声样的狭窄音。主要是气息通过上呼吸道发生障碍的结果。见于鼻腔、喉、气管狭窄的疾病和咽淋巴结肿胀等。呼气性呼吸困难是指呼气用力，时间延长，背部拱起，肷窝变平，腹部容积变小，肛门突出，呈明显的二段呼气，于肋骨和软肋骨的结合处形成一条喘沟，呼气越困难喘沟越明显。是肺内空气排出发生障碍的结果，见于细支气管炎和慢性肺气肿等。混合性呼吸困难是指吸气和呼气都困难，而且呼吸加快。由于肺呼吸面积减少，或肺呼吸受限制，肺内气体交换障碍，致使血中二氧化碳蓄积和缺氧而引起，见于肺炎、胸膜炎等疾病。心源性、中毒性等呼吸困难也属于混合性呼吸困难。

4. 采食和饮水

（1）采食障碍：表现为采食方法异常，唇、齿和舌的动作不协调，难把食物纳入口内，或刚纳入口内，未经咀嚼即脱出。见于唇、舌、牙、颌骨的疾病及各种脑病，如慢性脑水肿、脑炎、破伤风、面神经麻痹等。

（2）咀嚼障碍：表现为咀嚼无力或咀嚼疼痛。常于咀嚼突然张口，上下颌不能充分闭合，致使咀嚼不全的食物掉出口外。见于佝偻病、骨软症、放线菌病等。此外，由于咀嚼的齿、颊、口黏膜、下颌骨和咬肌等的疾病，咀嚼时引起疼痛而出现咀嚼障碍。神经障碍也可出现咀嚼困难或完全不能咀嚼。

（3）吞咽障碍：吞咽时或吞咽稍后，动物摇头伸颈、咳嗽，由鼻孔逆出混有食物的唾液和饮水。见于咽喉炎、食管阻塞及食管炎。

（4）饮水：在生理情况下饮水多少与气候、运动和饲料的含水量有关。在病理状态下，饮欲可发生变化，出现饮欲增加或饮欲减退。饮欲增加见于热性病、腹泻、大出汗以及渗出性胸膜炎的渗出期。饮欲减退见于伴有昏迷的脑病及某些胃肠病。

5. 瘤胃 眏窝深陷，见于饥饿和长期腹泻等。瘤胃臌胀时，上部腹壁紧张而有弹性，用力强压也难以感知瘤胃内容物性状。前胃弛缓时，内容物柔软。瘤胃积食时，感觉内容物坚实。胃黏膜有炎症时，触诊有疼痛反应。瘤胃收缩无力、次数减少、收缩持续时间短促，表示其运动功能减退，见于前胃弛缓、创伤性网胃炎、热性病以及其他全身性疾病。听诊瘤胃蠕动音加强，表示瘤胃收缩增强。蠕动音减弱或消失，表示前胃弛缓或瘤胃积食等。

6. 排粪 粪便稀软甚至水样，表明肠消化功能障碍、蠕动加强，见于肠炎等。粪便硬固或粪便球干小表明肠管运动功能减退，或肠肌弛缓。水分大量被吸收，见于便秘初期。褐色或黑色粪表明前部肠管出血，粪便表面附有鲜红色血液表明后部肠管出血，粪呈灰白色表明阻塞性黄疸。粪便酸臭、腐败臭、腥臭时表明肠内容物强烈发酵和腐败，见于胃肠炎、消化不良等。腐败中混有虫体见于胃肠道寄生虫病。

7. 排尿

（1）尿失禁：羊未取排尿姿势，而经常不自主地排出少量尿液为尿失禁，见于腰荐部脊髓损伤和膀胱括约肌麻痹。

（2）尿淋沥：尿液不断呈点滴状排出时，称为尿淋沥，是由于排尿功能异常亢进和尿路疼痛刺激而引起，见于急性膀胱炎和尿道炎等。

（3）排尿带痛：动物排尿时表现痛苦不安、努责、呻吟、回顾腹部和摇尾等，排尿后仍长时间保持排尿姿势。排尿疼痛见于膀胱炎、尿道炎和尿路结石等。

（四）羊场保健措施

1. 健康饲养 选养健康的良种公羊和母羊，自行繁殖，可以提高羊的品质和生产性能，增强对疾病的抵抗力，并可减少入场检疫的工作量，防止因引入新羊带来病原体。

肉羊舍饲后饲养密度提高，运动量减少，人工饲养管理程度提高，一些疾病会相对增多，如消化道疾病、呼吸道疾病、泌尿系统疾病，中毒病如霉菌毒素中毒等，眼结膜炎、口疮、关节炎、乳房炎等。因此，科学管理，精心喂养，增强羊只抗病能力是预防羊病发生的重要措施。饲料种类力求多样化并合理搭配与调制，使其营养丰富全面。同时要重视饲料和饮水卫生，不喂发霉变质、冰冻及被农药污染的草料，不饮污水，保持羊舍清洁，干燥，注意防寒保暖及防暑降温工作。

2. 检疫制度　　羊从生产到出售，要经过出入场检疫、收购检疫、运输检疫和屠宰检疫。羊场或养羊专业户引进羊时，只能从非疫区购入，经当地兽医检疫部门检疫，并签发检疫合格证；运抵目的地后，再经本场或专业户所在地兽医验证、检疫并隔离观察1个月以上，确认为健康者，经驱虫、消毒，没有注射过疫苗的还要补注疫苗，方可混群饲养。羊场采用的饲料和用具，也要从安全地区购入，以防疫病传入。

3. 免疫接种　　免疫接种是激发羊体产生特异性抵抗力，使其对某种传染病从易感转化为不易感的一种手段，有组织有计划地进行免疫接种，是预防和控制羊传染病的重要措施。

首先应注意疫苗是否针对本地的疫病类型，要注意同类疫苗间型号的差异，疫苗稀释后一定要摇匀，并注意剂量的准确性，使用前要注意疫苗是否在有效期内，在运输和保存疫苗过程中要低温。按照说明书采用正确方法免疫，如喷雾、口服、肌内注射等，必须按照要求进行，并且不能遗漏。在使用弱毒活菌苗时，不能同时使用抗生素。只有完全按照要求操作，才能使疫苗接种安全有效。

4. 卫生消毒　　羊舍、羊圈及用具应保持清洁、干燥，每天清除粪便及污物，堆积制成肥料。饲草保持清洁干燥，不发霉腐烂，饮水要清洁，清除羊舍周围的杂物、垃圾，填平死水坑，消灭鼠、蚊、蝇。

羊舍清扫后消毒，常用消毒药有10%～20%的石灰乳和10%的漂白粉溶液。产房在产羔前消毒1次，产羔高峰时进行多次，产羔结束后再进行1次。在病羊舍、隔离舍的出入口处应放置浸有消毒液的麻袋片或草垫；消毒液可用2%～4%的氢氧化钠（对病毒性疾病）或10%的克辽林溶液。

地面消毒可用含2.5%有效氯的漂白粉溶液、4%的福尔马林或10%的氢氧化钠溶液。粪便消毒最实用的方法是生物热消毒法。污水消毒是将污水引入污水处理池，加入化学药品消毒。

5. 药物预防　以安全而价廉的药物加入饲料和饮水中进行的群体药物预防。常用的药物有磺胺类药物、抗生素和硝基呋喃类药。

6. 定期驱虫　对羊的驱虫往往是成群进行，在查明寄生虫种类基础上，根据羊的发育状况、体质、季节特点用药。羊群驱虫应先搞小群试验，用新驱虫剂或新驱虫法更应如此，然后再大群推行。

7. 预防中毒　野草是羊的良好天然饲料，但有些野草有毒，为了避免中毒，要调查有毒草的分布。要把饲料贮存在干燥、通风的地方，饲喂前要仔细检查，如果饲料发霉变质应不用。有些饲料本身含有有毒物质，饲喂时必须加以调制。有些饲料如马铃薯，若贮藏不当，其中的有毒物质会大量增加，对羊有害。

农药和化肥要放在仓库内，专人保管，以免发生中毒。被污染的用具或容器应消毒处理后再用。其他有毒药品如灭鼠药等的运输、保管及使用也必须严格，以免羊接触发生中毒事故。喷洒过农药和施有化肥的农田排水，不应作饮用水；工厂附近排出的水或池塘内的死水，也不宜让羊饮用。

8. 疫病防治　对于传染病如羊痘、口蹄疫、羊肠毒血症、羊快疫、羊炭疽、羔羊痢、破伤风、痒螨、疥螨等要注意其免疫程序及驱虫时间。对于普通病防治如肠炎、腹泻、乳房炎、肺炎、口腔炎、腐蹄病等，在诊断确诊的基础上，对症治疗，选用其敏感性药物，以提高治疗效果，并经常更换，以免发生抗药性。对特殊病例治疗病症消除后，应维持用药2～3天，以巩固药效。

及时诊断、合理治疗。及时正确的诊断对于早期发现病畜，及早控制传染源，采取有效防疫措施，防止传染病的扩大传播有重要的意义。治疗应在严格隔离条件下进行，同时应在加强护理、增强机体本身防御能力基础上采用对症和病因疗法相结合进行。

9. 加强对有关法规的学习 《GB/T 16569—1996 畜禽产品消毒规范》规定了畜禽产品一般的消毒技术。《GB 16548—1996 畜禽病害肉尸及其产品无害化处理规程》规定了畜禽病害肉尸及其产品的销毁、化制、高温处理和化学处理的技术规范。在肉羊养殖的过程中要加强对这些法规的学习、掌握和应用，保证养羊场健康发展。

10. 发生疫病羊场的防疫措施

（1）及时发现，快速诊断，立即上报疫情。确诊病羊，迅速隔离。如发现一类和二类传染病暴发或流行（如口蹄疫、痒病、蓝舌病、羊痘、炭疽等）应立即采取封锁等综合防疫措施。

（2）对易感羊群进行紧急免疫接种，及时注射相关疫苗和抗血清，并加强药物治疗、饲养管理及消毒管理。提高易感羊群抗病能力。对已发病的羊只，在严格隔离的条件下，及时采取合理的治疗，争取早日康复，减少经济损失。

（3）对污染的圈、舍、运动场及病羊接触的物品和用具都要进行彻底的消毒和焚烧处理。对传染病的病死羊和淘汰羊严格按照传染病羊尸体的卫生消毒方法，进行焚烧后深埋。

二、肉羊场消毒

消毒是指运用各种方法消除或杀灭饲养环境中的各类病原体，减少病原体对环境的污染，切断疾病的传染途径，达到防止疾病发生、蔓延，进而达到控制和消灭传染病的目的。消毒主要是针对病原微生物和其他有害微生物，并不是消除或杀灭所有的微生物，只是要求把有害微生物的数量减少到无害化程度。

（一）消毒类型

1. 疫源地消毒 是指对存在或曾经存在过传染病的场所进

行的消毒。场所主要指被病原微生物感染的羊群及其生存的环境如羊群、羊舍、用具等。一般可分为随时消毒和终末消毒两种。

2. 预防性消毒 对健康或隐性感染的羊群，在没有被发现有传染病或其他疾病时，对可能受到某种病原微生物感染羊群的场所环境、用具等进行的消毒。对养羊场附属部门如门卫室、兽医室等的消毒也属于此类型。

（二）消毒剂的选择

消毒剂应选择对人和肉羊安全、无残留，不对设备造成破坏，不会在羊体内产生有害积累的消毒剂。可选用的消毒剂有石炭酸（酚）、煤酚、双酚、次氯酸盐、有机碘混合物（碘伏）、过氧乙酸、生石灰、氢氧化钠、高锰酸钾、硫酸铜、新洁尔灭、松油、酒精和来苏儿等。肉羊场常用消毒药物见表8.3。

表8.3 肉羊场常用消毒药物表

名称		常用浓度	用途
酒精		75%	用于皮肤、手臂等的消毒，主要用于工作人员
碘酊（或碘伏）		5%	注射时羊体、皮肤的直接涂擦消毒
煤酚皂（来苏儿）		3%~5%	料槽、用具、洗手消毒
新洁尔灭		0.1%	器械用具的消毒
		0.5%~1%	手术的局部消毒
碱类消毒药	氢氧化钠（火碱）	1%~2%	发生疫病时场地、用具（金属用具除外）的消毒
	碳酸钠（纯碱）	4%	用于衣物、用具、羊舍、场所消毒
	石灰乳：生石灰加水（1:1）	10%~20%	用于羊舍墙壁、地面消毒
	草木灰（农家烧柴草的白灰）	20%~30%	用于羊舍、料槽、用具消毒

续表

名称		常用浓度	用途
强氧化剂	过氧乙酸	0.2% ~ 0.5%	对栏舍、饲料槽、用具、车辆、食品车间地面及墙壁进行喷雾消毒
	高锰酸钾	0.1%	肠道疾病
		0.5%	皮肤、黏膜和创伤消毒
		4%	饲料槽及用具消毒
有机氯消毒剂	消特灵、菌素净及漂白粉等		栏舍、栏槽及车辆等的消毒
复合酚，又名消毒灵、农乐等			栏舍、设备器械、场地的消毒，药效可维持5~7天
双链季铵酸盐类消毒药：百毒杀			药效持续时间约为10天，适合于饲养场地、栏舍、用具、饮水器、车辆的消毒

（三）肉羊场消毒方法

1. 常用消毒方法

（1）喷雾消毒：即用规定浓度的次氯酸盐、有机碘化合物、过氧乙酸、新洁尔灭、煤酚等，进行羊舍消毒，带羊环境消毒，羊场道路和周围以及进入场区的车辆消毒。

（2）浸液消毒：即用规定浓度的新洁尔灭、有机碘混合物或煤酚的水溶液，洗手、洗工作服或对胶靴进行消毒。

（3）熏蒸消毒：是指用甲醛等对饲喂用具和器械，在密闭的室内或容器内进行熏蒸。

（4）喷洒消毒：是指在羊舍周围、入口、产房和羊床下面撒生石灰或氢氧化钠进行消毒。

（5）紫外线消毒：指在人员入口处设立消毒室，在天花板上，离地面2.5米左右安装紫外线灯，通常6~15立方米用1支15瓦紫外线灯。用紫外线灯对污染物表面消毒时，灯管距污染物表面不宜超过 1.0 米，时间 30 分钟左右，消毒有效区为灯管周围 1.5 ~ 2.0 米。

2. 肉羊场的消毒

（1）清扫与洗刷：为了避免尘土及微生物飞扬，先用水或消毒液喷洒，然后再清扫。主要清除粪便、垫料、剩余饲料、灰尘及墙壁和顶棚上的蜘蛛网、尘土等。

（2）肉羊舍消毒：消毒液的用量为 1 升/米^3，泥土地面、运动场为 1.5 升/米^3 左右。消毒顺序一般从离门远处开始，以墙壁、顶棚、地面的顺序喷洒一遍，再从内向外将地面重复喷洒 1 次，关闭门窗 2 ~ 3 小时，然后打开门窗通风换气，再用清水清洗饲槽、水槽及饲养用具等。

（3）饮水消毒：肉羊的饮水应符合畜禽饮用水水质标准，对饮水槽的水应隔 3 ~ 4 小时更换 1 次，饮水槽和饮水器要定期消毒，为了杜绝疾病发生，有条件者可用含氯消毒剂进行饮水消毒。

（4）空气消毒：一般肉羊舍被污染的空气中微生物数量在每立方米 10 个以上，清扫、更换垫草、出栏时会更多。空气消毒最简单的方法是通风，其次是利用紫外线杀菌或甲醛气体熏蒸。

（5）消毒池的管理：在肉羊场大门口应设置消毒池，长度不小于汽车轮胎的周长 2 米以上，宽度应与门的宽度相同，水深 10 ~ 15 厘米，内放 2% ~ 3% 氢氧化钠溶液或 5% 来苏儿溶液和草酸。消毒液 1 周更换 1 次，北方在冬季可使用生石灰代替氢氧化钠。

（6）粪便消毒：通常有掩埋法、焚烧法及化学消毒法几种。掩埋法是将粪便与漂白粉或新鲜生石灰混合，然后深埋于地下 2 米左右处。对患有烈性传染病家畜的粪便进行焚烧，方法是挖一个深 75 厘米，长宽 75 ~ 100 厘米的坑，在距坑底 40 ~ 50 厘米处加一层铁炉箅子，对湿粪可加一些干草，用汽油或酒精点燃。常用的粪便消毒方法是发酵消毒法。

（7）污水消毒：一般污水量小，可拌洒在粪中堆集发酵，必要时可用漂白粉按 8 ~ 10 克/米³ 搅拌均匀消毒。

3. 人员及其他消毒

（1）人员消毒：①饲养管理人员应经常保持个人卫生，定期进行人畜共患病检疫，并进行免疫接种，如卡介苗、狂犬病疫苗等。如发现患有危害肉羊及人的传染病者，应及时调离，以防传染。②饲养人员进入肉羊舍时，应穿专用的工作服、胶靴等，并对其定期消毒。工作服采取煮沸消毒，胶靴用 3% ~ 5% 来苏儿浸泡。工作人员在工作结束后，尤其在场内发生疫病时，工作完毕，必须经过消毒后方可离开现场。具体消毒方法是，将穿戴的工作服、帽及器械物品浸泡于有效化学消毒液中。对于接触过烈性传染病的工作人员可采用有效抗生素预防治疗。平时的消毒可采用消毒药液喷洒法，不需浸泡。直接将消毒液喷洒于工作服、帽上；工作人员的手及皮肤裸露处以及器械物品，可用蘸有消毒液的纱布擦拭，而后再用水清洗。③饲养人员除工作需要外，一律不准在不同区域或栋舍之间相互走动，工具不得互相借用。任何人不准带饭，更不能将生肉及含肉制品的食物带入场内。场内职工和食堂均不得从市场购肉，所有进入生产区的人员，必须坚持在场区门前踏 3% 氢氧化钠溶液池、更衣室更衣、消毒液洗手。条件具备时，要先沐浴、更衣，再消毒才能进入羊舍内。④场区禁止参观，严格控制非生产人员进入生产区，若生产或业务必需，经兽医同意、场领导批准后更换工作服、鞋、帽，经消毒室消毒后方可进入。严禁外来车辆入内，若生产或业务必需，车身经过全面消毒后方可入内。在生产区使用的车辆、用具，一律不得外出，更不得私用。⑤生产区不准养猫、养狗，职工不得将宠物带入场内，不准在兽医诊疗室以外的地方解剖尸体。建立严格的兽医卫生防疫制度，肉羊场生产区和生活区分开，入口处设消毒池，设置专门的隔离室和兽医室，做好发病时隔离、检疫和治疗工作，控制疫病范围，做好病后的消毒净群等工作。当某种疫病在本地区或本场流行时，要及时采取相应的防治措施，并要按规定上报主管部门，采取隔离、封锁等措施。⑥长年定期灭鼠，及时消灭蚊蝇，以防疾病传播。对于死亡羊的检查，包括剖检等工作，必须在兽医诊疗室内进行，或在距离水源较远的地方检查。剖检后的尸体以及死亡的畜禽尸体应深埋或焚烧。本场外出的人员和车辆，必须经过全面消毒后方可回场。运送饲料的包装袋，回收后必须经过消毒，方可再利用，以防止污染饲料。

（2）饲料消毒：对粗饲料要通风干燥，经常翻晒和日光照射消毒，对青饲料防止霉烂，最好当日割当日用。精饲料要防止发霉，应经常晾晒，必要时进行紫外线消毒。

（3）土壤消毒：消灭土壤中病原微生物时，主要利用生物学和物理学方法。疏松土壤可增强微生物间的拮抗作用，使受到紫外线充分照射。必要时可用漂白粉或 5%～10% 漂白粉澄清液、4% 甲醛溶液、1% 硫酸苯酚合剂溶液、2%～4% 氢氧化钠热溶液等进行土壤消毒。

（4）羊体表消毒：主要方法有药浴、涂擦、洗眼、点眼、阴道子宫冲洗等。

（5）医疗器械消毒：各种诊疗器械及用器在使用完毕后要及时消毒，尽量推广使用一次性医疗卫生器械，避免各种病原菌交叉传播感染。

（6）疫源地消毒：包括病羊的肉羊舍、隔离场地、排泄物、分泌物及被病原微生物污染和可能污染的一切场所、用具和物品等，可使用2%～3%氢氧化钠溶液消毒。地面可撒生石灰消毒。

三、肉羊免疫

当地畜牧兽医行政管理部门应根据《中华人民共和国动物防疫法》及其配套法规的要求，结合当地实际情况，制订疫病的免疫规划。羊饲养场根据免疫规划制定本场的免疫程序，并认真实施，注意选择适宜的疫苗和免疫方法。

（一）羔羊常用免疫程序

羔羊的免疫力主要从初乳中获得，在羔羊出生后 1 小时内，保证吃到初乳。对半月龄以内的羔羊，疫苗主要用于紧急免疫，一般暂不注射。羔羊常用疫苗和使用方法见表 8.4。

表 8.4　羔羊常用疫苗和使用方法

时间	疫苗名称	剂量（只）	方法	备注
出生 12 小时内	破伤风抗毒素	1 毫升/只	肌内注射	预防破伤风
16～18 日龄	羊痘弱毒疫苗	1 头份	尾根内侧皮内注射	预防羊痘
23～25 日龄	三联四防	1 毫升/只	肌内注射	预防羔羊痢疾（魏氏梭菌、黑疫）、猝疽、肠毒血症、快疫
1 月龄	羊传染性胸膜肺炎氢氧化铝菌苗	2 毫升/只	肌内注射	预防羊传染性胸膜肺炎

（二）成羊免疫程序

根据本地区常发生传染病的种类及当前疫病流行情况，制订切实可行的免疫程序（表 8.5）。按免疫程序进行预防接种，使羊只从出生到淘汰都可获得特异性抵抗力，增强羊对疫病的抵抗力。

表8.5　成羊免疫程序表

疫苗名称	预防疫病种类	免疫剂量	注射部位
春季免疫			
三联四防灭活苗	快疫、猝疽、肠毒血症、羔羊痢疾	1头份	皮下或肌内注射
羊痘弱毒疫苗	羊痘	1头份	尾根内侧皮内注射
羊传染性胸膜肺炎氢氧化铝菌苗	羊传染性胸膜肺炎	1头份	皮下或肌内注射
羊口蹄疫疫苗	羊口蹄疫	1头份	皮下注射
秋季免疫			
三联四防灭活苗	快疫、猝疽、肠毒血症、羔羊痢疾	1头份	皮下或肌内注射
羊传染性胸膜肺炎氢氧化铝菌苗	羊传染性胸膜肺炎	1头份	皮下或肌内注射
羊口蹄疫疫苗	羊口蹄疫	1头份	皮下注射

注：①本免疫程序供生产中参考；②每种疫苗的具体使用以生产厂家提供的说明书为准。

（三）注意事项

预防接种时要注意以下几点：

（1）要了解被预防羊群的年龄、妊娠、泌乳及健康状况，体弱或原来就生病的羊预防后可能会引起各种反应，应说明清楚，或暂时不打预防针。

（2）对半月龄以内的羔羊，除紧急免疫外，一般暂不注射。

（3）预防注射前，对疫苗有效期、批号及厂家应注意记录，备查。

（4）对预防接种的针头，应做到一羊一换。

四、肉羊药物使用

（一）肉羊给药方法

根据药物的种类、性质、使用目的以及动物的饲养方式，选择适宜的用药方法。临床上一般采用以下给药方法。

1. 个体给药

（1）口服给药：口服给药简便，适合大多数药物，可发挥药物在胃肠道的作用，如肠道抗菌药、驱虫药、制酵药、泻药等，常常采用口服。常用的口服方法有灌服、饮水、混到饲料中喂服、舐服等。应在饲喂前服用的药物有苦味健胃药、收敛止泻药、胃肠解痉药、肠道抗感染药、利胆药。应空腹或半空腹服用的药物有驱虫药、盐类泻药。刺激性强的药物应在饲喂后服用。

（2）注射给药：注射给药优点是吸收快而完全，药效出现快。不宜口服的药物，大都可以注射给药。常用的注射方法有皮下注射、肌内注射、静脉注射、静脉滴注，此外还有气管注射、腹腔注射，以及瘤胃、直肠、子宫、阴道、乳管注入等。皮下注射将药物注入颈部或股内侧皮下疏松结缔组织中，经毛细血管吸收，一般10～15分钟即可出现药效；刺激性药物及油类药物不宜皮下注射。肌内注射将药物注入富含血管的肌肉（如臀肌）中，吸收速度比皮下快，一般经5～10分钟即可出现药效。油剂、混悬剂也可肌内注射，刺激性较大的药物，可注于肌肉深部，药量大的应分点注射。静脉注射将药物注入体表明显的静脉中，作用最快，适用于急救、注射大量或刺激性强的药物。

（3）灌肠法：灌肠法是将药物配成液体，直接灌入直肠内，羊可用小橡皮管灌肠。先将直肠内的粪便清除，然后在橡皮管前端涂上凡士林，插入直肠内，把橡皮管的盛药部分提高到超过羊的背部。灌肠完毕后，拔出橡皮管，用手压住肛门或拍打尾根部，以防药物排出。灌肠药液的温度应与体温一致。

（4）胃管法：给羊插入胃管的方法有两种，一是经鼻腔插入，二是经口腔插入。胃管正确插入后，即可接上漏斗灌药。药液灌完后，再灌少量清水，然后取下漏斗，用嘴吹气，或用橡皮球打气，使胃管内残留的液体完全入胃，用拇指堵住胃管管口，或折叠胃管，慢慢抽出。该法适用于灌服大量水剂及有刺激性的药液。患咽炎、咽喉炎和咳嗽严重的病羊，不可用胃管灌药。

（5）皮肤、黏膜给药：通过皮肤和黏膜吸收药物，使药物在局部或全身发挥治疗作用。常用的给药方法有滴鼻、点眼、刺种、毛囊涂擦、皮肤局部涂擦、药浴、埋藏等。刺激性强的药物不宜用于黏膜。

2. 群体给药

（1）混饲给药：将药物均匀混入饲料中，让羊吃料时能同时吃进药物，适用于长期投药。不溶于水或适口性差的药物用此法更为恰当。药物与饲料的混合必须均匀，并应准确掌握饲料中药物的浓度。

（2）混水给药：将药物溶解于水中，让羊自由饮用。此法适用于因病不能吃食，但还能饮水的羊。采用此法须注意根据羊可能饮水的量，来计算药量与药液浓度；限制时间饮用药液，以防止药物失效或增加毒性等。

（3）气雾给药：将药物以气雾剂的形式喷出，让羊经呼吸道吸入而在呼吸道发挥局部作用，或使药物经肺泡吸收进入血液而发挥全身治疗作用。若喷雾于皮肤或黏膜表面，则可发挥保护创面、消毒、局麻、止血等局部作用。本法也可供室内空气消毒和杀虫之用。气雾吸入要求药物对羊呼吸道无刺激性，且药物应能溶于呼吸道的分泌液中。

（4）药浴：采用药浴方法杀灭体表寄生虫，但须用药浴的设施。药浴用的药物最好是水溶性的，药浴应注意掌握好药液浓度、温度和浸洗的时间。

（二）肉羊药品使用

肉羊预防、治疗和诊断疾病所用的兽药必须符合《中华人民共和国兽药典》《中华人民共和国兽药规范》《兽药质量标准》和《进口兽药质量标准》的相关规定。优先使用符合《中华人民共和国兽用生物制品质量标准》《进口兽药质量标准》的疫苗预防肉羊疾病。

允许使用《中华人民共和国兽药典》（二部）及《中华人民共和国兽药规范》（二部）收载的用于羊的兽用中药材、中药成方制剂。允许使用国家畜牧兽医行政管理部门批准的微生态制剂。

允许使用表8.6中的抗菌药和抗寄生虫药。

表8.6　无公害食品肉羊饲养允许使用的抗寄生虫药、抗菌药及使用规定

类别	名称	制剂	用法与用量（用量以有效成分计）	休药期（天）
抗寄生虫药	阿苯达唑	片剂	内服，一次量，10~15毫克/千克体重	7
	双甲脒	溶液	药浴、喷洒、涂刷、配成0.025%~0.05%的乳液	21
	溴酚磷	片剂、粉剂	内服，一次量，12~16毫克/千克体重	21
	氯氰碘柳胺钠	片剂	内服，一次量，10毫克/千克体重	28
		注射液	皮下注射，一次量，5毫克/千克体重	28
		混悬液	内服，一次量，10毫克/千克体重	28
	溴氰菊酯	溶液剂	药浴，5~15毫克/升水	7
	三氮脒	注射用粉针	肌内注射，一次量，3~5毫克/千克体重，临用前配成5%~7%溶液	28

续表

类别	名称	制剂	用法与用量 （用量以有效成分计）	休药期 （天）
抗寄生虫药	二嗪农	溶液	药浴，初液，250 毫克/升水；补充液，750 毫克/升水（均按二嗪农计）	28
	非班太尔	片剂、颗粒剂	内服，一次量，5 毫克/千克体重	14
	芬苯达唑	片剂、粉剂	内服，一次量，5~7.5 毫克/千克体重	6
	伊维菌素	注射剂	皮下注射，一次量，0.2 毫克（相当于 200 单位）/千克体重	21
	盐酸左旋咪唑	片剂	内服，一次量，7.5 毫克/千克体重	3
		注射剂	皮下、肌内注射，7.5 毫克/千克体重	28
	硝碘酚腈	注射液	皮下注射，一次量，10 毫克/千克体重，急性感染，13 毫克/千克体重	30
	吡喹酮	片剂	内服，一次量，10~35 毫克/千克体重	1
	碘醚柳胺	混悬液	内服，一次量，7~12 毫克/千克体重	60
	噻苯咪唑	粉剂	内服，一次量，50~100 毫克/千克体重	30
	三氯苯唑	混悬液	内服，一次量，5~10 毫克/千克体重	28
抗菌药	氨苄西林钠	注射用粉针	肌内、静脉注射，一次量，10~20 毫克/千克体重	12
	苄星青霉素	注射用粉针	肌内注射，一次量，3 万~4 万单位/千克体重	14
	青霉素钾	注射用粉针	肌内注射，一次量，2 万~3 万单位/千克体重，一日 2~3 次，连用 2~3 天	9
	青霉素钠	注射用粉针	肌内注射，一次量，2 万~3 万单位/千克体重，一日 2~3 次，连用 2~3 天	9

续表

类别	名称	制剂	用法与用量 （用量以有效成分计）	休药期 （天）
抗菌药	硫酸小檗碱	粉剂	内服，一次量，0.5~1克	0
		注射剂	肌内注射，一次量，0.05~0.1克	0
	恩诺沙星	注射液	肌内注射，一次量，2.5毫克/千克体重，一日1~2次，连用2~3天	14
	土霉素	片剂	内服，一次量，羔羊，10~25毫克/千克体重（成年反刍兽不宜内服）	5
	普鲁卡因青霉素	注射用粉针	肌内注射，一次量，2万~3万单位/千克体重，一日1次，连用2~3天	9
		混悬液	肌内注射，一次量，2万~3万单位/千克体重，一日1次，连用2~3天	9
	硫酸链霉素	注射用粉针	肌内注射，一次量，10~15毫克/千克体重，一日2次，连用2~3天	14

（三）药物使用注意事项

严格遵守规定的作用与用途、用法与用量及其他注意事项。严格遵守休药期。所用兽药必须来自具有"兽药生产许可证"和产品批准文号的生产企业，或者具有"进口兽药许可证"的供应商。所有兽药的标签必须符合《兽药管理条例》的规定。

建立并保存免疫程序记录；建立并保存全部用药的记录，治疗用药记录包括肉羊编号、发病时间及症状、药物名称（商品名、有效成分、生产单位）、给药途径、给药剂量、疗程、治疗时间等；预防或促生长混饲用药记录包括药品名称（商品名、有效成分、生产单位及批号）、给药剂量、疗程等。

禁止使用未经国家畜牧兽医行政管理部门批准的兽药和已经淘汰的兽药。禁止使用《食品动物禁用的兽药及其他化合物清单》中的药物。

五、肉羊检疫和疫病控制

（一）疫病控制和扑灭

肉羊饲养场发生疫病时，应依据《中华人民共和国动物防疫法》及时采取措施。

（1）立即封锁现场，驻场兽医应及时进行诊断，并尽快向当地动物防疫监督机构报告疫情。

（2）确诊发生口蹄疫、小反刍兽疫时，肉羊饲养场应配合当地动物防疫监督机构，对羊群实施严格的隔离、扑灭措施。

（3）发生痒病时，除了对羊群实施严格的隔离、扑杀措施外，还需追踪调查病羊的亲代和子代。

（4）发生蓝舌病时，应扑杀病羊；如只是血清学反应呈现抗体阳性，并不表现临床症状时，需采取清群和净化措施。

（5）发生炭疽时，应焚毁病羊，并对可能的污染点彻底消毒。

（6）发生羊痘、布鲁杆菌病、梅迪/维斯纳病、山羊关节炎/脑炎等疫病时，应对羊群实施清群和净化措施。

（7）全场进行彻底的清洗消毒，病死或淘汰羊的尸体按 GB 16548 进行无害化处理。

（二）产地检疫

产地检疫按 GB 16549 和国家有关规定执行。

（三）疫病监测

（1）当地畜牧兽医行政管理部门必须依照《中华人民共和国动物防疫法》及其配套法规的要求，结合当地实际情况，制订疫病监测方案，由当地动物防疫监督机构实施，肉羊饲养场应积极予以配合。

（2）肉羊饲养场常规监测的疾病至少应包括：口蹄疫、羊痘、蓝舌病、炭疽、布鲁杆菌病。同时需注意监测外来病的传入，如痒病、小反刍兽疫、梅迪/维斯纳病、山羊关节炎/脑炎等。除上述疫病外，还应根据当地实际情况，选择其他一些必要的疫病进行监测。

（3）根据实际情况由当地动物防疫监督机构定期或不定期对肉羊饲养场进行必要的疫病监督抽查，并将抽查结果报告当地畜牧兽医行政管理部门，必要时还应反馈给肉羊饲养场。

（四）防疫记录

每群肉羊都应有相关的生产记录，其内容包括：羊只来源，饲料消耗情况，发病率、死亡率及发病死亡原因，无害化处理情况，实验室检查及其结果，用药及免疫接种情况，消毒情况，羊只发运目的地等。所有记录应妥善保存，并在清群后保存2年以上（表8.7）。建立肉羊卡，做到一羊一卡一号，记录羊只的编号、出生日期、外表、生产性能、免疫、检疫、病历等原始资料。

表8.7 肉羊防疫档案记录表

肉羊基本情况					
羊号		羊场编号		登记日期	
品种		来源		出生日期	
毛色		初生重（千克）		外貌	
免疫记录					
日期	疫苗名称	接种剂量（毫克、毫升）		接种方法	接种人员
消毒记录					
日期	消毒对象	消毒剂	剂量（毫克、毫升）	消毒方法	消毒人员

续表

疫病监测记录						
日期	布氏杆菌病	口蹄疫	羊痘	羊口疮	羊传染性胸膜肺炎	伪狂犬病	其他

肉羊病史记录					
发病日期	病名	预后情况	实验室检查	原因分析	使用兽药

无害化处理记录					
处理日期	处理对象	处理数量（只）	处理原因	处理方法	处理人员

六、肉羊的一般保健

（一）断尾

为了保持羊毛的清洁，防止发生寄生虫病，有利于母羊配种，羔羊生后1周左右即可断尾，身体瘦弱的，或天气过冷时，可适当延期。断尾最好在晴天的早上进行，不要在阴雨天或傍晚进行。

断尾的方法：①热断法，需要一个特制的断尾铲和两块20厘米见方的两面钉上铁皮的木板。一块木板的下方，凿一个半圆形的缺口，断尾时把尾巴正压在半圆形的缺口里。这块木板不但用来压住尾巴，而且断尾时可防止灼热的断尾铲烫伤羔羊的肛门和睾丸。另一块木板断尾时衬在板凳上面，以免把凳子烫坏。断尾时需两人配合，一人保定羔羊，一个人在离尾根4厘米处（第三、四尾椎之间），用带有半圆形缺口的木板把尾巴紧紧压住，把灼热的断尾铲放在尾巴上稍微用力往下压，即将尾巴断下。切的速度不宜过快，否则止不住血。断下尾巴后若仍出血，可用热铲烫一烫，然后用碘酊消毒。②结扎法，用橡皮筋在第三、四尾椎之间紧紧扎住，断绝血液流通，下端的尾巴10天左右即可自行脱落。

（二）去势

去势后，羊性情温顺，管理方便，节省饲料，肉的膻味小，凡不做种用的公羔或公羊一律去势。

公羔生后2~3周为宜，如遇天冷或体弱的羔羊，可适当延迟。过早或过晚均不适宜。去势和断尾可同时或单独进行，最好在上午进行，以便全天观察和护理去势羊。

去势的方法：①刀切法，用手术刀切开阴囊，摘除睾丸。手术时需两个人配合，一人保定羊，一人做手术。手术前，阴囊外部用碘酒消毒。之后手术者一手握住阴囊上方，以防睾丸回缩腹腔内，另一手在阴囊侧下方切开一小口，长度以能挤出睾丸为度。切开后把睾丸连同精索拉出，为防止出血过多最好用手撕断，不用刀割或剪刀剪。一侧的睾丸取出后，如法取出另一侧的睾丸。睾丸摘除后，阴囊内撒20万~30万单位的青霉素，然后对切口消毒。②去势钳法，用特制的去势钳，在阴囊上部用力将精索夹断后，睾丸会逐渐萎缩。③结扎法，将睾丸挤进阴囊里，用橡皮筋或细绳紧紧地结扎阴囊的上部，断绝睾丸的血液流通，约经15天，阴囊及睾丸萎缩后会自动脱落。

（三）剪毛

细毛羊、半细毛羊和杂种羊，一年剪一次毛，粗毛羊一年剪两次毛。剪毛时间与当地气候和羊群膘度有关，最好在气候稳定和羊只体力恢复之后进行，一般北方地区在每年5~6月进行。

剪毛应从低价值羊开始。同一品种羊，按羯羊、试情羊、幼龄羊、母羊和种公羊的顺序进行。不同品种羊，按粗毛羊、杂种羊、细毛羊或半细毛羊的顺序进行。患皮肤病和外寄生虫病的羊最后剪，以免传染。剪毛前 12 小时停止放牧、饮水和喂料，以免剪毛时粪便污染羊毛和发生伤亡事故。

剪毛有手工剪毛和机械剪毛两种。羊群较小时多用手工剪毛。剪毛要选择在无风的晴天，以免羊着凉感冒。剪毛时，先用绳子把羊的左侧前后肢捆住，使羊左侧卧地，剪毛人蹲在羊背后，从羊后肋向前肋直线开剪，然后按与此平行方向剪腹部及胸部的毛，再剪前后腿毛，最后剪头部毛，一直把羊的半身毛剪至背中线，再用同样的方法剪另一侧的毛。最后检查全身，剪去遗留下的羊毛。

剪毛过程中应注意：一是剪刀放平，紧贴羊的皮肤剪，留茬要低而齐，若毛茬过高，也不要重复剪取；二是保持毛被完整，不要让粪土、草屑等混入毛被，以利于羊毛分级分等；三是剪毛动作要快，翻羊要轻，时间不宜拖得太久；四是尽量不要剪破皮肤，万一剪破要及时消毒、涂药或缝合。

（四）药浴

剪毛后的 10~15 天，应及时组织药浴，以防疥癣病的发生。如间隔时间过长，则毛长长不易洗透。药浴使用的药剂有0.05%辛硫磷乳油、1%敌百虫溶液、速灭菊酯（80~200 毫克/千克）、溴氢菊酯（50~80 毫克/千克），也可用石硫合剂，其配方是生石灰 7.5 千克，硫黄粉末 12.5 千克，用水拌成糊状，加水 300 千克，边煮边搅拌，煮至浓茶色为止，沉淀后取上清液加温水 1 000 千克即可。

药浴分池浴、淋浴和盆浴三种。池浴在专门建造的药浴池进行，最常见的药浴池为水泥沟形池，药液的深度以没及羊体为原则，羊出浴后在滴流台上停留 10~20 分钟。淋浴在特设的淋浴场进行，淋浴时把羊赶入，开动水泵喷淋，经3分钟淋透全身后关闭，将淋过的羊赶入滤液栏中，经3~5分钟后放出。盆浴在大盆或缸中进行，用人工方法把羊逐只洗浴。

药浴前8小时给羊停止喂料，药浴前2~3小时给羊饮足水，以防止羊喝药液。药浴应选择暖和无风天气进行，以防羊受凉感冒，浴液温度保持在30℃左右。先浴健康羊，后浴病羊。药浴后5~6小时可转入正常饲养。第一次药浴后8~10天可重复药浴1次。

（五）修蹄

羊蹄壳生长较快，如不整修，易造成畸形，行走不便而影响采食。所以绵羊在剪毛后和进入冬牧前宜进行修蹄。

修蹄一般在雨后进行，这时蹄质软，易修剪。修蹄时让羊坐在地上，羊背部靠在修蹄人员的两腿间，从前蹄开始，用修蹄剪或快刀将过长的蹄尖剪掉，然后将蹄底的边缘修整得和蹄底一样平齐。蹄底修到可见淡红色的血管为止，不要修剪过度。整形后的羊蹄，蹄底平整，前蹄是方圆形。变形蹄需多次修剪，逐步校正。

为了避免羊发生蹄病，平时应注意休息场所的干燥和通风，勤打扫和勤垫圈，或撒草木灰于圈内和门口，进行消毒。如发现蹄趾间、蹄底或蹄冠部皮肤红肿、跛行甚至分泌有臭味的黏液，应及时检查治疗。轻者可用10%硫酸铜溶液或10%甲醛溶液洗蹄1~2分钟，或用2%来苏儿液洗净蹄部并涂以碘酒。

（六）驱虫

驱虫药物可用阿维菌素或伊维菌素、丙硫咪唑，均按用量计算。阿苯达唑（丙硫咪唑）或阿苯达唑＋盐酸左旋咪唑，阿苯达唑10毫克/千克体重，盐酸左旋咪唑8毫克/千克。

在3~10月，每1.5~2个月拌料驱虫1次。羔羊在1月龄驱虫一次，隔15天再驱一次，用法用量按各药品说明计算（表

8.8)。

表8.8 羊的驱虫时间和药物使用
(仅供我国中部地区肉羊场参考)

次数	时间	药物	用量
第一次	2月15日	阿苯达唑	10毫克/千克体重
第二次	4月1日	左旋咪唑	8毫克/千克体重
第三次	5月15日	阿苯达唑	10毫克/千克体重
第四次	7月1日	阿苯达唑	10毫克/千克体重
第五次	8月15日	左旋咪唑	8毫克/千克体重
第六次	10月1日	阿苯达唑	10毫克/千克体重

备注：怀孕羊另外执行。如遇到天气变化等情况，时间的前后变更控制在1周之内。

（七）养殖档案

所有记录应准确、可靠、完整。引进、购入、配种、产羔、断奶、转群、增重、饲料消耗均应有完整记录。引进种羊要有种羊系谱档案和主要生产性能记录。饲料配方及各种添加剂使用要有记录。要有疫病防治记录和出场销售记录。上述有关资料应保留3年以上。

第九章　肉羊常见病防治

一、羔羊常见病防治技术

初生羔羊身体各方面的功能尚不完善，对外界环境适应能力差，抗病力低，如果饲养护理不当，很容易得病。因此做好初生羔羊疾病的诊疗工作，有着重大的意义。

（一）初生羔羊假死

初生羔羊假死亦称新生羔羊窒息，其主要特征是刚产出的羔羊发生呼吸障碍，或无呼吸而仅有心跳，如抢救不及时，往往死亡。

【病因】分娩时产出期拖延或胎儿排出受阻，胎盘水肿，胎囊破裂过晚，倒生时脐带受到压迫，脐带缠绕，子宫痉挛性收缩等，均可引起胎盘血液循环减弱或停止，使胎儿过早地呼吸，吸入羊水而发生窒息。接产工作组织不当，严寒的夜间分娩时，因无人照料，使羔羊受冻太久；此外，母羊发生贫血及大出血，使胎儿缺氧和二氧化碳量增高，也可导致本病的发生。

【症状】羔羊横卧不动，闭眼，舌外垂，口色发紫，呼吸微弱甚至完全停止；口腔和鼻腔积有黏液或羊水；听诊肺部有湿啰音，体温下降。严重时全身松软，反射消失，心脏有微弱跳动。

【预防】及时进行接产，对初生羔羊精心护理。分娩过程中，如遇到胎儿在产道内停留较久，应及时进行助产，拉出胎

308

儿。如果母羊有病，在分娩时应迅速助产，避免延误而发生窒息。

【治疗】如果羔羊尚未完全窒息，还有微弱呼吸时，应即刻提着后腿，将羔羊吊起来，轻拍胸腹部，刺激呼吸反射，同时促进排出口腔、鼻腔和气管内的黏液和羊水，并用净布擦干羊体，然后将羔羊泡在温水中，使头部外露。稍停留之后，取出羔羊，用干布片迅速摩擦身体，然后用毡片或棉布包住全身，使口张开，用软布包舌，每隔数秒钟，把舌头向外拉动1次，使其恢复呼吸。待羔羊复活以后，放在温暖处进行人工哺乳。

若已不见呼吸，必须在除去鼻孔及口腔内的黏液及羊水之后，进行人工呼吸。同时注射尼可刹米、洛贝林或樟脑水0.5毫升。也可以将羔羊放入37℃左右的温水中，让头部外露，用少量温水反复洒向心脏区，然后取出，用干布摩擦全身。

（二）胎粪停滞

胎粪是胎儿胃肠道分泌的黏液、脱落的上皮细胞、胆汁及吞咽的羊水经消化作用后，残余的废物积聚在肠道内所形成的。新生羔羊通常在生后数小时内就排出胎粪。

【病因】如母羊营养不良，引起初乳分泌不足，初乳品质不佳，或羔羊吃不上初乳；新生羔羊屠弱，加上吮乳不足或吃不上初乳，则肠道弛缓无力，胎粪不能排出，即可发生胎粪停滞。此病主要发生在早期的初生羔羊，常见于绵羊羔。

【症状】羔羊生后一天内未排出胎粪，精神逐渐不振，吃奶次数减少，肠音减弱，且表现不安，即拱背、摇尾、努责，有时还有踢腹、卧地和回顾等轻度腹痛症状。有时症状不明显；偶尔腹痛明显，卧地、前肢抱头打滚。有时羔羊排粪时大声鸣叫；有时由于黏稠粪块堵塞肛门，可继发肠臌气。以后，精神沉郁，不吃乳。呼吸及心跳加快，肠音消失。全身无力，经常卧地乃至卧地不起，羔羊渐陷于自体中毒状态。

【诊断】为了确诊，可在手指上涂油，进行直肠检查。便秘多发生在直肠和小结肠后部，在直肠内可摸到硬固的黄褐色粪块。

【预防】怀孕后半期要加强母羊的饲养管理，补喂富有蛋白质、维生素及矿物质的饲料，使羔羊出生后，能吃到足够的初乳。要随时观察羔羊表现及排便情况，以便早期发现，及时治疗。

【治疗】采用润滑肠道和促进肠道蠕动的方法，不宜给以轻泻剂，以免引起顽固性腹泻。必要时，可用手术排出粪块。

先用温肥皂水 300～500 毫升及橡皮球进行浅部灌肠，排出近处的粪块，一般效果良好。必要时也可在 2～3 小时后再灌肠一次，也可用橡皮管插入直肠内 20～30 厘米后灌注开塞露 5 毫升，或石蜡油 40～60 毫升。用橡皮球及肥皂水灌肠一般效果良好。

可口服石蜡油 5～15 毫升，或硫酸钠 2～5 克，同时酚酞灌肠 0.1～0.2 克，效果很好。投药后，按摩和热敷腹部可增强肠道蠕动。

也可施行剖腹术，排出粪块，在左侧腹壁或脐部后上方腹白线一侧选择术部，切口长约 10 厘米。切开腹壁后，手伸入腹腔，将小结肠后部及直肠内的粪块逐个或分段挤压至直肠后部，然后再设法将它排出肛门外，最后缝合腹壁。

如果羔羊有自体中毒现象，必须及时采取补液、强心、解毒及抗感染等治疗措施。

（三）羔羊痢疾

羔羊痢疾是初生羔羊的一种急性传染病。其特征是持续下痢，以羔羊腹泻为主要特征的急性传染病，主要危害 7 日龄以内的羔羊，死亡率很高。一类是厌气性羔羊痢疾，病原体为产气荚膜梭菌，另一类是非厌气性羔羊痢疾，病原体为大肠杆菌。

【病因】引起羔羊痢疾的病原微生物主要为大肠杆菌、沙门杆菌、魏氏梭菌、肠球菌等。这些病原微生物可混合感染或单独感染而使羔羊发病。传染途径主要通过消化道，但也可经脐带或伤口传染。本病的发生和流行与怀孕母羊营养不良，羔羊护理不当，产羔季节天气突变，羊舍阴冷潮湿有很大关系。

【症状】自然感染潜伏期为 1～2 天。病羔体温微升或正常，精神不振，行动不活泼，被毛粗乱，孤立在羊舍一边，低头弓背，不想吃奶，眼睑肿胀，呼吸、脉搏增快，不久则发生持续性腹泻，粪便恶臭，开始为糊状，后变为水样，含有气泡、黏液和血液。粪便颜色不一，有黄、绿、黄绿、灰白等色（彩图 9.1、彩图 9.2）。到病的后期，常因虚弱、脱水、酸中毒而造成死亡。病程一般 2～3 天。也有的病羔腹胀，口排少量稀粪，而主要表现有神经症状，四肢瘫软，卧地不起，呼吸急促，口流白沫，头向后仰，体温下降，最后昏迷死亡。剖检主要病变在消化道，肠黏膜有卡他出血性炎症，内有血样内容物，肠肿胀，小肠溃疡。

【诊断】根据羔羊食欲减退、精神萎靡，卧地不起，起初呈黄色稀汤粪便，后来为血样紫黑色稀粪等症状可做出诊断。

【预防】加强怀孕母羊及哺乳期母羊的饲养管理，保持怀孕母羊的良好体质，以便产出健壮的羔羊。做好接羔护羔工作，产羔前对产房进行彻底消毒，可选用1%～2%的热烧碱水或20%～30%石灰水喷洒羊舍地面、墙壁及产房一切用具；冬、春季节做好新生羔羊的保温工作。

也可进行药物或疫苗预防。刚分娩的羔羊留在家里饲养，可口服青霉素片，每天 1～2 片，连服 4～5 天；灌服土霉素，每次0.3 克，连用 3 天；在羔羊痢疾常发生的地区，可用羔羊痢疾菌苗给妊娠母羊进行 2 次预防接种，第一次，在产前 25 天，皮下注射 2 毫升，第二次在产前 15 天，皮下注射 3 毫升，可获得 5个月的免疫期。

【治疗】①土霉素、胃蛋白酶各 0.8 克，分为 4 包，每 6 小时加水灌服一次；盐酸土霉素 200 毫克，每 6 小时肌内注射一次，连用 2 ~ 3 天；或土霉素、胃蛋白酶各 0.8 克，次硝酸铋、鞣酸蛋白各 0.6 克，分为 4 包，每 6 小时加水灌服 1 次，连服 2 ~ 3 天；②磺胺胍、胃蛋白酶、乳酶生各 0.6 克，分成 4 包，每 6 小时加水灌服 1 次，连用 2 ~ 3 天；磺胺脒、乳酸钙、次硝酸铋、鞣酸蛋白各 1 份，充分混合，日灌服 2 次，每次 1 ~ 1.5 克，连服数日；或用呋喃西林 5 克，磺胺脒 25 克，次硝酸铋 6 克，加水 100 毫升，混匀，每头每次灌 4 ~ 5 毫升，每天 2 次；③严重失水或昏迷的羔羊除用上述药方外，可静脉注射 5% 葡萄糖生理盐水 20 ~ 40 毫升，皮下注射阿托品 0.25 毫克；④用胃管灌服 6% 硫酸镁溶液（内含 0.5% 福尔马林）30 ~ 60 毫升，6 ~ 8 小时后，再灌服 1% 高锰酸钾溶液 1 ~ 2 次。⑤中药疗法。一是用乌梅散：乌梅（去核）、炒黄连、郁金、甘草、猪苓、黄芩各 10 克，诃子、焦山楂、神曲各 13 克，泽泻 8 克，干柿饼 1 个（切碎），将以上各药混合捣碎后加水 400 毫升，煎汤至 150 毫升，以红糖 50 克为引，用胃管灌服，每只每次 30 毫升。如拉稀不止，可再服一二次。二是用承气汤加减：大黄、酒黄芩、焦山楂、甘草、枳实、厚朴、青皮各 6 克，将以上各药混合后研碎加水 400 毫升，再加入朴硝 16 克（另包），用胃管灌服患羔。

（四）羔羊肺炎

由于新生羔羊的呼吸系统在形态和功能上发育不足，神经反射尚未成熟，故最容易发生肺炎。多在早春和晚秋天气多变的季节发生，发病恢复后的羔羊生长发育会受阻。

【病因】羔羊肺炎主要是因为天气剧烈变化，感冒加重而致，并无特殊的病原菌。羔羊肺炎发生的主要原因是羔羊体质较弱和外界环境不良造成的。

怀孕母羊在冬季营养不足，第二年春季产出的羔羊就会有大批出现肺炎，因为母羊营养不良，直接影响到羔羊先天发育不足，产重不够，抵抗力弱，容易患病。初乳不足，或者初乳期以后奶量不足，影响羔羊的健康发育，羔羊运动不足和维生素缺乏，也容易患肺炎。另外，圈舍通风不良，羔羊拥挤，空气污浊，对呼吸道产生了不良刺激。酷热或突然变冷，夜间对羔羊圈舍的门窗关闭不好，受到贼风或低温的侵袭等也易引起羔羊肺炎。

【症状】病初咳嗽，流鼻涕，很快发展到呼吸困难，心跳加快，食欲减少或废绝。病羊精神萎靡，被毛粗乱而无光泽，有黏性鼻液或干固的鼻痂。呼吸迫促，每分钟达 60~80 次，有的达到 100 次以上。体温升高，病后的 2~3 天可高达 40℃以上，听诊有啰音。

【预防】天气晴朗时，让羔羊在棚外活动，接受阳光照射，加强运动，增强对外界环境的适应能力。及时清除棚圈内的污物，更换垫草，使棚舍适当通风，空气新鲜、干燥。给羔羊喂奶时注意温度，务必使羔羊吃饱，增强其抵抗寒冷的能力。注意保温，喂给易于消化且营养丰富的饲料，供给充足清洁的饮水。给怀孕母羊提供充足的营养，尤其是蛋白质、维生素和矿物质，以保证胎羊的发育，提高羔羊的产重。减少同一羊舍内羔羊的密度，保证羊舍清洁卫生，注意夜间防寒保暖，避免贼风及过堂风的侵袭，尤其是天气突然变冷时，更应特别注意。当羔羊群中发生感冒较多时，应给全群羔羊服用磺胺甲基嘧啶，以预防继发肺炎。预防剂量可比治疗剂量稍小，一般连用 3 天，即有预防效果。

【治疗】肌内注射青霉素、链霉素或口服磺胺二甲基嘧啶（每千克体重 0.07 克）；严重时，静脉滴注 50 万单位四环素葡萄糖液，并配合给予解热、祛痰和强心药物。

（1）及时隔离，加强护理：尽快消除引起肺炎的一切外界不良因素。为病羊提供良好的条件，例如放在宽大而通风良好的圈舍，铺足垫草，保持温暖，以减轻咳嗽和呼吸困难。

（2）应用抗生素或磺胺类药物：磺胺甲基嘧啶采用口服，对于人工哺乳的羔羊，可放在奶中喝下，既没有注射用药的麻烦，又可避免羔羊注射抗生素的痛苦。口服剂量是每只羔羊日服2克，分3~4次，连服3~4天。抗生素疗法，可以肌内注射青霉素或链霉素，亦可静脉注射四环素。对于严重病例，还可采用气管注射或胸腔注射。气管注射时，可将青霉素20万单位溶于3毫升0.25%盐酸普鲁卡因中，或将链霉素0.5克溶于3毫升蒸馏水中，每天2次。胸腔注射时，可在倒数第6~8肋间、背中线向下4~5厘米处进针1~2厘米，青霉素剂量为1月龄以内的羔羊10万单位，1~3月龄的20万单位，每天2次，连用2~3天。在采用抗生素或磺胺类药治疗时，当体温下降以后，不可立即中断治疗，要再用同量或较小量持续应用1~2天，以免复发。因为复发病例的症状更为严重，用药效果亦差，故应倍加注意。

（3）中药疗法：如咳嗽剧烈，可用冬花、桔梗、知母、杏仁、郁金各6克，元参、双花各8克，水煎后一次灌服；如清肺祛痰，可用黄芩、桔梗、甘草各8克，栀子、白芍、桑白皮、款冬花、陈皮各7克，麦冬、栝楼各6克，水煎后一次灌服。

在治疗过程中，必须注意心脏功能的调节，尤其是小循环的改善，因此可以多次注射咖啡因或樟脑制剂。

（五）羔羊感冒

羔羊出生后，擦干身上的黏液，用干净的麻袋片等物包好，把羔羊放在保温的暖舍内，卧床上要铺较多的柔软干草，以免羔羊受凉。

【病因】因天气骤变，突然寒冷，舍内外温差过大或因羊舍防寒设备差，管理不当，受贼风侵袭，常引发羔羊感冒。

【症状】体温升高到40~42℃，眼结膜潮红，羔羊精神萎靡，不爱吃奶，流浆液性鼻液，咳嗽，呼吸促迫。

【治疗】在气温寒冷的情况下，10日内的羔羊应暂不到舍外活动，以防感冒。羔羊患有感冒时，要加强护理，喂给易消化的新鲜青嫩草料，饮清洁的温水，防止再受寒。口服解热镇痛药，或注射安钠咖等针剂。为预防继发肺炎，应注射青霉素等抗生素药物。

（六）羔羊脐带炎

新生羔羊脐带炎是因新生羔羊脐带断端受细菌感染而引起的脐血管及周围组织发生的一种炎症。往往通过腹壁进入腹腔中所连接的组织发生炎症。实际上单纯的脐血管炎是很少存在的，常伴有邻近腹膜的炎症，甚至炎症可涉及膀胱圆韧带。

【病因】主要是在接产或助产时，脐带断端消毒不严格，羊舍及垫草不洁净，脐带断端被水或尿液浸渍，或群居羔羊之间互相吸吮脐带，羔羊痢疾、消化不良、蝇蛆等的侵害，均会使脐带遭受细菌的感染而发炎。

【症状】根据炎症的性质和侵害部位不同，可分为脐血管炎和坏死性脐炎。

（1）羔羊脐血管炎：病初脐孔周围组织发热、肿胀、充血，触摸有疼痛反应。脐带断端湿润，隔着脐孔处捻动皮肤时，可摸到手指粗细或筷子粗细的硬固状物。脐带残端脱落后，脐孔处湿润，形成瘘孔；指压时，可挤出少量化脓的液体，常带有异常臭味。脐周围常有肿块。

（2）坏死性脐炎：脐带残端湿润、肿胀，呈淡红色，带有恶臭气味。炎症常波及脐孔周围组织，而引起发炎和脓肿。

脐带残端脱落后，脐孔处可见有肉芽赘生，形成溃疡面，有脓性渗出物。有时病原微生物沿脐静脉侵入肺脏、肝脏、肾脏和其他脏器，引起败血症或重度败血症时，羔羊表现精神沉郁，食欲降低，体温升高，呼吸急促等症状。

【预防】接产时对脐部要严格进行消毒。做好圈舍清洁卫生工作。在母羊产前搞好产前卫生，保持通风、干燥，勤换垫草。接羔时可用人工结扎脐带，以促其干燥、坏死、脱落，严格对脐带消毒。同时，要加强产羔舍卫生以及羔羊的护理，防止多数羔羊互相吸吮脐带。

【治疗】脐部或周围组织发炎或脓肿时，局部涂 5% 碘酊和松节油的等量合剂。局部处理，应用 0.1% 高锰酸钾溶液清洗局部，用 5% 碘酊消毒净化组织，撒放磺胺粉，敷料包扎，在脐孔周围皮下分点注射青霉素普鲁卡因注射液。

如脐内脐血管肿胀及周围有肿胀异常，应用外科手术刀切开排脓，并用双氧水、0.1% 碘酊消毒。如体温升高时，肌内注射或静脉滴注抗生素。脐带坏死时，必须切除脐带残端，除去坏死组织，消毒洗净后，再涂碘仿醚、碘酊。必要时可用硫酸粉或高锰酸钾粉腐蚀赘生肉芽。最后向创口撒布碘仿醚、磺胺粉。为控制感染，防止炎症扩散，应肌内注射抗生素。

青霉素、链霉素各 50 万单位/千克体重，肌内注射。磺胺嘧啶钠 0.2 克/千克体重，一次灌服，维持剂量减半，可连用 5 天，亦可用青霉素 50 万单位，0.25% 普鲁卡因 4 毫升，溶解混合，腹腔注射。

（七）羔羊消化不良

羔羊消化不良是一种常见的消化道疾病，特征主要是消化功能障碍和不同程度的腹泻。羔羊到 2~3 月龄以后，此病逐渐减少。

【病因】引发本病的原因主要有：母羊饲养管理不当，新生羔羊吃不到初乳或吃初乳过晚，初乳品质过差。哺乳母羊患病，母乳中含有病理产物和病原微生物。母乳中维生素，特别是维生素 A、维生素 B、维生素 C 不足或缺乏。羔羊受寒或羊舍过潮，卫生条件差。人工给羔羊哺乳不能定时定量，后期给羔羊补饲不当等。

【症状】羔羊消化不良多发生于哺乳期，主要特征是腹泻。粪便多呈灰绿色，且其中混有气泡和白色小凝块（脂肪酸皂），带有酸臭味，混有未消化的凝乳块及饲料碎片。伴有轻微臌气和腹痛现象。持续腹泻时由于脱水，皮肤弹性降低，被毛蓬乱失去光泽，眼球凹陷。单纯性消化不良，体温一般正常或偏低。中毒性消化不良可能表现一定的神经症状，后期体温突然下降。

【诊断】羔羊腹围增大，触诊胃部有硬块，羊羔表现不同程度的腹泻，站立时拱背，浑身颤抖，精神沉郁，体温偏低。

【预防】注意改善卫生条件，清扫圈舍，将病羔羊置于干燥、温暖、清洁的单独圈舍里，地面铺以干燥、清洁的垫草，圈舍里的温度应保持在12℃以上。母羊补喂营养丰富的青草和豆类饲料。羔羊出生后，应在1小时内让其尽量多吃初乳。母乳不足时，可补喂其他羊只的乳汁，少量多次。

【治疗】为排出胃肠内容物，可用油类或盐类缓泻剂；为促进消化可用乳酶生；为防止肠道感染，可用磺胺类药物加氟哌酸配合进行治疗；对病程较长引起机体脱水的，可静脉注射5%葡萄糖氯化钠溶液，配合维生素C和能量合剂辅助治疗。

多数药物治疗往往无效，可减食或绝食1~2天，仅喂清洁饮水或配合止泻药物。停食后开始再喂食时，应逐渐恢复，给予易消化的米汤或乳汁。

（八）羔羊副伤寒

羔羊副伤寒的病原以都柏林沙门杆菌和鼠伤寒沙门杆菌为主。发病羔羊以急性败血症和下痢为主。

【症状】羔羊副伤寒（下痢型）多见于15~30日龄的羔羊，体温升高达40~41℃，食欲减退，腹泻，排黏性带血稀粪，有恶臭；精神委顿，虚弱，低头，拱背，继而倒地，经1~5天死亡。

【预防】发现症状后，立刻严格隔离，以免扩大传染。同时给予容易消化的奶，可以加入开水，少量多次喂给。为了增强抵抗力，可以用初乳及酸乳进行饮食预防。给予较长时间、较大量的酸乳，可以使羔羊获得足够的免疫体和维生素 A，并能促进生长发育和预防肠道细菌的危害。也可以在羔羊出生后 1~2 小时皮下注射母血 5~10 毫升进行预防。

【治疗】①大量补液，在提高疗效中非常重要。②应用磺胺类或抗生素治疗，磺胺类可用磺胺脒；抗生素可用土霉素或金霉素，口服或肌内注射，将抗生素加入输液中效果更好。至少须用 5 天。③应用噬菌体治疗，口服或静脉注射。往往在第一次应用后，即可见病情好转。

（九）羔羊佝偻病

羔羊佝偻病又称为小羊骨软症，俗称弯腿症，是羔羊迅速生长时期的一种慢性维生素缺乏症。其特征为钙、磷代谢紊乱，骨的形成不正常。严重时骨骼发生特殊变形。多发生在冬末春初季节，绵羊羔和山羊羔都可发生。

【病因】饲料中钙、磷及维生素 D 中任何一种的含量不足，或钙、磷比例失调，都能够影响骨的形成。因此先天性佝偻病，起因于妊娠母羊矿物质（钙、磷）或维生素 D 缺乏，影响了胎儿骨组织的正常发育。出生后在紫外线照射不足的情况下，使饲料本身维生素的含量降低；哺乳小羊的奶量不足，断奶后的小羊饲料太单纯，钙、磷缺乏或比例失衡，或维生素 D 缺乏；内分泌腺（如甲状旁腺及胸腺）的功能紊乱，影响钙的代谢，均能引起羔羊佝偻病。

【症状】先天性佝偻病，羔羊生后衰弱无力，经数天仍不能自行起立。后天性佝偻病，发病缓慢，最初症状不太明显，只是食欲减退，腰部膨胀，下痢，生长缓慢。病羊行走不稳，病继续发展时，则前肢一侧或两侧发生跛行（彩图 9.3）。病羊不愿起立和运动，长期躺卧，有时长期弯着腕关节站立。在发生变形以前，如果触摸和叩诊骨骼，可以发现有疼痛反应。在起立和运动时，心跳与呼吸加快。典型症状为管状骨及扁骨的形态渐次发生变化，关节肿胀，肋骨下端出现佝偻病性念珠状物。膨起部分在初期有明显疼痛。骨质发生变化的结果，表现各种状态的弯曲，足的姿势改变，呈狗熊足或短腿狗足状态。

【诊断】主要根据迅速生长的羔羊表现步态僵硬，尤其是掌骨和蹠骨远端骨骺变大、有明显的疼痛性肿胀等症状，可做出临床诊断。

【预防】改善和加强母羊的饲养管理，加强运动和放牧，应特别重视饲料中矿物质的平衡，多给青饲料，补喂磷酸氢钙，增加幼羔的日照时间。给母羊精饲料中加入磷酸氢钙和干苜蓿粉，可以防止羔羊发病。

【治疗】可用维生素 AD 注射液 3 毫升，肌内注射；精制鱼肝油 3 毫升灌服或肌内注射，每周 2 次。为了补充钙制剂，可静脉注射 10% 葡萄糖酸钙液 5~10 毫升；亦可肌内注射维丁胶性钙 2 毫升，每周 1 次，连用 3 次。也可喂给三仙蛋壳粉：神曲 60克、焦山楂 60 克、麦芽 60 克、蛋壳粉 120 克，混合后每只羔羊12 克，连用 1 周。

（十）羔羊白肌病

羔羊白肌病也称肌营养不良症，是伴有骨骼肌和心肌变性，并发生运动障碍和急性心肌坏死的一种微量元素缺乏症。常见于降水多的地区或灌溉地区，多发生于饲喂豆科牧草的羔羊、早期补饲的羔羊和高水平日粮的羔羊。常在 3~8 周龄急性发作。

【病因】缺硒、缺维生素 E 是发生本病的主要原因，与母乳中钴、铜和锰等微量元素的缺乏也有关。

【症状】首先出现在四肢肌肉，初期时可能影响到心肌而猝死。症状也常扩展到膈、舌和食管处肌肉。慢性常伴有肺水肿引发的肺炎。临床症状有后肢僵直、拱背，有时卧倒，仍思食，有哺乳或进食愿望（彩图9.4）。

【诊断】病羔精神不振，运动无力，站立困难，卧地不愿起立；有时呈现强直性痉挛状态，随即出现麻痹、血尿；死亡前昏迷，呼吸困难。死后剖检骨骼肌苍白，营养不良。

【预防】加强母羊饲养管理，供给豆科牧草，对怀孕母羊补给0.2%亚硒酸钠注射液，皮下或肌内注射，剂量为4～6毫升，能预防新生羔羊白肌病。也可配合维生素E同时注射，每隔15～30天注射1次，共注射2～3次即可。含硒饲料、黄洛奇舔砖等也有效。出生后5～7日龄羔羊可全部进行预防性注射亚硒酸钠1.5毫升，隔7天1次，共注射2次，即可起到预防作用。

【治疗】对发病羔羊应用硒制剂，如0.2%亚硒酸钠溶液2毫升，每月肌内注射1次，连用2次。与此同时，应用氯化钴3毫克、硫酸铜8毫克、氯化锰4毫克、碘盐3克，加水适量内服。如辅以维生素E注射液300毫克肌内注射，则效果更佳。

有的羔羊病初不见异常，往往于放牧时受到刺激后剧烈运动或过度兴奋而突然死亡。该病常呈地方性同群发病，应用其他药物治疗不能控制病情。

（十一）羔羊口炎

【病因】主要是受到机械性的、物理化学性的以及有毒物质及传染性因素的刺激、侵害和影响所致。

【症状】3～15日龄的羔羊时常出现口腔流涎，不肯吸吮母奶的现象，这时若检查口腔黏膜，会发现有充血斑点、小水疱或溃疡面，说明羔羊已经得了口腔炎，如果不及时治疗，可导致羔羊消瘦、消化不良，甚至活活饿死。初期都表现为口腔黏膜潮红、肿胀、疼痛、口温增高、流涎等症状。临床表现主要有卡他性口炎、水疱性口炎、溃疡性口炎、真菌性口炎。

【治疗】首先消除病因，喂给柔软、营养好而容易消化的饲料。用 1% 盐水、0.2% 高锰酸钾或 2% ~ 3% 氯酸钾洗涤口腔，然后涂抹碘甘油或龙胆紫，每日一次。如有溃疡，可先用 1% ~ 2% 硫酸铜涂抹溃疡表面，然后涂抹碘甘油。若维生素缺乏，可注射或口服维生素 B_1、维生素 B_2 或维生素 C。

对于口炎并发肺炎的，可用下列中药方以清肺热：花粉、黄芩、栀子、连翘各 30 克，黄柏、牛蒡子、木通各 15 克，大黄 24 克，芒硝 9 克，将前 8 种药共研成末，加入芒硝，开水冲，每只羔羊用其 1/10。

（十二）羔羊破伤风

破伤风又称强直症，俗称锁口风、脐带风，是一种人畜共患的急性中毒性传染病。其特征为全身或部分肌肉呈持续性痉挛和对外界刺激反应性增高。

破伤风是由破伤风梭菌经伤口感染引发的一种急性传染病，成年羊、幼羊都可感染。羔羊在断脐、去势、刻耳等操作过程中消毒不当而感染。破伤风梭菌是存在于土壤中的粗大杆菌，能形成芽孢，长期存活，所以四季均可发生。

【症状】肌肉强直是本病的主要特征。病羊四肢强直，背腰不灵活，尾根上翘，行动困难。卧地后角弓反张，不能站立，头尾偏向一侧，呼吸促迫，常因窒息而死亡，死亡率高达 95% ~ 100%（彩图 9.5）。

【预防】伤口和断脐带用碘酊消毒；羔羊出生后 12 小时内，肌内注射破伤风抗毒素 1 500 单位。

【治疗】注射大量破伤风抗毒素（10 000 单位），每日一次，连用 4 ~ 7 日。一般将抗毒素用 5% 葡萄糖溶液静脉注射。肌内注射氯丙嗪（10 ~ 25 毫克）。

二、羊常见传染病防治技术

（一）口蹄疫防治技术规范

口蹄疫是由口蹄疫病毒引起的以偶蹄动物为主的急性、热性、高度传染性疫病，世界动物卫生组织（OIE）将其列为必须报告的动物传染病，中国规定为一类动物疫病。

为预防、控制和扑灭口蹄疫，依据《中华人民共和国动物防疫法》《重大动物疫情应急条例》《国家突发重大动物疫情应急预案》等法律法规，制定口蹄疫防治技术规范。

【流行病学特点】偶蹄动物，包括牛科动物（牛、瘤牛、水牛、牦牛）、绵羊、山羊、猪及所有野生反刍和猪科动物均易感，驼科动物（骆驼、单峰骆驼、美洲驼、美洲骆马）易感性较低。

传染源主要为潜伏期感染及临床发病动物。感染动物呼出物、唾液、粪便、尿液、乳、精液及肉和副产品均可带毒。康复期动物可带毒。

易感动物可通过呼吸道、消化道、生殖道和伤口感染病毒，通常以直接或间接接触（飞沫等）方式传播，或通过人或犬、蝇、蝉、鸟等动物媒介，或经车辆、器具等被污染物传播。如果环境气候适宜，病毒可随风远距离传播。

【临床症状】羊跛行；唇部、舌面、齿龈、鼻镜、蹄踵、蹄叉、乳房等部位出现水疱；发病后期，水疱破溃、结痂，严重者蹄壳脱落，恢复期可见瘢痕、新生蹄甲；传播速度快，发病率高；成年动物死亡率低，幼畜常突然死亡且死亡率高。

【病理变化】消化道可见水疱、溃疡；幼畜可见骨骼肌、心肌表面出现灰白色条纹，形色酷似虎斑。

【病原学检测】间接夹心酶联免疫吸附试验，检测阳性；RT-PCR（逆转录PCR）试验，检测阳性；反向间接血凝试验（RIHA），检测阳性；病毒分离，鉴定阳性。

【血清学检测】中和试验，抗体阳性；液相阻断酶联免疫吸附试验，抗体阳性；非结构蛋白 ELISA 检测感染抗体阳性；正向间接血凝试验（IHA），抗体阳性。

【结果判定】疑似口蹄疫病例：符合该病的流行病学特点和临床诊断或病理诊断指标之一，即可定为疑似口蹄疫病例。确诊口蹄疫病例：疑似口蹄疫病例，病原学检测方法任何一项阳性，可判定为确诊口蹄疫病例；疑似口蹄疫病例，在不能获得病原学检测样本的情况下，未免疫家畜血清抗体检测阳性或免疫家畜非结构蛋白抗体 ELISA 检测阳性，可判定为确诊口蹄疫病例。

【疫情报告】任何单位和个人发现家畜上述临床异常情况的，应及时向当地动物防疫监督机构报告。动物防疫监督机构应立即按照有关规定赴现场进行核实。

【疫情处置】对疫点实施隔离、监控，禁止家畜、畜产品及有关物品移动，并对其内、外环境实施严格的消毒措施。必要时采取封锁、扑杀等措施。

【免疫】

（1）国家对口蹄疫实行强制免疫，各级政府负责组织实施，当地动物防疫监督机构进行监督指导。免疫密度必须达到100%。

（2）预防免疫，按农业部制定的免疫方案规定的程序进行。

（3）所用疫苗必须采用农业部批准使用的产品，并由动物防疫监督机构统一组织、逐级供应。

（4）所有养殖场/户必须按科学合理的免疫程序做好免疫接种，建立完整免疫档案（包括免疫登记表、免疫证、免疫标识等）。

（5）任何单位和个人不得随意处置及转运、屠宰、加工、经营、食用口蹄疫病（死）畜及产品；未经动物防疫监督机构允许，不得随意采样；不得在未经国家确认的实验室剖检分离、鉴定、保存病毒。

（二）羊痘防治技术规范

羊痘是一种急性接触性传染病。分布很广，群众称之为"羊天花"或"羊出花"。本病在绵羊及山羊都可发生，也能传染给人。其特征是有一定的病程，通常都是由丘疹到水疱，再到脓疱，最后结痂。绵羊易感性比山羊大，造成的经济损失很严重。除了死亡损失比山羊高以外，还由于病后恢复期较长，营养不良，使羊毛的品质变劣；怀孕病羊常常流产；羔羊的抵抗力较弱，死亡率更大，故应加强防制，彻底扑灭。

【流行病学特点】羊痘可发生于全年的任何季节，但以春、秋两季比较多发，传播很快。主要传染来源是病羊，病羊呼吸道的分泌物、痘疹渗出液、脓汁、痘痂及脱落的上皮内都含有病毒，病期的任何阶段都有传染性。当健羊和病羊直接或间接接触时，很容易受到传染。天然传染途径为呼吸道、消化道和受损伤的表皮。受到污染的饲料、饮水、羊毛、羊皮、草场、初愈的羊以及接触的人畜等，都能成为传播的媒介。但病愈的羊能获得终身免疫。潜伏期2~12天，平均6~8天。

【临床症状】发痘前，可见病羊体温升高到41~42℃，食欲减少，结膜潮红，从鼻孔流出黏性或脓性鼻漏，呼吸和脉搏增快，经1~4天开始发痘。

发痘时，痘疹大多发生于皮肤无毛或少毛部分，如眼的周围、唇、鼻翼、颊、四肢和尾的内面、阴唇、乳房、阴囊及包皮上（彩图9.6、彩图9.7）。山羊大多发生在乳房皮肤和乳头上。开始为红斑，1~2日形成丘疹，突出皮肤表面，随后丘疹渐增大，变成灰白色水疱，内含清亮的浆液，此时病羊体温下降。

在羊痘流行中，由于个体的差异，有的病羊呈现非典型经过，如在形成丘疹后，不再出现其他各期变化；有的病羊经过很严重，痘疹密集，互相融合连成一片，由于化脓菌侵入，皮肤发生坏死或坏疽，全身病状严重；甚至有的病羊，在痘疹聚集的部位或呼吸道和消化道发生出血。这些重病例多死亡。一般典型病程需 3~4 周，冬季较春季为长。如有并发肺炎（羔羊较多）、胃肠炎、败血症等时，病程可延长或早期死亡。

还有各种不典型的症状：

（1）只呈呼吸道及眼结膜的卡他症状，并无痘的发生，这是因为羊的抵抗力特别强大。

（2）丘疹并不变成水疱，数日内脱落而消失。

（3）脓疱特别多，互相融合而形成大片脓疱，即形成融合痘。

（4）有时水疱或脓疱内部出血，羊的全身症状剧烈，形成溃疡及坏死区，称为黑痘或出血痘。

（5）若伴发整块皮肤的坏死及脱落，则称为坏疽痘，此型痘通常引起死亡。

【剖检】特征性的病理变化主要见于皮肤及黏膜。尸体腐败迅速。在皮肤（尤其是毛少的部分）上可见到不同时期的痘疮。呼吸道黏膜有出血性炎症，有时有增生性病灶，呈灰白色，圆形或椭圆形，直径约 1 厘米。气管及支气管内充满混有血液的浓稠黏液。有继发病症时，肺有肝变区。消化道黏膜亦有出血性发炎，特别是肠道后部，常可发现不深的溃疡，有时也有脓疱。病势剧烈时，前胃及真胃有水疱，间或在瘤胃有丘疹出现。淋巴结水肿、多汁而发炎。肝脏有脂肪变性病灶。

【诊断】在典型的情况下，可根据标准病程（红斑、丘疹、水疱、脓疱及结痂）确定诊断。当症状不典型时，可用病羊的痘液接种给健羊进行诊断。区别诊断：在液疱及结痂期间，可能误认为是皮肤湿疹或疥癣病，但此二病均无发热等全身症状，而且湿疹并无传染性；疥癣病虽能传染，但发展很慢，并不形成水疱和脓疱，在镜检刮屑物时可以发现螨虫。

【防治】

（1）平时做好羊的饲养管理，圈要经常打扫，保持干燥清洁，抓好秋膘。冬、春季节要适当补饲做好防寒过冬工作。

（2）在羊痘常发地区，每年定期预防注射羊痘鸡胚化弱毒疫苗，大小羊一律尾内或股内皮下注射0.5毫升，山羊皮下注射2毫升。

（3）当发生羊痘时，立即将病羊隔离，羊圈及管理用具等进行消毒。对尚未发病羊群，用羊痘鸡胚化弱毒苗进行紧急注射。

（4）对于绵羊痘采用自身血液疗法能刺激淋巴、循环系统及器官，特别是网状内皮系统，使其发挥更大的作用，促进组织代谢，增强机体全身及局部的反应能力。

（5）对皮肤病变酌情进行对症治疗，如用0.1%高锰酸钾洗后，涂碘甘油、紫药水。对细毛羊、羔羊，为防止继发感染，可以肌内注射青霉素80万～160万单位，每日1～2次，或用10%磺胺嘧啶10～20毫升，肌内注射1～3次。用痊愈血清治疗，大羊为10～20毫升，小羊为5～10毫升，皮下注射，预防量减半。用免疫血清效果更好。

（三）布鲁杆菌病防治技术规范

布鲁杆菌病（布鲁杆菌病，简称布病）是由布鲁杆菌属细菌引起的人兽共患的常见传染病。中国将其列为二类动物疫病。为了预防、控制和净化布病，依据《中华人民共和国动物防疫法》及有关的法律法规，制定布鲁杆菌病防治技术规范。

【流行病特点】布鲁杆菌是一种细胞内寄生的病原菌，主要侵害动物的淋巴系统和生殖系统。病畜主要通过流产物、精液和乳汁排菌，污染环境。羊、牛、猪的易感性最强。母畜比公畜、成年畜比幼年畜发病多。在母畜中，第一次妊娠母畜发病较多。带菌动物，尤其是病畜的流产胎儿、胎衣是主要传染源。消化道、呼吸道、生殖道是主要的感染途径，也可通过损伤的皮肤、黏膜等感染。常呈地方性流行。

人主要通过皮肤、黏膜、消化道和呼吸道感染，尤其以感染羊种布鲁杆菌、牛种布鲁杆菌最为严重。

【临床症状】潜伏期一般为 14～180 天。

最显著症状是怀孕母畜发生流产（彩图 9.8），流产后可能发生胎衣滞留和子宫内膜炎，从阴道流出污秽不洁、恶臭的分泌物。新发病的畜群流产较多；老疫区畜群发生流产的较少，但发生子宫内膜炎、乳房炎、关节炎、胎衣滞留、久配不孕的较多。公畜往往发生睾丸炎、附睾炎或关节炎。

【病理变化】主要病变为生殖器官的炎性坏死，脾、淋巴结、肝、肾等器官形成特征性肉芽肿（布病结节）。有的可见关节炎。胎儿主要呈败血症病变，浆膜和黏膜有出血点和出血斑，皮下结缔组织发生浆液性、出血性炎症。

【疫情报告】任何单位和个人发现疑似疫情，应当及时向当地动物防疫监督机构报告。

动物防疫监督机构接到疫情报告并确认后，按《动物疫情报告管理办法》及有关规定及时上报。

【疫情处理】发现疑似疫情，畜主应限制动物移动；对疑似患病动物应立即隔离。

【预防和控制】非疫区以监测为主；稳定控制区以监测净化为主；控制区和疫区实行监测、扑杀和免疫相结合的综合防治措施。

（1）免疫接种：疫情呈地方性流行的区域，应采取免疫接种的方法。疫苗选择布病疫苗 S2 株（以下简称 S2 疫苗）、M5 株（以下简称 M5 疫苗）、S19 株（以下简称 S19 疫苗）以及经农业部批准生产的其他疫苗。

（2）无害化处理：患病动物及其流产胎儿、胎衣、排泄物、乳、乳制品等按照《GB 16548—1996 畜禽病害肉尸及其产品无害化处理规程》进行无害化处理。

（3）消毒：对患病动物污染的场所、用具、物品进行严格消毒。饲养场的金属设施、设备可采取火焰、熏蒸等方式消毒；养畜场的圈舍、场地、车辆等，可选用2%烧碱等有效消毒药消毒；饲养场的饲料、垫料等，可采取深埋发酵处理或焚烧处理；粪便消毒采取堆积密封发酵方式。皮毛消毒用环氧乙烷、福尔马林熏蒸等。

发生重大布病疫情时，当地县级以上人民政府应按照《重大动物疫情应急条例》有关规定，采取相应的扑灭措施。

（四）羊传染性胸膜肺炎防治技术规范

羊传染性胸膜肺炎是由山羊丝状支原体引起的，呈革兰阴性。病原体存在于病羊的肺脏和胸膜渗出液中，主要通过呼吸道感染。传染迅速，发病率高，在自然条件下，丝状支原体山羊亚种只感染山羊，3岁以下的山羊最易感染，而绵羊肺炎支原体则可感染山羊和绵羊。

【流行病学特点】病羊和带菌羊是本病的主要传染源。本病常呈地方流行性，接触传染性很强，主要通过空气－飞沫经呼吸道传染。阴雨连绵，寒冷潮湿，羊群密集、拥挤等因素，有利于空气－飞沫传染的发生；呈地方流行；冬季流行期平均为15天，夏季可维持2个月以上。

【临床症状】以咳嗽、胸肺粘连等为特征。潜伏期18～26天，病初体温升高到41～42℃，热度呈稽留型或间歇型。有肺炎症状，压迫病羊肋间隙时，感觉痛苦。病的末期，常发展为肠胃炎，伴有带血的急性下痢，渴欲增加。孕羊常发生流产。

其肺部病变及胸膜炎症状病理见彩图9.9、彩图9.10。

【防治】每年秋季注射一次胸膜肺炎疫苗；杜绝羊只、人员串动；圈舍定期消毒。用沙星类药物治疗和预防有特效。

平时预防，除加强一般措施外，关键问题是防止引入或迁入病羊和带菌者。新引进羊只必须隔离检疫1个月以上，确认健康时方可混入大群。

　　发病羊群应进行封锁，及时对全群进行逐头检查，对病羊、可疑病羊和假定健康羊分群隔离和治疗；对被污染的羊舍、场地、饲管用具和病羊的尸体、粪便等，应进行彻底消毒或无害化处理。

（五）羊常见细菌性猝死症防治

　　引起羊猝死的细菌性疾病较多，常见的有羊快疫、羊猝狙、羊肠毒血症、羊炭疽、羊黑疫、肉毒梭菌病和链球菌病等。这些疾病均引起羊在短期内死亡，且症状类似。

1. 羊快疫

　　【病原】病原体为腐败梭菌。通过消化道或伤口传染。经过消化道感染的，可引起羊快疫；经过伤口感染的，可引起恶性水肿。

　　【感染途径】在自然条件下，如在被死于羊快疫病羊尸体污染的牧场放牧或羊吞食了被其污染的饲料，都可发生感染。很多降低抵抗力的因素，可促进该病发生，如寒冷、冰冻饲料、绦虫等。

　　【症状】该病的潜伏期只有几小时，突然发病，在10~15分钟迅速死亡，有时可以延长到2~12小时。死前痉挛、膨胀，结膜急剧充血。常见的现象是羔羊当天表现正常，第二天早晨却发现死亡。其发病症状主要表现为体温升高，食欲废绝，离群静卧，磨牙，呼吸困难，甚至发生昏迷，天然无绒毛部位有红色渗出液，头、喉、舌等部黏膜肿胀，呈蓝紫色，口腔流出带血泡沫，有时发生带血下痢，常有不安、兴奋、突跃式运动或其他神经症状。

　　【治疗】磺胺类药物及青霉素均有疗效，但由于病期短促，生产中很难生效。

【预防】每年定期应用羊快疫、羊猝疽、羊肠毒血症、羔羊痢疾四联苗预防注射。

羊群中一旦发病，立即将病羊隔离，并给发病羊群全部灌服0.5%高锰酸钾溶液250毫升或1%硫酸铜溶液80~100毫升，同时进行紧急接种。

病死羊尸体、粪便和污染的泥土一起深埋，以断绝污染土壤和水源的机会。圈舍用3%火碱彻底消毒。也可以用20%漂白粉消毒。

2. 羊猝疽

【病原】本病是由 C 型魏氏梭菌引起的一种毒血症。

【症状】急性死亡、腹膜炎和溃疡性肠炎为特征，十二指肠和空肠黏膜严重充血糜烂，个别区段有大小不等的溃疡灶。常在死后8小时内，由于细菌的增殖，于骨骼肌肌间积聚有血样液体，肌肉出血，有气性裂孔。以1~2岁的绵羊发病较多。

【诊断】本病的流行特点、症状与羊快疫相似，这两种病常混合发生。诊断主要靠肠内容物毒素种类的检查和细菌的定型，其方法见肠毒血症的诊断。

【预防和治疗】同羊快疫和羊肠毒血症。

3. 羊肠毒血症

【病原】羊肠毒血症是魏氏梭菌产生毒素所引起的绵羊急性传染病。

【感染途径】本菌常见于土壤中，通过口腔进入胃肠道，在真胃和小肠内大量繁殖，产生大量毒素。毒素被机体吸收后，可使羊体发生中毒而引起发病。

【症状】以发病急，死亡快，死后肾脏多见软化为特征。又称软肾病、类快疫。

最急性病羊死亡很快。个别呈现疝痛症状，步态不稳，呼吸困难，有时磨牙，流涎，短时间内倒地死亡。急性的表现为，病羊食欲消失，下痢，粪便恶臭，带有血液及黏液，意识不清，常呈昏迷状态，经 1~3 日死亡。有的可能延长，其表现特点有时兴奋，有时沉郁，黏膜有黄疸或贫血，这种情况，虽然可能痊愈，但大多数失去经济利用价值。

【诊断】病的诊断以流行病学、临床症状和病例剖检为基础，注意个别羔羊突然死亡。剖检见心包扩大，肾脏变软或呈乳糜状。但最根本的方法是细菌学检查。

【预防和治疗】同羊快疫。

4. 炭疽

【病原】该病是由炭疽杆菌引起的传染病，常呈败血性。

【症状】潜伏期 1~5 天。根据病程，可分为最急性型、急性型、亚急性型。

（1）最急性型：突然昏迷、倒地，呼吸困难，黏膜青紫色，天然孔出血。病程为数分钟至几小时。

（2）急性型：体温达 42℃，少食，呼吸加快，反刍停止，孕羊可流产。病情严重时，惊恐、哞叫，后变得沉郁，呼吸困难，肌肉震颤，步态不稳，黏膜青紫。初便秘，后可腹泻、便血，有血尿。天然孔出血，抽搐痉挛。病程一般 1~2 天。

（3）亚急性型：在皮肤、直肠或口腔黏膜出现局部的炎性水肿，初期硬，有热痛，后变冷而无痛。病程为数天至 1 周以上。

【预防】经常发生炭疽的地区，应进行预防注射。未发生过本病的地区在引进羊时要严格检疫，不要买进病羊。尸体要焚烧、深埋，严禁食用；对病羊污染环境可用 20% 漂白粉彻底消毒。疫区应封锁，疫情完全消灭后 14 天才能解除。

5. 羊黑疫 羊黑疫又称传染性坏死性肝炎，羊的一种急性高度致死性毒血症。

【发病特点】以 2~4 岁、营养好的绵羊多发，山羊也可发生。主要发生于低洼潮湿地区，以春、夏季多发。

【症状】临床症状与羊肠毒血症、羊快疫等极其相似，症程短促。病程长的病例 1~2 天。常食欲废绝，反刍停止，精神不振，放牧掉群，呼吸急促，体温 41℃左右，昏睡俯卧而死。

【防治】病程稍缓病羊，肌内注射青霉素 80 万~160 万单位，一日 2 次。也可静脉或肌内注射抗诺维梭菌血清，一次 50~80 毫升，连续用 1~2 次。

控制肝片吸虫的感染，定期注射羊厌气菌病五联苗，皮下或肌内注射 5 毫升。发病时一般圈至高燥处，也可用抗诺维梭菌血清早期预防，皮下或肌内注射 10~15 毫升，必要时重复 1 次。

6. 肉毒梭菌中毒

【病因】肉毒梭菌存在于家畜尸体内和被污染的草料中，该菌在适宜的条件下（潮湿、厌氧，18~37℃）能够繁殖，产生外毒素。羊只吞食了含有毒素的草料或尸体后，即会引起中毒。

【症状】中毒后一般表现为吞咽困难，卧地不起，头向侧弯，颈、腹部和大腿肌肉松弛。一般体温正常，多数 1 日内死亡。最急性的不表现任何症状，突然死亡。慢性的继发肺炎，消瘦死亡。

【防治】不用腐败发霉的饲料喂羊，清除牧场、羊舍和周围的垃圾、尸体。定期预防注射类毒素。注射肉毒梭菌抗毒素 6 万~10 万单位；投服泻剂清理肠胃；配合对症治疗。

7. 羊链球菌病

【病原】病原体为 C 型溶血性链球菌。多经呼吸道感染。当天气寒冷、饲料不好时容易发病，在牧草青黄不接时最容易发病和死亡。新发地区多呈流行性，常发地区则呈地方流行性或散发性。

【症状】病程短，最急性病例 24 小时内死亡，一般为 2~3 天。病初体温高达 41℃以上；结膜充血，有脓性分泌物；鼻孔有浆液、黏液脓性鼻液；有时唇舌肿胀，流涎，并混有泡沫；颌下淋巴结肿大，咽喉肿胀，呼吸急促，心跳加快；排软便，带黏液或血。最后衰竭卧地不起。

【诊断】根据发病季节、症状和剖检，可以做出初步诊断。细菌学检查具有确诊意义。

【防治】加强饲养管理，保证羊体健壮。每年秋季注射疫苗。圈舍定期消毒。治疗可用青霉素、磺胺类。

8. 羊快疫、羊猝疽、羊肠毒血症、羊炭疽的鉴别诊断 羊快疫病原体为腐败梭菌、羊猝疽病原体为 C 型魏氏梭菌、羊肠毒血症病原体为 D 型魏氏梭菌、炭疽病原为炭疽杆菌。这些传染病羊易感，对养羊业危害较大，并且症状相似，应注意鉴别（表9.1）。

表9.1 **羊快疫、羊猝疽、羊肠毒血症、羊炭疽的鉴别**

鉴别要点	羊快疫	羊肠毒血症	羊猝疽	羊炭疽
发病年龄	6～18 个月	2～12 个月	1～2 岁	成年羊
营养状况	膘情好者多发	膘情好者多发	膘情好者多发	营养不良者多发
发病季节	秋季和早春多发	春、夏之交和秋季多发	冬、春多发	夏、秋多发
发病诱因	气候骤变	精料等过食	多见阴洼沼泽地区	气温高、雨水多，吸虫、昆虫活跃
高血糖和尿糖	无	有	无	无
胸腺出血	无	有	无	—
真胃出血性炎	很显著，弥漫性、斑块状	不显著	轻微	较显著，小点状

续表

鉴别要点	羊快疫	羊肠毒血症	羊猝疽	羊炭疽
小肠溃疡性炎	无	无	有	无
骨骼肌气肿出血	无	无	死后 8 小时出现	无
肾脏软化	少有	死亡时间较久者多见	少有	一般无
急性脾肿	无	无	无	有
抹片检查	肝被膜触片常有无关节长丝状的腐败梭菌	血液和脏器组织一般不见细菌	体腔渗出液和脾脏抹片中可见 C 型魏氏梭菌	血液和脏器涂片见有荚膜的炭疽杆菌

（六）结核类疾病防治

1. 山羊结核

【病原】病原为结核杆菌。结核杆菌分为三型，即人型、牛型和禽型，是由于结核杆菌长期分别生存于不同机体而适应的结果。结核杆菌对于干燥、腐败作用和一般消毒药的耐受性很强，日光和高温容易杀死本菌，日光照射半小时到两小时死亡，煮沸时 5 分钟以内即死亡。

【传染途径】这三型杆菌均可感染人、畜。主要通过呼吸道和消化道感染。病羊或其他病畜的唾液、粪尿、奶、泌尿生殖道分泌物及体表溃疡分泌物中都含有结核杆菌。结核杆菌进入呼吸道或消化道即可感染。

【症状】山羊结核病症状不明显，一般为慢性经过。轻度感染的病羊没有临床症状，病重时食欲减退，全身消瘦，皮毛干燥，精神不振。常排出黄色黏稠鼻液，甚至含有血丝，呼吸带痰音，发生湿性咳嗽。病的后期表现贫血，呼气带臭味，磨牙，喜好吃土。体温升高到 40～41℃。

【诊断】主要通过结核菌素点眼和皮内注射试验进行诊断。

【防治】主要通过检疫，阳性扑杀，使羊群净化。对有价值的种羊须治疗时，可采用链霉素、异烟肼（雷米封）、对氨水杨酸钠或盐酸黄连素治疗。

2. 羊副结核病

【病因】副结核病又称副结核性肠炎、稀屎痨，是牛、绵羊、山羊的一种慢性接触性传染病，分布广泛。在青饲料青黄不接，草料供应不上、羊只体质不良时，发病率上升。转入青草期，病羊症状减轻，病情大见好转。

【发病特点】副结核分枝杆菌主要存在于病羊的肠道黏膜和肠系膜淋巴结，通过粪便排出，污染饲料、饮水等，经消化道感染健康羊。幼龄羊的易感性较大，大多在幼龄时感染，经过很长的潜伏期，到成年时才出现临床症状，特别是机体的抵抗力减弱，饲料中缺乏无机盐和维生素，容易发病；呈散发或地方性流行。

【症状】病羊腹泻反复发生，稀便呈黄色、黑褐色，带有腥臭味或恶臭味，并带有气泡。开始为间歇性腹泻，逐渐变为经常性而又顽固的腹泻，后期呈喷射状排出。有的母羊泌乳少，颜面及下颌部水肿，腹泻不止，最后消瘦枯立，衰竭而死。病程长短不一，病程 4～5 天，长的可达 70 多天，一般是 15～20 天。

【防治】对疫场（或疫群）可采用以提纯副结核菌素变态反应为主要检疫手段，每年检疫 4 次，凡变态反应阳性而无临床症状的羊，立即隔离，并定期消毒；无临床症状但粪便检阳性或补给阳性者均扑杀。非疫区（场）应加强卫生措施，引进种羊应隔离检疫，无病才能入群。在感染羊群接种副结核灭活疫苗和采取防治措施，可以使本病得到控制和逐步消灭。

3. 山羊伪结核

【病原】病原为假结核棒状杆菌或啮齿类假结核杆菌。不能形成芽孢,容易被杀死,在土壤中不能长期存活,但圈舍的环境有利于本菌的繁殖,因此羊群易发本病。

【传染途径】主要通过伤口传染,尤其是在梳绒剪毛时易发,此外如脐带伤、打耳标等,都可成为细菌侵入的途径。

【症状】最常患病的部位在肩前、股前及头颈部的淋巴结。淋巴结肿胀,内含黄色的豆渣样物。有时发生在睾丸。当肺部患病时,引起慢性咳嗽,呼吸快而费力,咳嗽痛苦,鼻孔流出黏液或脓性黏液。

【诊断】主要根据特殊病灶做出诊断。

【预防】因为该病主要通过伤口感染,所以伤口要严格消毒,梳绒剪毛时受伤机会最大,对有病灶的羊最后梳剪,用具要经常消毒。处理假结核脓肿时,脓汁要消毒处理。

【治疗】外部脓肿切开排脓。在切开脓肿时,间或可能使病原入血,引起其他部分脓肿。但待自行破裂又容易造成脓肿乱散而扩大传染。所以最好是在即将破裂之前人工切开。破裂之前表现为:脓肿显著变软,表面被毛脱落,局部皮肤发红。切开排脓清洗后,塞入吸有碘酒的纱布,一般在一周即可痊愈。对内脏患病而出现全身症状者,一般治疗无效。

(七)绵羊肺腺瘤病的防治

绵羊肺腺瘤病是绵羊的一种慢性、进行性、接触性传染的肺脏肿瘤性疾病,此病也发生在山羊。是以患羊咳嗽、呼吸困难、消瘦、大量浆液性鼻漏、Ⅱ型肺泡上皮细胞和无纤毛细支气管上皮细胞肿瘤性增生为主要特征的疾病。中国首例绵羊肺腺瘤病是1951年西北畜牧兽医学院朱宣人在病检时发现的。目前除澳大利亚、新西兰未见该病报道和冰岛已用严厉措施灭绝了该病外,世界上多数养羊业发达的国家和地区都有该病的发生和流行。

【病原】本病病原称为绵羊肺腺瘤病毒或驱赶病毒。本病毒含线性单股负链 RNA，核衣壳直径 95～115 纳米，其外有囊膜，是一种反转录病毒。本病毒抵抗力不强，在 56℃ 30 分钟灭活，对氯仿和酸性环境都很敏感。－20℃保存的病肺细胞里的病毒可存活数年。本病毒不易在体外培养，而只能依靠人工接种易感绵羊来获得病毒。用病料经鼻或气管接种绵羊，经 3～7 个月的潜伏期后出现临床症状，在肺脏及其分泌物中含有较多的病毒。

【流行病学】本病多为散发，有时也能大批发生。冬季寒冷以及羊圈中羊只拥挤，可促进本病的发生和流行。羊群长途运输或驱赶，尘土刺激，细菌及寄生虫侵袭等均可引起肺源性损伤，导致本病的发生。不同品种、年龄、性别的绵羊均易感染，品种间以美利奴绵羊的易感性最高，母羊发病较多，成年绵羊特别是 3～5 岁的发病较多。在特殊情况下，也可发生于 2～3 月龄绵羊。病羊是本病的传染源，通过咳嗽和喘气可将病毒排出，经呼吸道传染给易感羊，也有通过胎盘而使羔羊发病的报道。

【临床症状】绵羊肺腺瘤病有较长潜伏期，人工感染潜伏期为 3～7 个月。只有较大的和成年绵羊有临床表现，早期病羊精神不振，被毛粗乱，步态僵硬，逐渐消瘦，结膜呈粉白色，无明显体温反应。出现咳嗽、喘气、呼吸困难症状。在剧烈运动或驱赶时呼吸加快。后期呼吸快而浅，吸气时常见头颈伸直，鼻孔扩张，张口呼吸。病羊常有混合性咳嗽，呼吸道积液是本病的特有症状，听诊时呼吸音明显，容易听到升高的湿性啰音。当支气管分泌物聚积在鼻腔时，则随呼吸发出鼻塞音。若头下垂或后躯居高时，可见到泡沫状黏液和鼻中分泌物从鼻孔流出。病羊体温正常，但在病的后期可能继发细菌感染，引起化脓性肺炎，导致急性发作，有时为发热性病程。本病末期，病羊衰竭、消瘦、贫血，但仍然保持站立姿势（因为躺卧时呼吸更加困难），直至死亡。

【病理变化】病羊死后剖检时的病理变化主要集中在肺脏。

病羊的肺脏比正常的大2~3倍。在肺的心叶、尖叶和膈叶的下部，可见大量灰白色乃至浅黄褐色结节，其直径1~3厘米，外观圆形，质地坚实，密集的小结节发生融合，形成大小不一、形态不规则的大结节。甚至可波及一个肺叶的大部分。如有继发感染则出现大小不等的化脓灶。病变部位的肺胸膜常与胸壁及心包膜粘连。部分病羊因肿瘤转移，致使支气管周围淋巴结增大，形成不规则的肿块。左心室增生、扩张。组织学变化可见肺肿瘤，是由增生的肺泡和支气管的上皮增生所组成。病羊的肺脏病理组织切片，可见Ⅱ型肺泡上皮细胞大量增生，形成许多乳头状腺癌灶，乳头状的上皮细胞突起向肺泡腔内扩张。有的腺癌灶周围的肺泡腔内充满大量增生脱落的上皮细胞，主要以Ⅱ型肺泡上皮细胞为主。这些增生脱落的细胞伴随大量渗出液体，经呼吸道从鼻腔排出。从而可以从病羊鼻腔分泌物的推片染色镜检中特异性发现有大量Ⅱ型肺泡上皮细胞存在。病后期，肺的切面有水肿液流出。

【诊断】目前对于活体绵羊是否患有绵羊肺腺瘤病还没有一种很明确的诊断方法，对本病的诊断主要依靠病史、临床症状、病理剖检和组织学变化进行。对可疑的病羊做驱赶试验，观察呼吸数变化、咳嗽和流鼻液情况。提起病羊后躯，使头部下垂观察鼻液流出情况等可做出初步诊断。在感染羊的循环血液中检测不到相应抗体，只能通过分子克隆技术而获得融合蛋白，用来免疫家兔或山羊，产生的抗血清即能与融合蛋白起抗原抗体反应，也能与被检样品中的SPA病毒起反应，从而达到诊断的目的。

当病羊通过上述方法初步诊断为本病时，可以对病羊进行以下几方面的检测：①病羊鼻腔分泌物的光镜下观察。②病毒抗原的检测，对病羊的分泌物或肺脏匀浆进行酶联免疫吸附试验（B-ELISA）和免疫印迹试验。③动物接种试验。④绵羊肺腺瘤病反转录病毒（JSRV）的克隆和序列分析使建立有效的PCR诊断方法成为可能。

【防治】目前还没有可用的疫苗。本病的防制应严禁从有病国家和羊群引进动物。在发生本病地区，将临床发病羊全部屠宰、淘汰，发病羊群应加以隔离。对圈舍和草场等环境进行严格消毒并空闲一定时间再重新使用。在非疫区，严禁从疫区引进绵羊和山羊，如引进种羊，须严格检疫后隔离，进行长时间观查，定期临床检查。如无异常再行混群。消除和减少诱发本病的各种因素，加强饲养管理，改善环境卫生，防止疾病的发生。

绵羊肺腺瘤病是2008年中华人民共和国农业部公告第1125号规定的三类动物疫病。由于本病分布广泛和高病死率，给养羊业带来严重危害，越来越多地引起兽医学界的广泛关注。作为进出口检疫部门，加强对本病的研究和诊断可对中国进出口羊检疫时提供有效方法，并且对病羊群的检疫、净化和清群提供帮助，防止绵羊肺腺瘤病的传入传出。

（八）蓝舌病

【病原】病原为蓝舌病病毒，病毒抵抗力很强，在50%甘油中可存活多年，对3%氢氧化钠溶液很敏感。已知本病毒有多种血清型，各型之间无交互免疫力。

【传染途径】绵羊易感，牛和山羊的易感性较低。病的发生具有严格的季节性。主要由各种库蠓昆虫传播。本病的分布与这些昆虫的分布、习性和生活史密切相关。多发生于湿热的夏季和早秋。特别多见于池塘河流多的低洼地区。在流行地区的牛也可能是急性感染或为带毒牛。对本病来说，牛是宿主，库蠓是传播媒介，而绵羊是临床症状表现最严重的动物。

【症状】潜伏期为3~8天，病初体温升高达40.5~41.5℃，稽留热5~6天。表现厌食，委顿，流涎，口唇水肿延伸到面部和耳部，甚至颈部和腹部。口腔黏膜充血，后发绀，呈青紫色。在发热几天后，口腔连同唇、龈、颊、舌黏膜糜烂，致使吞咽困难；随着病的发展，在溃疡损伤部位渗出血液，唾液呈红色，口腔发臭。鼻流炎性、黏液性分泌物，鼻孔周围结痂，引起呼吸困难和鼾声（彩图9.11）。有时蹄冠、蹄叶发生炎症，触之敏感，呈不同程度跛行。甚至膝行或卧地不动。病羊消瘦、衰弱，有的便秘或腹泻，有时下痢带血，早期有白细胞减少症。病程一般为6～14天，发病率一般为30%～40%，病死率2%～3%，有时高达90%，患病不死的经10～15天症状消失。6～8周后蹄部也恢复。怀孕4～8周的母羊遭受感染时，其分娩的羔羊约有20%发育缺陷，如脑积水、小脑发育不足、回沟过多等。

【诊断】根据抽搐发热、白细胞减少、口和唇肿胀和糜烂、跛行、行动强直、蹄的炎症及流行季节等典型症状和病变可做出临床诊断。也可进行血清学诊断，方法有补体结合试验、中和试验、琼脂扩散试验、直接和间接荧光抗体技术、酶标记抗体法、核酸电泳分析与核酸探针检测等，其中以琼脂扩散试验较为常用。

【防治】对病羊要精心护理，给以易消化的饲料，每天用温和的消毒液冲洗口腔和蹄部，必须注意病羊的营养状态。预防继发感染可用磺胺药或抗生素，有条件的地区或单位，发现病羊或分离出病毒的阳性羊予以扑杀；血清学阳性羊，要定期复检，限制其流动，就地饲养使用，不能留作种用。

（九）羊口疮

【病原】病原为滤过性口疮病毒。其形态与羊痘病毒相似。病痂内的病毒在炎热的夏季经过30～60天即失去传染力，但在秋冬季节散播在土壤里的病毒，到第二年春季仍有传染性。

【传染途径】主要传染源是病羊，通过接触传染。也可经污染的羊舍、草场、草料、饮水和用具等感染。传染的门户是损伤的皮肤和黏膜。

【症状】主要发生于两侧口角部、上下唇的内外面、齿龈、舌尖表面及硬腭等处，少数见于鼻孔及眼部。病初口角或上下唇的内外侧充血，出现散在的红疹。以后红疹数目逐渐增加，患部肿大，并形成脓包。经2~4日，红疹全部变为脓包。脓包迅速破裂，形成无皮的溃疡，以后形成一层灰褐色痂块。痂块逐渐增大，结成黑色赘疣状的痂块，摸起来极为坚硬。如剥除痂块，疮面凹凸不平，容易出血。延及舌面、齿龈及硬腭的病变，常常烂成一片，但不经过结痂过程（彩图9.12）。

【诊断】羔羊发病率高而严重，传染迅速。患病局限于唇部的为多数。病变特点是形成疣状结痂，痂块下的组织增生呈桑葚状。

【防治】定期注射口疮疫苗。用0.1%高锰酸钾清洗，10~15天即可痊愈。

（十）羊衣原体病

衣原体病是由鹦鹉热衣原体引起羊、牛等多种动物的传染病。临诊病理特征为流产、肺炎、肠炎、多发性关节炎和脑炎。

【病因】鹦鹉热衣原体属于衣原体科、衣原体属，革兰染色阴性。生活周期各期中形态不同，染色反应亦异。姬姆萨染色，形态较小、具有传染性的原生小体被染成紫色，形态较大、无传染性的繁殖性初体被染成蓝色。受感染的细胞内可查见各种形态的包涵体，主要由原生小体组成，对疾病诊断有特异性。衣原体在一般培养基上不能繁殖，常在鸡胚和组织培养中能够增殖。小鼠和豚鼠具有易感性。鹦鹉热衣原体抵抗力不强，对热敏感，感染鸡胚卵黄囊中的衣原体在-20℃可保存数年。0.1%福尔马林、0.5%石炭酸、70%酒精、3%氢氧化钠均能将其灭活。衣原体对青霉素、四环素、氟苯尼考、红霉素等抗生素敏感，而对链霉素有抵抗力。对磺胺类药物，沙眼衣原体敏感，而鹦鹉热衣原体则有抗药性。

【流行病学】鹦鹉热衣原体可感染多种动物，但常为隐性经过。家畜中以羊、牛较为易感，禽类感染后称为"鹦鹉热"或"鸟疫"。许多野生动物和禽类是本菌的自然宿主。患病动物和带菌动物为主要传染源，可通过粪便、尿液、乳汁、泪液、鼻分泌物以及流产的胎衣、羊水排出病原体，污染水源、饲料及环境。本病主要经呼吸道、消化道及损伤的皮肤、黏膜感染；也可通过交配或用患病公畜的精液人工授精而感染，子宫内感染也有可能；蜱、螨等吸血昆虫叮咬也可能传播本病。本病一般呈散发性或地方性流行。密集饲养、营养缺乏、长途运输或迁移、寄生虫侵袭等应激因素可促进本病的发生、流行。

【临床症状】临诊上羊常表现以下几型：

（1）流产型：流产多发生于孕期最后一个月，病羊流产、死产和产出弱羔，胎衣往往滞留，排流产分泌物可达数日之久。流产过的母羊一般不再流产。

（2）关节炎型：主要发生于羔羊，引起多发性关节炎。病羔体温升至 41 ~ 42℃，食欲丧失，离群，肌肉僵硬、疼痛，一肢或四肢跛行，有的则长期侧卧，体重减轻，并伴有滤泡性结膜炎，病程 2 ~ 4 周。羔羊痊愈后对再感染有免疫力。

（3）结膜炎型：结膜炎主要发生于绵羊特别是羔羊。病羊单眼或双眼均可发生，病眼流泪，结膜充血、水肿，角膜混浊，有的出现血管翳，甚至糜烂、溃疡或穿孔，一般经 2 ~ 4 天开始愈合。数日后，在瞬膜和眼睑上形成 1 ~ 10 毫米的淋巴样滤泡。部分病羔发生关节炎、跛行。病程一般 6 ~ 10 天或数周。

【病理变化】流产型：流产动物胎膜水肿、增厚；胎盘子叶出血、坏死；流产胎儿苍白、贫血，皮下水肿，皮肤和黏膜有点状出血，肝脏充血。组织学检查，胎儿肝、肺、肾、心肌和骨骼肌有弥漫性和局灶性网状内皮细胞增生。关节炎型：关节囊扩张，发生纤维素性滑膜炎。关节囊内集聚有炎性渗出物，滑膜附有疏松的纤维素性絮片。患病数周的关节滑膜层由于绒毛样增生而变粗糙。结膜炎型：眼观病变和临床所见相同，组织学变化限于结膜囊和角膜，疾病早期，结膜上皮细胞的胞浆里先出现衣原体的繁殖型初体，然后可见感染型原生小体，滤泡内淋巴细胞增生。

【疾病诊断】病原学检查：①病料采集，采集血液、脾脏、肺脏和气管分泌物、肠黏膜及肠内容物、流产胎儿及流产分泌物、关节滑液、脑脊髓组织等作为病料。②染色镜检，病料涂片或感染鸡胚多日黄液抹片，姬姆萨染色镜检，可发现圆形或卵圆形的病原颗粒，革兰染色阴性。分离培养：将病料悬液0.2毫升接种于孵化5~7天的鸡胚卵黄囊内，感染鸡胚常于5~12天死亡，胚胎或卵黄囊表现充血、出血。取卵黄囊抹片镜检，可发现大量原生小体。有些衣原体菌株则需盲传几代，方能检出原生小体。③动物接种试验，经脑内、鼻腔或腹腔途径将病料接种于SPF小鼠或豚鼠，进行衣原体的增殖和分离。

血清学试验、补体结合试验、中和试验、免疫荧光试验等均可用于本病的诊断。本病的症状与布氏杆菌病、弯曲菌病、沙门杆菌病等疾病相似，如欲鉴别，可采用病原学检查和血清学试验。

【治疗】肌内注射氟苯尼考，20~40毫克/千克体重，每日1次，连用1周；或肌内注射青霉素，每次160万~320万单位，每日2次，连用3天。也可将四环素族抗生素混于饲料，连用1~2周。

【防治】加强饲养及卫生管理，消除各种诱发因素，防止寄生虫侵袭，避免羊群与鸟类接触，杜绝病原体传入。国内外已研制出用于绵羊、山羊的衣原体疫苗，可用作免疫接种。发生本病时，流产母羊及其所产羔羊应及时隔离。流产胎盘及排出物应予销毁。污染的圈舍、场地等环境用2%氢氧化钠溶液、2%来苏儿溶液等进行彻底消毒。

三、羊寄生虫病防治技术

（一）螨病

螨病是羊的一种慢性寄生性皮肤病，由疥螨和痒螨寄生在体表而引起的，短期内可引起羊群严重感染，危害严重。

【病原寄生虫】疥螨寄生于皮肤角化层下，虫体在隧道内不断发育和繁殖。成虫体长 0.2 ~ 0.5 毫米，肉眼不易看见。痒螨寄生在皮肤表面，虫体长 0.5 ~ 0.9 毫米，长圆形，肉眼可见。

【症状】病初，虫体刺激神经末梢，引起剧痒，羊不断在圈墙、栏柱等处摩擦；在阴雨天气、夜间、通风不好的圈舍随着病情的加重，痒觉表现更加剧烈，继而皮肤出现丘疹、结节、水疱，甚至脓疮；以后形成痂皮和龟裂。特别是绵羊患疥螨病时，病变主要局限于头部，病变处如干涸的石灰。绵羊感染痒螨后，可见患部有大片被毛脱落。患羊因终日啃咬和摩擦患部，烦躁不安，影响采食和休息，日渐消瘦，最终可极度衰竭而死亡（彩图9.13、彩图9.14）。

【发病特点】主要发生于冬季和秋末、春初。发病时，疥螨病一般始于羊皮肤柔软且短毛的部位，如嘴唇、口角、鼻面、眼圈及耳根部，以后皮肤炎症逐渐向周围蔓延；痒螨病则起始于被毛稠密和温度、湿度比较恒定的皮肤部分，如绵羊多发生于背部、臀部及尾根部，以后才向体侧蔓延。

【防治方法】涂药疗法适合于病羊数量少，患部面积小，并可在任何季节使用，但每次涂擦面积不得超过体表的1/3。涂药用克辽宁擦剂（克辽宁1份、软肥皂1份、酒精8份，调合即成）、5%敌百虫溶液（来苏儿5份，溶于100份温水中，再加入5份敌百虫配成）。药浴疗法适用于病羊数量多且气候温暖的季节，药浴液用0.05%蝇毒磷乳剂水溶液，0.5% ~ 1%敌百虫水溶液，0.05%辛硫磷乳油水溶液。

（二）肠道线虫病

【病因】羊通过采食被污染的牧草或饮水而感染。

【症状】羊消化道线虫感染的临床症状以贫血、消瘦、下痢便秘交替和生产性能降低为主要特征。表现为患病动物结膜苍白、下颌间和下腹部水肿，便稀或便秘，体质瘦弱，严重时造成死亡（彩图9.15、彩图9.16）。

【预防】加强饲养管理及卫生消毒工作，进行计划性驱虫，可用噻苯唑进行药物预防。

【治疗】

（1）丙硫咪唑，按5～20毫克/千克体重，口服。

（2）吩噻唑，按0.5～1.0毫克/千克体重，混入稀面糊中或用面粉做成丸剂使用。

（3）噻苯唑，按50～100毫克/千克体重，口服。对成虫和未成熟虫体都有良好的效果。

（4）驱虫净，按10～15毫克/千克体重，配成5%的水溶液灌服。

（三）绦虫病

本病分布很广，能引起羔羊的发育不良，甚至死亡。

【病原】本病的病原为绦虫，比较常见的有扩展莫尼茨绦虫和贝氏莫尼茨绦虫。是一种长带状而由许多扁平体节组成的蠕虫，寄生在羊的小肠中，羊放牧时吞食含有绦虫卵的地螨而引起感染。

【症状】感染绦虫的病羊一般表现为食欲减退、饮欲增加、精神不振、虚弱、发育迟滞，严重时病羊下痢，粪便中混有成熟绦虫节片（彩图9.17），病羊迅速消瘦、贫血，有时出现回旋运动或头部后仰的神经症状，有的病羊因虫体成团引起肠阻塞产生腹痛甚至肠破裂，因腹膜炎而死亡。后期经常做咀嚼运动，口周围有许多泡沫，最后死亡。

【预防】

（1）采取圈养的饲养方式，以免羊吞食地螨而感染。

（2）避免在低湿地放牧，尽可能地避免在清晨、黄昏和雨天放牧，以减少感染。

（3）定期驱虫，舍饲改放牧前对羊群驱虫，放牧1个月内2次驱虫，1个月后3次驱虫。

（4）驱虫后的羊粪便要及时集中堆积发酵或沤肥，至少2~3个月才能杀灭虫卵。

（5）经过驱虫的羊群，不要到原地放牧，及时转移到清净的安全牧场，可有效地预防绦虫病的发生。

【治疗】

（1）丙硫咪唑：15~20毫克/千克体重，内服。

（2）苯硫咪唑：60~70毫克/千克体重，内服。

（3）硝氯酚：3~4毫克/千克体重，内服（用于治疗肝片吸虫病）。

（4）三氯苯唑（肝蛭净）：10~12毫克/千克体重，内服（用于治疗肝片吸虫病）。

（5）硫溴酚（蛭得净）：10~12毫克/千克体重，内服（用于治疗肝片吸虫病）。

（6）氯硝柳胺：75~80毫克/千克体重，内服（用于治疗前后盘吸虫）。

（四）焦虫病

【病原】焦虫病是由蜱传播的，这种病是一种季节性很强的地方性流行病。

【症状】病羊精神沉郁，食欲减退或废绝，体温升高到40~42℃，呈稽留热型。呼吸促迫，喜卧地。反刍及胃肠蠕动减弱或停止。初期便秘，后期腹泻，粪便带血丝。羊尿混浊或血尿。可视黏膜充血，部分有眼屎，继而出现贫血和轻度黄疸，中后期病羊高度贫血，血液稀薄，结膜苍白。肩前淋巴结肿大，有的颈下、胸前、腹下及四肢发生水肿（彩图9.18）。

【预防】

（1）在秋、冬季节，应搞好圈舍卫生，消灭越冬硬蜱的幼虫；春季刷拭羊体时，要注意观察和抓蜱。可向羊体喷洒敌百虫。

（2）加强检疫，不从疫区引羊，新引进羊要隔离观察，严格把好检疫关。

（3）在流行地区，于发病季节前，每隔15天用三氮脒预防注射1次，按2毫克/千克体重配成7%水溶液肌内注射。

【治疗】

（1）贝尼尔（三氮脒、血虫净）：3.5～3.8毫克/千克体重，配成596水溶液，分点深部肌内注射，1～2天/次，连用2～3次。

（2）阿卡普啉（硫酸喹啉脲）：0.6～1毫克/千克体重，配成5%水溶液，分2～3次间隔数小时皮下或肌内注射，1次/天，连用2～3天。

（3）对症治疗：强心、补液、缓泻、灌肠等。

（五）羊鼻蝇蛆病

羊鼻蝇蛆病是羊鼻蝇幼虫寄生在羊的鼻腔或额突里，并引起慢性鼻炎的一种寄生虫病。

【症状】患羊表现为精神萎靡不振，可视黏膜淡红，鼻孔有分泌物，摇头，打喷嚏，运动失调，头弯向一侧旋转或发生痉挛、麻痹，听、视力降低，后肢举步困难，有时站立不稳，跌倒而死亡。

【发病特点】羊鼻蝇成虫多在春、夏、秋季出现，尤以夏季为多。成虫在6、7月开始接触羊群，雌虫在牧地、圈舍等处飞翔，钻入羊鼻孔内产幼虫。经3期幼虫阶段发育成熟后，幼虫从深部逐渐爬向鼻腔，当患羊打喷嚏时，幼虫被喷出，落于地面，钻入土中或羊粪堆内化为蛹，经 1~2 个月后成蝇。雌雄交配后，雌虫又侵袭羊群再产幼虫。

【防治】用 1%~2% 敌百虫 5~10 毫升注入鼻腔，或用长针头穿刺骨泪泡，注入敌百虫水溶液 0.1 千克/千克体重，或颈部皮下注射。

四、羊常见内科病防治技术

（一）食道阻塞

食道阻塞是羊食道被草料或异物所堵塞，以咽下障碍为特征的疾病。

【病因】过度饥饿的羊由于吞食了过大的块状饲料，未经咀嚼而吞咽，阻塞于食道造成。

【症状】突然发生，病羊采食停止，头颈伸直，伴有吞咽和作呕动作，或因异物吸入气管，引起咳嗽。当阻塞物发生在颈部食道时，局部突起，形成肿块，手触感觉到异物形状；当发生在胸部食道时，病羊疼痛明显，可继发瘤胃臌气。

【防治】阻塞物塞于咽或咽后时，可装上开口器，保定好病羊，用手直接掏取，或用铁丝圈套取。阻塞物在近贲门部时，可先将 2% 普鲁卡因溶液 5 毫升、石蜡油 30 毫升混合，用胃管送至阻塞物部位，然后再用硬质胃管推送阻塞物进入瘤胃。当阻塞物易碎、表面圆滑且阻塞于颈部食道时，可在阻塞物两侧垫上布鞋底，将一侧固定，在另一侧用木锤打砸，使其破碎，咽入瘤胃。

（二）前胃弛缓

前胃弛缓是前胃兴奋性和收缩力降低的疾病。

【病因】本病原发于长期饲喂粗硬难以消化的饲草，突然更换饲养方法，供给精料过多，运动不足等；饲料品质不良，霉败冰冻，虫蛀染毒；长期饲喂单调缺乏刺激性的饲料，继发于瘤胃臌气、瘤胃积食、肠炎等其他疾病等。

【症状】急性前胃弛缓表现食欲废绝，反刍停止，瘤胃蠕动力量减弱或停止；瘤胃内容物腐败发酵，产生大量气体，左腹增大，叩触不坚实。慢性前胃弛缓表现病畜精神沉郁，倦怠无力，喜卧地；被毛粗乱；体温、呼吸、脉搏无变化，食欲减退，反刍缓慢；瘤胃蠕动力量减弱，次数减少。诊断中必须区别是原发性还是继发性。

【防治】首先应消除病因，采用饥饿疗法，或禁食 2 ~ 3 次，然后供给易消化的饲料等。治疗方法为：①先投泻剂，兴奋瘤胃蠕动，防腐止酵。成年羊可用硫酸镁 20 ~ 30 克或人工盐 20 ~ 30克、石蜡油 100 ~ 200 毫升、番木鳖酊 2 毫升、大黄酊 10 毫升，加水 500 毫升，一次灌服。10% 氯化钠 20 毫升、生理盐水 100毫升、10% 氯化钙 10 毫升，混合后一次静脉注射。也可用酵母粉 10 克、红糖 10 克、酒精 10 毫升、陈皮酊 5 毫升，混合加水适量，灌服。瘤胃兴奋剂，可用 2% 毛果芸香碱 1 毫升，皮下注射。②防止酸中毒，可灌服碳酸氢钠 10 ~ 15 克。

（三）瘤胃积食

瘤胃积食是瘤胃充满多量饲料，致使胃体积增大，食糜滞留在瘤胃引起严重消化不良的疾病。

【病因】羊吃了过多的质量不良、粗硬易膨胀的饲料，如块根类、豆饼、霉败饲料等，或采食干料而饮水不足等。前胃弛缓、瓣胃阻塞、创伤性网胃炎、腹膜炎、真胃炎、真胃阻塞等也可导致瘤胃积食的发生。

【症状】发病较快，采食反刍停止，病初不断嗳气，随后嗳气停止，腹痛摇尾，或后蹄踏地，拱背，哞叫。病后期精神萎靡，病羊呆立，不吃、不回嚼，鼻镜干燥，耳根发凉，口出臭气，有时腹痛用后蹄踢腹，排粪量少而干黑，左肷窝部膨胀。

【防治】应消导下泻，止酵防腐，纠正酸中毒，健胃补充体

液。①消导下泻，可用石蜡油 100 毫升、人工盐 50 克或硫酸镁
50 克、芳香氨醑 10 毫升，加水 500 毫升，一次灌服。②解除酸
中毒，可用 5% 碳酸氢钠 100 毫升灌入输液瓶，另加 5% 葡萄糖
200 毫升，静脉一次注射；或用 11.2% 乳酸钠 30 毫升，静脉注
射。③为防止酸中毒，可用 2% 石灰水洗胃。洗胃后灌服健康羊
的瘤胃液体。食醋 100~200 毫升，一次内服。

（四）急性瘤胃臌气

急性瘤胃臌气是羊胃内饲料发酵，迅速产生大量气体导致的
疾病。多发生于春末夏初放牧的羊群。

【病因】羊吃了大量易发酵的饲料而致病。采食霜冻饲料、
酒糟或霉败变质的饲料，也易发病；冬、春两季给怀孕母羊补饲
饲料，群羊抢食，羊抢食过量可发生瘤胃臌气；秋季绵羊易发肠
毒血症，也可出现急性胃臌气；每年剪毛季节若发生肠扭转也可
致瘤胃臌气。

【症状】初期病羊表现不安，回顾腹部，拱背伸腰，肷窝突
起，有时左右肷窝向外突出高于髋节或背中线；反刍和嗳气停
止。黏膜发绀，心率增快，呼吸困难，严重者张口呼吸，步态不
稳，如不及时治疗，迅速发生窒息或心脏麻痹而死亡。

【防治】采取胃管放气，防腐止酵，清理胃肠。①可插入胃
导管放气，缓解腹压；或用 5% 碳酸氢钠溶液 1 500 毫升洗胃，
以排出气体及胃内容物。②用石蜡油 100 毫升、鱼石脂 2 克、酒
精 10 毫升，加水适量，一次灌服；或用氧化镁 30 克，加水 300
毫升，或用 8% 的氢氧化镁混悬液 100 毫升灌服。③必要时可行
瘤胃穿刺放气，方法是在左肷部剪毛，消毒；然后用兽用 16 号
针头刺破皮肤，插入瘤胃放气。在放气中要紧压腹壁使壁紧贴瘤
胃壁，边放气边下压，以防胃液漏入腹腔引起腹膜炎。

（五）瓣胃阻塞

瓣胃阻塞又称瓣胃秘结，在中兽医称为"百叶干"，是由于

羊瓣胃收缩力量减弱，食物排出不充分，通过瓣胃的食糜积聚，充满于瓣叶之间，水分被吸收，内容物变干而致病。其临床特征为瓣胃容积增大、坚硬，腹部胀满，不排粪便。

【病因】本病主要是由于饲喂过多秕糠、粗纤维饲料而饮水不足所引起；或饲料和饮水中混有过多泥沙，使泥沙混入食糜，沉积于瓣胃瓣叶之间而发病。

瓣胃阻塞还可继发于前胃弛缓、瘤胃积食、皱胃阻塞和皱胃与腹膜粘连等疾病。

【症状】病的初期与前胃弛缓症状相似，瘤胃蠕动减弱，瓣胃蠕动消失，可继发瘤胃臌气和瘤胃积食。排粪干少，色泽暗黑，后期排粪停止。触压病羊右侧7~9肋间、肩关节水平线，羊表现痛苦不安，有时可以在右肋骨弓下摸到阻塞的瓣胃（彩图9.20）。如病程延长，瓣胃小叶发炎或坏死，常可继发败血症，可见病羊体温升高，呼吸和脉搏加快，全身衰弱，卧地不起，最后死亡。

【诊断】根据病史和临床表现，如病羊不排粪，瓣胃区敏感，瓣胃区扩大、坚硬等，即可确诊。

【预防】避免给羊过多饲喂秕糠和坚韧的粗纤维饲料，防止导致前胃弛缓的各种不良因素。注意运动和饮水，增进消化功能，防止本病的发生。

【治疗】

（1）病的初期可用硫酸钠或硫酸镁80~100克，加水1 500~2 000毫升，一次内服；或石蜡油500~1 000毫升，一次内服。同时静脉注射促反刍注射液200~300毫升，增强前胃神经兴奋性，促进前胃内容物的运转与排除。

（2）对顽固性瓣胃阻塞，可用瓣胃注射疗法。具体方法是：于右侧第9肋间隙和肩关节水平线交界处，选用12号7厘米长针头，向对侧肩关节方向刺入约4厘米深，刺入后可先注入20

毫升生理盐水，感到有较大压力，并有草渣流出，表明已刺入瓣胃，然后注入25%硫酸镁溶液30～40毫升，石蜡油100毫升（交替注入瓣胃），于第二日重复注射一次。瓣胃注射后，可用10%氯化钙10毫升、10%氯化钠50～100毫升、5%葡萄糖生理盐水150～300毫升，混合后一次静脉注射。待瓣胃松软后，皮下注射0.1%氨甲酰胆碱0.2～0.3毫升，兴奋胃肠运动功能，促进积聚物排出。

（3）亦可内服中药，大黄9克、枳壳6克、二丑9克、玉片3克、当归12克、白芍2.5克、番泻叶6克、千金子3克、山栀2克煎水一次内服。

（六）真胃阻塞

真胃阻塞是真胃内积聚多量食糜，使胃壁扩张，体积增大，胃黏膜及胃壁发炎，食物不能进入肠道所致。

【病因】因羊的消化功能紊乱，胃肠分泌、蠕动功能降低造成；或者因长期饲喂细碎的饲料；亦见于因迷走神经分支损伤，创伤性网胃炎使肠与真胃粘连，幽门痉挛，幽门被异物或毛球阻塞等所致。

【症状】病程较长，初期似前胃弛缓症状，病羊食欲减退，排粪量少，以至停止排粪，粪便干燥，其上附有多量黏液或血丝；右腹真胃区增大，病胃充满液体，冲击真胃可感觉到坚硬的真胃体。

【防治】先给病羊输液，可试用25%硫酸镁溶液50毫升、甘油30毫升，生理盐水100毫升，混合，真胃注射；10小时后，可选用胃肠兴奋剂，如氨甲酰胆碱注射液，少量多次皮下注谢。

（七）胃肠炎

胃肠炎是胃肠黏膜及其深层组织的出血性或坏死性炎症。

【病因】羊采食了大量冰冻或发霉的饲草、饲料，或料中混有化肥或具有刺激性的药物也可致病。

【症状】病羊食欲废绝，口腔干燥发臭，舌面覆有黄白苔，常伴有腹痛。肠音初期增强，以后减弱或消失，不断排稀便或水样粪便，气味腥臭或恶臭，粪中混有血液及坏死的组织片。由于下泻，可引起脱水。

【防治】口服磺胺脒 4~8 克、小苏打 3~5 克；或用青霉素 40 万~80 万单位、链霉素 50 万单位，一次肌内注射，连用 5 天。脱水严重的宜输液，可用 5% 葡萄糖 150~300 毫升、10% 樟脑磺酸钠 4 毫升、维生素 C 100 毫克混合，静脉注射，每日 1~2 次。亦可用土霉素或四环素 0.5 克，溶解于生理盐水 100 毫升中，静脉注射。

（八）瘤胃酸中毒

羊喂精料可增膘，但精粗比例失调，精料（如玉米、蚕豆、豌豆、大麦、稻谷、麸皮等）喂量过多就会适得其反，致羊瘤胃酸中毒。在临床实践中，在有效地消除病因的基础上，经采取一系列的综合治疗措施，均可取得良好的疗效。

【症状】急性发作病羊，一般喂料前食欲、泌乳正常，喂料后羊不愿走动，行走时步态不稳，呼吸急促、气喘，心跳增速，常于发病的 3~5 小时后死亡。死前张口吐舌，甩头蹬腿，高声哞叫，从口内流出泡沫样含血液体（彩图 9.21）。发病较缓的病羊，病初兴奋甩头，后转为沉郁，食欲废绝，目光无神，眼结膜充血，眼窝下陷，呈现严重脱水症状；部分母羊产羔后瘫痪卧地、呻吟、流涎、磨牙、眼睑闭合，呈昏睡状态，左腹部臌胀，用手触之，感到瘤胃内容物较软，犹如面团。多数病羊体温正常，少数病羊发病初期或后期体温稍有升高。大部分病羊表现口渴，喜饮水，尿少或无尿，并伴有腹泻症状。

【预防】羊瘤胃酸中毒最有效的预防方法是精料（特别是谷物类饲料）喂量不可超过各类羊的饲养标准，对易于发病的产前、产后母羊或哺乳母羊，应多喂品质优良的青干饲料，混合精料喂量每顿不宜超过 250～500 克，对急需补喂多量精料增膘或催奶的母羊，日粮中可按补喂精料总量混合 2% 碳酸氢钠饲喂。

【治疗】

（1）静脉注射生理盐水或 10% 的葡萄糖氯化钠 500～1 000 毫升。

（2）静脉注射 5% 碳酸氢钠 20～30 毫升。

（3）肌内注射抗生素类药物。

（4）当患羊表现兴奋甩头等症状时，可用 20% 甘露醇或 25% 山梨醇 25～30 毫升给羊静脉滴注，使羊安静。

（5）对中毒症状减轻，脱水症状缓解，仍卧地不起的患羊，可静脉注射葡萄糖酸钙 20～30 毫升。

五、羊产科病防治技术

（一）流产

流产又称为妊娠中断，是指由于胎儿或母体的生理过程发生紊乱，或它们之间的正常关系受到破坏，而导致的一种疾病。

【病因及分类】流产的类型极为复杂，可以概括分为三类，即传染性流产、寄生虫性流产和普通流产（非传染性流产或散发性流产）。

（1）传染性和寄生虫性流产：传染性和寄生虫性流产主要是由布氏杆菌、沙门杆菌、绵羊胎儿弯曲菌、衣原体、支原体及寄生虫等传染病引起的流产。这些传染病往往是侵害胎盘及胎儿引起自发性流产，或以流产作为一种症状，而发生症状性流产。

（2）普通流产：普通流产又有自发性流产和症状性流产。自发性流产主要是胚胎或胎盘胎膜异常导致的流产，是由内因引起的。症状性流产主要是由于饲养管理利用不当，损伤及医疗错误引起的流产，属于外因造成的流产。

【诊断】引起流产的原因是多种多样的，各种流产的症状也有所不同。除了个别病例的流产在刚一出现症状时可以试行抑制以外，大多数流产一旦有所表现，往往无法阻止。尤其是群牧羊只，流产常常是成批的，损失严重。因此在发生流产时，除了采用适当治疗方法，以保证母羊及其生殖道的健康以外，还应对整个畜群的情况进行详细调查分析，观察排出的胎儿及胎膜，必要时采样进行实验室检查，尽量做出确切的诊断，然后提出有效的具体预防措施。

调查材料应包括饲养放牧条件及制度（确定是否为饲养性流产）；管理及生产情况，是否受过伤害、惊吓，流产发生的季节及天气变化（损伤性及管理性流产）；母羊是否发生过普通病，畜群中是否出现过传染性及寄生虫性疾病；以及治疗情况如何，流产时的妊娠月份，母羊的流产是否带有习惯性等。

对排出的胎儿及胎膜，要进行细致观察，注意有无病理变化及发育反常。在普通流产中，自发性流产表现有胎膜上的反常及胎儿畸形；霉菌中毒可以使羊膜发生水肿、皮革样坏死，胎盘也水肿、坏死并增大。由于饲养管理不当、损伤及母羊疾病、医疗事故引起的流产，一般都看不到明显变化。有时正常出生的胎儿，胎膜上出现有钙化斑等异常变化。

传染性及寄生虫性因素引起的流产，胎膜及（或）胎儿常有病理变化。例如因布鲁杆菌病引起流产的胎膜及胎盘上常有棕黄色黏脓性分泌物，胎盘坏死、出血，羊膜水肿并有皮革样的坏死区；胎儿水肿，胸腹腔内有淡红色的浆液等。上述流产后常发生胎衣不下。具有这些病理变化时，应将胎儿（不要打开，以免污染）、胎膜以及子宫或阴道分泌物送实验室诊断检验，有条件时应对母羊进行血清学检查。症状性流产，则胎膜及胎儿没有明显的病理变化。对于传染性的自发性流产，应将母羊的后躯及所污染的地方彻底消毒，并将母羊隔离饲养。

【预防】加强饲养管理，增强母羊营养，消除容易造成母羊流产的因素是预防的关键。当发现母羊有流产预兆时，应及时采取制止阵缩及努责的措施，可注射镇静药物，如苯巴比妥、水合氨醛、黄体酮等进行保胎。用疫苗进行免疫，特别是可引起流产的传染病疫苗。

制订一个生物安全方案，引进的羊群在归群之前，隔离1个月；维持好的身体状况，提供充足的饲料、高质量的维生素矿物质盐混合物，储备一些能量和蛋白质，以备紧急情况下使用；在流行地区分娩前4个月和2个月分别免疫衣原体和弧菌病（可能还有其他疾病），如果以前免疫过，免疫一次即可；怀孕期间，饲喂四环素（200~400毫克/天），将药物混在矿物质混合物中。

避免与牛和猪接触，饲料和饮水不被粪尿污染，不要将饲料放到地上，减少鼠、鸟和猫的数量。发生流产后，立即将胎儿的样品（包括胎盘）送往诊断实验室诊断。将产出的羔羊和买来的母羊与其他羊分开饲养。发生流产后立即做出反应（诊断、处理流产组织，隔离流产母羊，治疗其他羊只），使羊群尽量生活在一个干净、应激少、宽松的环境。

【治疗】首先应确定造成流产的原因以及能否继续妊娠，再根据症状确定治疗方案。

（1）先兆流产：孕羊出现腹痛、起卧不安、呼吸脉搏加快等临床症状，即可能发生流产。处理的原则为安胎，使用抑制子宫收缩药。

肌内注射孕酮，10~30毫克，每天或隔日1次，连用数次。为防止习惯性流产，也可在妊娠的一定时间使用孕酮。还可注射1%硫酸阿托品1~2毫升。同时，要给以镇静剂，如溴剂等。此时禁止进行阴道检查，以免刺激母羊。

如经上述处理，病情仍未稳定下来，阴道排出物继续增多，起卧不安加剧，即进行阴道检查。如子宫颈口已经开放，胎囊已进入阴道或已破水，流产已难避免，应尽快促使子宫排出内容物，以免死亡胎儿腐败引起母羊子宫内膜炎，影响以后繁殖性能。

如子宫颈口已经开大，可用手将胎儿拉出。流产时，胎儿的位置及姿势往往反常，如胎儿已经死亡，矫正遇有困难，可以行截胎术。如子宫颈口开张不大，手不易伸入，可参考人工引产中所介绍的方法，促使子宫颈开放，并刺激子宫收缩，对于早产胎儿，如有吮乳反射，可尽量加以挽救，帮助吮乳或人工喂奶，并注意保暖。

（2）延期流产：如胎儿发生干尸化，可先用前列腺素或类似物制剂，前列腺素肌内注射 0.5 毫克或氯前列烯醇肌内注射 0.1 毫克；继之或同时应用雌激素，溶解黄体并促使子宫颈扩张。同时因为产道干涩，应在子宫及产道内涂以润滑剂，以便子宫内容物排出。

对于干尸化胎儿，由于胎儿头颈及四肢蜷缩在一起，且子宫颈开放不大，必须用一定力量或预先截胎才能将胎儿取出。

如胎儿浸溶，软组织已基本液化，须尽可能将胎骨逐块取净。分离骨骼有困难时，须根据情况先将它破坏后再取出。操作过程中，术者须防止自己受到感染。

取出干尸化及浸溶胎儿后，因为子宫中留有胎儿的分解组织，必须用消毒液或 5%~10% 盐水等冲洗子宫，并注射子宫收缩药，促使液体排出。对于胎儿浸溶，因为有严重的子宫炎及全身变化，必须在子宫内放入抗生素，并须特别重视全身抗生素治疗，以免造成不育。

（二）难产

难产的发病原因比较复杂，基本上可以分为普通病因和直接病因两大类（彩图9.22）。普通病因指通过影响母体或胎儿而使正常的分娩过程受阻。引起难产的普通病因主要包括遗传因素、环境因素、内分泌因素、饲养管理因素、传染性因素及外伤因素等。直接病因指直接影响分娩过程的因素。由于分娩的正常与否主要取决于产力、产道及胎儿三个方面，因此难产按其直接原因可以分为产力性难产、产道性难产及胎儿性难产三类，其中前两类又可合称为母体性难产。

（1）助产的基本原则：在手术助产时，必须重视以下基本原则。

①及早发现，果断处理。当发现难产时，应及早采取助产措施。助产越早，效果越好。难产病例均应做急诊处理，手术助产越早越好，尤其剖腹产术。

②术前检查，拟订方案。术前检查必须周密细致，根据检查结果，结合设备条件，慎重考虑手术方案的每个步骤及相应的保定、麻醉等，通常的保定是使母羊成为前低后高或仰卧（有时）姿势，把胎儿推回子宫内进行矫正，以便操作。

③如果胎膜未破，最好不要弄破胎膜进行助产。如胎儿的姿势、方向、位置复杂时，就需要将胎膜穿破，及时进行助产。在胎膜破裂时间较长，产道变干时，就需要注入石蜡油或其他油类，以利于助产手术的进行。

④注意尽量使母羊生殖道受到最小损伤。将刀子、钩子等尖锐器械带入产道时，必须用手保护好，以免损伤产道。进行手术助产时，所有助产动作都不要过于粗鲁。一般来说，只要不是胎儿过大或母体过度疲乏，仅仅需要将胎儿向内推，矫正反常部分，即可自然产出。如果需要人力拉出，也应缓缓用力，使胎儿的拉出和自然产出一样。

（2）助产前的准备：

①术前检查。询问羊分娩的时间，是初产或经产，看胎膜是否破裂，有无羊水流出，检查全身状况。

②保定母羊。一般使羊侧卧，保持安静，前躯低、后躯稍高，以便于矫正胎位。

③消毒。对手臂、助产用具进行消毒；对阴户外周，用1:5 000的新洁尔灭溶液进行清洗。

④产道检查。注意产道有无水肿、损伤、感染，产道表面干燥和湿润状态。

⑤胎位、胎儿检查。确定胎位是否正常，判断胎儿死活。胎儿正产时，手入阴道可摸到胎儿嘴巴、两前肢、两前肢中间夹着的胎儿头部；当胎儿倒生时，手入产道可触到胎儿尾巴、臀部、后肢及脐动脉。以手指压迫胎儿，如有反应表示尚还存活。

（3）助产的方法：常见难产部位有头颈侧弯、头颈下弯、前肢腕关节屈曲、肩关节屈曲、肘关节屈曲、胎儿下位、胎儿横向和胎儿过大等；可按不同的异常产位进行矫正，然后将胎儿拉出产道（彩图9.23）。多胎羊只，应注意怀羔数目，在助产中认真检查，直至将全部胎儿助产完毕，方可将母羊归群。

①阵缩及努责微弱的处理。可皮下注射垂体后叶素、麦角碱注射液1～2毫升。必须注意，麦角制剂只限于子宫颈完全开张，胎势、胎位及胎向正常时方可使用，否则易引起子宫破裂。

羊怀双羔时，可遇到双羔同时各将一肢伸出产道，形成交叉。由此形成的难产，应分清情况，可触摸腕关节确定前肢，触摸确定后肢。确定难产羔羊体位后，可将一只羔羊的肢体推回腹腔，先整顺一只羔羊的肢体，将其拉出产道。随后再将另一只羔羊的肢体整顺拉出。切忌将两只羔羊的不同肢体，误认为同一只羔羊的肢体，施行助产。

②剖腹产。剖腹产术是在发生难产时，切开腹壁及子宫壁面从切口取出胎儿的手术（彩图9.24）。必要时山羊和绵羊均可施行此术。如果母羊全身情况良好，手术及时，则有可能同时救活母羊和胎儿。

【适应证】剖腹产术主要在发生以下情况时采用，无法纠正的子宫扭转，子宫颈管狭窄或闭锁，产道内有妨碍截胎的赘瘤或骨盆因骨折而变形，骨盆狭窄（手无法伸入）及胎位异常等情况。在有腹膜炎、子宫炎和子宫内有腐败胎儿，母羊因为难产时间长久而十分衰竭时，严禁进行剖腹产。

剖腹产的术前准备过程为：在右肷部手术区域（由髋结节到肋骨弓处）剪毛、剃光，然后用温肥皂水洗净擦干。保定消毒，使羊卧于左侧保定，用碘酒消毒皮肤，然后盖上手术巾，准备施行手术。麻醉，可以采用合并麻醉或电针麻醉。合并麻醉是口服酒精全麻，同时对术区进行局麻。口服的酒精应稀释成 40%，每 10 千克体重按 35 ~ 40 毫升计算（也可用白酒，用量相同）。局麻是用 0.5% 的普鲁卡因沿切口做浸润麻醉，用量根据需要而定。电针麻醉，取穴百会及六脉。百会接阳极，六脉接阴极。诱导时间为 20 ~ 40 分钟。针感表现是腰臀肌颤动，肋间肌收缩。

剖腹产的手术过程如下。

开腹：沿腹内斜肌纤维的方向切开腹壁。切口应距离髋结节 10 ~ 12 厘米。在切开线上的血管用钳夹法和结扎法进行止血。显露腹腔后，术者手经切口伸入腹腔内，探查胎儿的位置及与切口最近的部位，以确定子宫切开的方法。

显露子宫：术者手经切口向骨盆方向入手，找到大网膜的网膜上隐窝，用手拉着网膜及其网膜上隐窝内的肠管，向切口的前方牵引，使网膜及肠管移入切口前方，并用生理盐水纱布隔离，以防网膜和肠管向后复位，此时切口内可充分显露子宫及其子宫内的胎儿。当网膜不能向前方牵引时，可将大网膜切开，再用生理盐水纱布将肠管向前方隔离后，显露子宫。

切开子宫：术者将手伸入腹腔，转动子宫，使孕角的大弯靠近腹壁切口。然后切开子宫角，并用剪刀扩大切口长度。切开子宫角时，应特别注意，不可损伤子叶和到子叶去的大血管。为了确定子叶的位置，在切开子宫时，要始终用手指伸入子宫来触诊子叶。对于出血很多的大血管，要用肠线缝合或结扎。

吸出胎水：在术部铺一层消毒的手术巾，以钳子夹住胎膜，在上面做一个很小的切口，然后插入橡皮管，通过橡皮管用橡皮球或大注射器吸出羊水和尿水。

拉出胎儿：待羊水放完后，术者手伸入子宫腔内，抓住胎儿的肢体，缓慢地向子宫切口外拉出，拉出胎儿需术者与助手相互配合好，严防在拉出胎儿时导致子宫壁的撕裂，严防肠管脱出腹腔外。在胎儿从子宫内拉出的瞬间，告诉在场的人员用两手掌压迫右腹部以增大腹内压，以防胎儿拉出后由于腹内压的突然降低而引起脑贫血、虚脱等意外情况的发生。拉出胎儿后，若胎儿还存活，交畜主去护理。术者与助手立即拎起子宫壁切口，剥离胎膜，并尽量将胎膜剥离下来，若胎膜与子宫壁结合紧密，不好剥离时，也可不剥离。用生理盐水冲洗子宫壁及子宫腔，除去子宫腔内的血凝块及胎膜碎片，冲洗子宫壁上的污物后，向子宫腔内撒入青霉素、链霉素，进行子宫壁切口的缝合。

对于拉出的胎儿，首先要除去口、鼻内的黏液，擦干皮肤。看到发生几次深吸气以后，再结扎和剪断脐带。假如没有呼吸反射，应该在结扎以前用手指压迫脐带，直到脐带的脉搏停止为止。此法配合按压胸部和摩擦皮肤，通常可以引起吸气。在出现吸气之后，剪断脐带，交给其他助手进行处理。

剥离胎衣：在取出胎儿以后，应进行胎衣剥离。剥离往往需要费很多时间，颇为麻烦。但与胎衣留在子宫内所引起的不良后果相比，还是非常必要而不可省略的操作。

为了便于剥离胎衣，在拉出胎儿的同时，应该静脉注射垂体素或皮下注射麦角碱，如果在子宫腔内注满5%～10%的氯化钠溶液，停留1～2分钟，亦有利于胎衣的剥离。最后将注射的液体用橡皮管排出来。

冲洗子宫：剥完胎衣之后，用生理盐水将子宫切口的周围充分洗擦干净。如果切口边缘受到损伤，应该切去损伤部，使其成为新伤口。

缝合子宫：第一层用连续康乃尔缝合，缝合完毕，用生理盐水冲洗子宫，再转入第二层的连续伦巴特缝合。缝毕，再使用生理盐水冲洗子宫壁，清理子宫壁与腹壁切口之间的填塞纱布后，将子宫还纳回腹腔内。

缝合腹壁：拉出胎儿后，腹内压减小了，腹壁切口都比较好闭合，若手术中间因瘤胃臌气使腹内压增大，闭合切口十分困难时，应通过瘤胃穿刺放气减压或插胃管瘤胃减压后再闭合腹壁切口。第一层对腹膜腹横肌进行连续缝合，第二层腹直肌连续缝合，第三层结节缝合腹黄筋膜，最后对皮肤及皮下组织进行结节缝合，并打以结系绷带。

剖腹产的术后护理为：肌内注射青霉素，静脉注射葡萄糖盐水。必要时还应注射强心剂。保持术部的清洁，防止感染化脓。经常检查病羊全身状况，必要时应施行适当的症状疗法。如果伤口愈合良好，手术10天以后即可拆除缝合线；为了防止创口裂开，最好先拆一针留一针，3~4天后将其余缝线全部拆除。

【预后】绵羊的预后比山羊好。手术进行越早，预后越好。

（三）胎衣不下

胎儿出生以后，母羊排出胎衣的正常时间：绵羊为3.5（2~6）小时，山羊为2.5（1~5）小时，如果在分娩后超过14小时胎衣仍不排出，即称为胎衣不下。此病在山羊和绵羊都可发生。

【病因】孕羊饲养管理不当，饲料中缺乏矿物质、维生素，运动不足，体质瘦弱或过度肥胖，胎水过多，怀羔数过多，饮饲失调等，均可造成子宫收缩力量不够，使羔羊胎盘与母体胎盘黏在一起而致发病。此外，子宫炎、胎膜炎、布鲁杆菌病也可引起胎衣不下。发病的直接原因包括两大类。

（1）产后子宫收缩不足：子宫因多胎、胎水过多、胎儿过大以及持续排出胎儿而伸张过度；饲料的质量不好，尤其当饲料中缺乏维生素、钙盐及其他矿物质时，容易使子宫发生弛缓；怀孕期（尤其在怀孕后期）缺乏运动或运动不足，往往会引起子宫弛缓胎衣排出很缓慢；分娩时母羊肥胖，可使子宫复旧不全，因而发生胎衣不下；流产和其他能够降低子宫肌肉和全身张力的因素，都能使子宫收缩不足。

（2）胎儿胎盘和母体胎盘发生愈合：患布鲁杆菌病的母羊常因此而发生胎衣不下，其原因是由于怀孕期子宫内膜发炎，子宫黏膜肿胀，使绒毛固定在凹穴内，即使子宫有足够的收缩力，也不容易让绒毛从凹穴内脱出来。当胎膜发炎时，绒毛也同时肿胀，因而与子宫黏膜紧密粘连，即使子宫收缩，也不容易脱离。

【症状】胎衣可能全部不下，也可能是部分不下，未脱下的胎衣经常垂吊在阴门之外（彩图9.25）。病羊拱背，时常努责，如果胎衣能在14小时以内全部排出，多半没有并发症。但若超过1天，胎衣会发生腐败，尤其是天气炎热时腐败更快。从胎衣开始腐败起，因腐败产物引起中毒，使羊的精神不振，食欲减少，体温升高，呼吸加快，乳量降低或泌乳停止，并从阴道中排出恶臭的分泌物。由于胎衣压迫阴道黏膜，可能使其发生坏死。此病往往并发败血病、破伤风或气肿疽，或者造成子宫或阴道的慢性炎症。如果羊只不死，一般在5～10天，全部胎衣发生腐烂而脱落。山羊对胎衣不下的敏感性比绵羊大。

【诊断】病羊常表现拱腰努责，食欲减少或废绝，精神较差，喜卧地，体温升高，呼吸及脉搏增快，胎衣久久滞留不下，可发生腐败，从阴户中流出污红色腐败恶臭的恶露，其中掺杂有灰白色未腐败的胎衣碎片或脉管。当全部胎衣不下时，部分胎衣从阴户中垂露于跗关节部。

胎衣不下的母羊治疗不及时，往往并发子宫内膜炎、子宫颈炎、阴道炎等一系列生殖器官疾病，重者因转为败血症而死亡。产后发情及受胎时间延迟，甚至丧失受孕能力，有的受胎后容易流产，并发瘤胃弛缓、积食及鼓胀等疾病。

【预防】加强孕羊的饲养管理，饲料的配合应不使孕羊过肥为原则，每天必须保证适当的运动。

【治疗】在产后 14 小时以内，可待其自行脱落。如果超过 14 小时，必须采取适当措施，因为这时胎衣已开始腐败，假若再滞留在子宫中，会引起子宫黏膜的严重发炎，导致暂时的或永久的不孕，有时甚至引起败血病。病羊分娩后不超过 24 小时的，可应用垂体后叶素注射液，催产素注射液或麦角碱注射液 0.8 ~ 1 毫升，一次肌内注射。超过 24 小时的，应尽早采用以下方法进行治疗，绝不可强拉胎衣，以免扯断而将胎衣留在子宫内。

（1）手术剥离胎衣：先用消毒液洗净外阴部和胎衣，再用鞣酸酒精溶液冲洗和消毒术者手臂，并涂以消毒软膏，以免将病原菌带入子宫。如果手上有小伤口或擦伤，必须预先涂搽碘酊，贴上胶布。用一只手握住胎衣，另一只手送入橡皮管，将 0.01% 高锰酸钾温溶液注入子宫。手伸入子宫，将绒毛膜从母体子叶上剥离下来。剥离时，由近及远，先用中指和拇指捏挤子叶的蒂，然后设法剥离盖在子叶上的胎膜。为了便于剥离，事先可用手指捏挤子叶。剥离时应当小心，因为子叶受到损伤时可以引起大量出血，并为微生物的进入开放门户，容易造成严重的全身症状。

（2）皮下注射催产素：羊的阴门和阴道较小，只有手小的人才能进行胎衣剥离。如果将手勉强伸入子宫，不但不易进行剥离操作，反而有损伤产道的危险，故当手难以伸入时，只有皮下注射催产素 1 ~ 3 单位（注射 1 ~ 3 次，间隔 8 ~ 12 小时）。如果配合用温的生理盐水冲洗子宫，收效更好。为了排出子宫中的液体，可以将羊的前肢提起。

（3）及时治疗败血症：如果胎衣长久停留，往往会发生严重的产后败血症。其特征是体温升高，食欲消失，反刍停止。脉搏细而快，呼吸快而浅；皮肤冰冷（尤其是耳朵、乳房和角根处）。喜卧下，对周围环境十分淡漠；从阴门流出污褐色恶臭的液体。遇到这种情况时，应该及早进行治疗。

①肌内注射抗生素。青霉素 40 万单位，每 6～8 小时一次，链霉素 1 克，每 12 小时一次。

②静脉注射四环素。将四环素 50 万单位，加入 5% 葡萄糖注射液 100 毫升中注射，每天 2 次。

③用 1% 冷食盐水冲洗子宫，排出盐水后向子宫注入青霉素 40 万单位，链霉素 1 克，每天一次，直至痊愈。

④10%～25% 葡萄糖注射液 300 毫升，40% 乌洛托品 10 毫升，静脉注射，每天 1～2 次，直至痊愈。

⑤中药可用当归 9 克，白术 6 克，益母草 9 克，桃仁 3 克，红花 6 克，川芎 3 克，陈皮 3 克，共研细末，开水调后灌服。

结合临床表现，及时进行对症治疗，如给予健胃剂、缓泻剂、强心剂等。

（四）生产瘫痪

生产瘫痪又称乳热病或低钙血症，是急性而严重的神经疾病。其特征为咽、舌、肠道和四肢发生瘫痪，失去知觉。此病主要见于成年母羊，发生于产前或产后数日内，偶尔见于怀孕的其他时期。山羊和绵羊均可患病，但以山羊比较多见。尤其在 2～4 胎的某些高产奶山羊，几乎每次分娩以后都重复发病。

【病因】舍饲、产乳量高以及怀孕末期营养良好的羊只，如果饲料营养过于丰富，都可成为发病的诱因。由于血糖和血钙降低，以致调节过程不能适应，而变为低钙状态，引起发病。

【症状】最初症状通常出现于分娩之后，少数病例见于妊娠末期和分娩过程。病羊表现为衰弱无力。病初食量减少，反刍停止，后肢软弱，步态不稳，甚至摇摆。有的绵羊弯背低头，蹒跚走动。由于发生战栗和不能安静休息，常见呼吸加快。这些初期症状维持的时间通常很短，管理人员往往注意不到。此后羊站立不稳，在企图走动时跌倒。有的羊起立很困难。有的不能起立，头向前直伸，不吃，停止排粪和排尿。皮肤对针刺的反应很弱。

少数羊知觉完全丧失，发生极明显的麻痹症状；张口伸舌，咽喉麻痹。针刺皮肤无反应。脉搏先慢而弱，以后变快，勉强可以摸到；呼吸深而慢；病的后期常常用嘴呼吸，唾液随着呼气吹出，或从鼻孔流出食物。病羊常呈侧卧姿势，四肢伸直，头弯于胸部，体温逐渐下降，有时降至36℃；皮肤、耳朵和角根冰冷，很像将死状态（彩图9.26）。

有些病羊往往死于没有明显症状的情况下，例如有的绵羊在晚上表现健康，而次晨却见死亡。

【诊断】精确的诊断方法是分析血液样品。但由于产程很短，必须根据临床症状进行诊断。乳房通风及注射钙剂效果显著，亦可作为本病的诊断依据。

【预防】①喂给富含矿物质的饲料。单纯饲喂富含钙质的混合精饲料，似乎没有预防效果，假若同时给予维生素D，则效果较好。②产前应保持适当运动，但不可运动过度，因为过度疲劳反而容易引起发病。③药物预防，对于习惯性发病的羊，于分娩之后，及早应用下列药物进行预防注射：5%氯化钙40～60毫升，25%葡萄糖80～100毫升，10%安钠咖5毫升混合，一次静脉注射。

【治疗】①静脉或肌内注射10%葡萄糖酸钙50～100毫升，或者应用下列处方：5%氯化钙60～80毫升，10%葡萄糖120～140毫升，10%安钠咖5毫升混合，一次静脉注射。②利用乳房送风器送风，没有乳房送风器时，可以用自行车的打气筒代替。送风步骤为：Ⅰ.使羊稍成仰卧姿势，挤出少量的乳汁；Ⅱ.用酒精棉球擦净乳头，尤其是乳头孔。然后将煮沸消毒过的导管插入乳头中，通过导管打入空气，直到乳房中充满空气为止。用手指叩击乳房皮肤时有鼓响音者，为充满空气的标志。在乳房的两半中都要注入空气；Ⅲ. 为了避免送入的空气外逸，在取出导管时，应用手指捏紧乳头，并用纱布绷带轻轻地扎住每一个乳头的基部。经过 25～30 分钟将绷带取掉；Ⅳ. 将空气注入乳房各叶以后，小心按摩乳房数分钟。然后使羊四肢蜷曲伏卧，并用草束摩擦臀部、腰部和胸部，最后盖上麻袋或布块保温；Ⅴ. 注入空气以后，可根据情况考虑注射 50% 葡萄糖溶液 100 毫升；Ⅵ. 如果注入空气后 6 小时情况并不改善，应再重复做乳房送风。

（五）卵巢囊肿

卵巢囊肿是指卵巢上有卵泡状结构，存在的时间在 10 天以上，同时卵巢上无正常黄体的一种病理状态。这种疾病一般又分为卵泡囊肿和黄体囊肿两种。

【症状】羊发生卵巢囊肿的症状按外部表现可分为慕雄狂和乏情。慕雄狂母羊，一般经常表现无规律的、长时间或连续性的发情症状，表现不安；乏情的羊则表现为长时间不出现发情征象，有时可长达数月，因此常被误认为是已经妊娠。有些羊在表现一二次正常的发情后转为乏情；有些则在病的初期乏情，后期表现为慕雄狂；也有些患卵巢囊肿的羊先表现慕雄狂的症状，而后转为乏情。

【治疗】卵巢囊肿的治疗方法种类繁多，其中大多数是通过直接引起卵泡囊肿黄体化而使母羊恢复发情周期。但应注意，此病是可以自愈的，具有促黄体素生物活性的各种激素制剂已被广泛用于治疗卵巢囊肿。

（1）改变日粮结构：饲料中补充维生素 A。

（2）激素疗法：①肌内或皮下注射绒毛膜促性腺激素或促黄体素 500～1 000 单位；②注射促排卵 3 号（LRH－A3）4～6 毫克，促使卵泡囊肿黄体化。然后皮下或肌内注射前列腺素溶解黄体，即可恢复发情周期；③肌内注射孕酮 5～10 毫克，每天 1 次，连用 5～7 天，效果良好。孕酮的作用除了能抑制发情外，还可以通过负反馈作用抑制丘脑下部促性腺激素释放激素的分泌，内源性地使性兴奋及慕雄狂症状消失；④可用前列腺素或其类似物进行治疗，促进黄体尽快萎缩消退，从而诱导发情；⑤人工诱导泌乳。此法对乳用山羊是一种最为经济的办法。

（六）子宫内膜炎

羊子宫内膜炎主要是由某些病原微生物传染而发生，可能成为显著的流行病。

【病因】造成羊子宫内膜炎的主要原因是繁殖管理不当，常见的原因如下：

（1）配种时消毒不严，基层配种站和个体种畜户，在本交配种时对种公羊的阴茎和母羊外阴部不清洗、不消毒或清洗消毒不严；人工授精时对所用器械消毒不严格，或用同一支输精管，不经消毒而给多只母羊输精。

（2）分娩时造成子宫阴道黏膜损伤和感染。农村母羊产羔多无产房，又无清洗母羊后躯的习惯，加上一些助产人员接产时不注意清洗消毒手臂和工具，母羊分娩时阴道外露受到污染，或将粪渣、草屑、灰尘黏附到阴道壁上，分娩后阴道内收，将污物带进体内，有时甚至子宫外翻受污，也不进行清洗消毒，致使子宫、阴道受到感染。

（3）进行人工授精时，技术不熟练和操作时间过长，刺伤母羊的子宫颈，造成子宫颈炎和子宫颈糜烂，继而引发子宫内膜炎。

（4）对患有子宫、阴道疾病的母羊，不经过检查，即让健康种公羊与其交配，后让这只公羊与健康母羊交配，造成生殖道疾病的进一步散播。

（5）流产、胎死腹中腐败、阴道或子宫脱出、胎衣不下、子宫损伤、子宫复位不全及子宫颈炎等，未能及时治疗和处理，因而继发和并发子宫、阴道疾病。

（6）常给母羊饮用池塘、污水坑等污染的水，导致感染。

（7）冲洗子宫时使用的消毒性或腐蚀性药液浓度过大，使阴道及子宫黏膜受到损伤。

（8）某些传染病如布鲁杆菌病、寄生虫病也可引起子宫疾病。

【症状】根据症状可将子宫内膜炎分为急性子宫内膜炎、慢性卡他性子宫内膜炎、慢性卡他脓性子宫内膜炎、慢性脓性子宫内膜炎、慢性隐性子宫内膜炎、子宫积液和子宫积脓。

（1）急性子宫内膜炎：急性子宫内膜炎多因羊分娩过程中，接产人员手臂、助产器具和母羊外阴部未进行消毒或消毒不严格而被细菌感染，尤其在难产、子宫或阴道脱出、胎衣不下时发生较多。母羊全身症状表现不明显，有时体温稍有升高，食欲减退，弓背努责，常做排尿姿势。产后几日内不断从阴门排出大量白色、灰白色、黄色或茶褐色的恶臭脓液。如胎衣滞留或子宫内有腐败时，常排出带脓血、腐臭味的巧克力色分泌物。当母羊卧下时排出更多，常在其尾根及后肢关节处结痂。阴道检查有疼痛感。

（2）慢性卡他性子宫内膜炎：母羊患慢性卡他性子宫内膜炎时，子宫黏膜松软增厚，一般无全身症状，发情周期正常，但屡配不孕。阴道检查时，子宫颈口开张，子宫颈黏膜松弛、充血；阴道黏膜充血或无变化；由阴道流出白色、灰白色或浅黄色的黏稠渗出物，发情时阴道流出的渗出液明显增多，且较稀薄不透明；输精或阴道检查时，可经输精管或开膣器流出大量稀薄的黏液。

（3）慢性卡他脓性子宫内膜炎：临床较为多见，其症状与慢性卡他性子宫内膜炎相似，子宫黏膜肿胀，剧烈充血和瘀血，有脓性浸润，上皮组织变性、坏死、脱落，有时子宫黏膜有成片肉芽组织瘢痕，可能形成囊肿。病羊出现全身症状，精神不振，体温升高，食欲减退，逐渐消瘦。阴道检查时，可发现阴道及子宫颈部充血、肿胀，黏膜上有脓性分泌物。

（4）慢性脓性子宫内膜炎：经常由阴道排出灰白色、黄白色或褐色混浊黏稠的脓液，带有腥臭气味，发情时排出更多。尾根、阴门周围及后腿内侧被污染处，长时间后变成灰黄色发亮的脓包。发情周期紊乱。夏、秋季常有苍蝇随病羊飞行或爬在阴门、尾巴上。多数母羊出现体温升高、食欲减退、逐渐消瘦等全身症状。

（5）慢性隐性子宫内膜炎：子宫本身不发生形态学上的变化，平时很难从外部发现任何症状，一般也无病理变化。发情周期正常，但屡配不孕。取阴道深部分泌物，用广泛试纸进行测试，如精液浸湿的试纸 pH 值在 7.0 以下，怀疑为隐性子宫内膜炎。慢性隐性子宫内膜炎虽无明显的临床症状，但在子宫内膜炎中占比例相当高，因其无明显症状，常不被人注意。

（6）子宫积液：子宫积液是因为变性的子宫腺体分泌功能增强，分泌物增多；同时子宫颈粘连或肿胀，使子宫颈受到堵塞，子宫内的液体不能排出。有时是因每次发情时，分泌物不能及时排出，逐渐积聚起来而形成的；也有的是因子宫弛缓，收缩无力，发情时分泌的黏液滞留而造成的。病羊往往表现不发情，当子宫颈未完全阻塞时，会从阴道不定时排出稀薄的棕黄色或蛋白样分泌物。如子宫颈口完全阻塞，则见不到分泌物外流。

（7）子宫积脓：当患有慢性脓性子宫内膜炎时，子宫黏膜肿胀，子宫颈管闭塞，或子宫颈粘连而形成隔膜，脓液不能排出而在子宫内蓄留，于是就形成了子宫积脓。母羊停止发情，举尾，不断弓腰努责。阴道检查时，可发现阴道和子宫颈阴道黏膜充血肿胀。

【预防】子宫内膜炎的预防应从饲养管理着手，进行全面的预防。

（1）加强饲养管理，防止发生流产、难产、胎衣不下和子宫脱出等疾病。

（2）预防和扑灭引起流产的传染性疾病。

（3）加强产羔季节接产、助产过程的卫生消毒工作，防止子宫受到感染。

（4）抓紧治疗子宫脱出、胎衣不下及阴道炎等疾病。

【治疗】严格隔离病羊，不可与分娩的羊同群喂管；加强护理，保持羊舍的温暖清洁，饲喂富于营养而带有轻泻性的饲料，经常供给清水。

及时治疗急性子宫内膜炎，全身注射青霉素或链霉素，防止转为慢性；冲洗或灌注子宫，可用 100～200 毫升 0.1% 高锰酸钾、1%～2% 小苏打、1% 的盐水或含有 0.05% 的呋喃唑酮盐水冲洗子宫，每天 1 次或隔日 1 次。子宫内有较多分泌物时，盐水浓度可提高到 3%。促进炎性产物的排出，防止吸收中毒。并可刺激子宫内膜产生前列腺素，有利于子宫功能的恢复。如果子宫颈口关闭很紧，不能冲洗，可给子宫颈涂以 2% 碘酒，使其松弛。冲洗后灌注青霉素 40 万单位。子宫内给予抗菌药，选用广谱药物，如四环素、庆大霉素、卡那霉素、金霉素、呋喃类药物、氟哌酸、氟苯尼考等。可将抗菌药物 0.5～1 克用少量生理盐水溶解，做成溶液或混悬液，用导管注入子宫，每天 2 次。也可每天向子宫内注入 5%～10% 的呋喃唑酮混悬液 10～20 毫升；激素疗法，可用前列腺素类似物，促进炎症产物的排出和子宫功能的恢复。在子宫内有积液时，可注射雌二醇 2～4 毫克，4～6 小时后注射催产素 10～20 单位，促进炎症产物排出，配合应用抗生素治疗可收到较好的疗效。生物疗法（生物防治疗法），用人阴道中的窦得来因杆菌治疗母牛子宫内膜炎，对羊的子宫内膜炎同样可以应用。

还可用中药疗法治疗本病。

处方一：当归、红花、金银花各 30 克，益母草、淫羊藿各 45 克，苦参、黄芩各 30 克，三棱、莪术各 30 克，斑蝥 7 个，青皮 30 克。水煎灌服，每天 1 剂；轻者连用 3～5 剂，重者 5～7 剂。适用于膘情较好的母羊各种子宫内膜炎。

处方二：土白术 60 克，苍术 50 克，山药 60 克，陈皮 30 克，酒车前 25 克，荆芥炭 25 克，酒白芍 30 克，党参 60 克，柴胡 25 克，甘草 20 克。黄油 250 毫升为引；水煎服，每天 1 剂，连用 2～3 剂。

加减：湿热型去党参。加忍冬藤 80 克，蒲公英 60 克，椿树根皮 60 克；寒湿型加白芷 30 克，艾叶 20 克，附子 30 克，肉桂 25 克；白带日久兼有肾虚者去柴胡、车前子，加韭菜子 20 克，乌贼骨 40 克，覆盆子 50 克及菟丝子 50 克。

急慢性阴道炎、子宫颈炎和急慢性卡他性子宫内膜炎可用此方。

处方三：当归 60 克，赤芍 40 克，香附 40 克，益母草 60 克，丹参 40 克，桃仁 40 克，青皮 30 克。水煎灌服，每天 1 剂，连用 2～3 剂。

加减：肾虚者加桑寄生 40 克，川断 40 克，或加狗脊 40 克，杜仲 30 克；白带多者加茯苓 40 克，海螵蛸 40 克，或加车前子 30 克，白芷 25 克；卵巢有囊肿或黄体者加三棱 25 克，莪术 25 克；有寒症者加小茴香 30 克，乌药 40 克；体质弱者加党参 60 克，黄芩 60 克。

慢性卡他性脓性和慢性脓性子宫内膜炎可用此方。

处方四：当归 40 克，川芎 30 克，白芍 30 克，熟地 30 克，红花 40 克，桃仁 30 克，苍术 40 克，茯苓 40 克，元胡 30 克，白术 40 克，甘草 20 克。水煎服，用 1～2 剂。

慢性子宫内膜炎已基本治愈，但子宫冲洗导出液中仍含有点状或细丝状物时可用此方。

（七）乳房炎

母羊患乳房炎，常由于哺乳前期及泌乳期，没有对乳头做好清洗消毒工作，或因羊羔吸乳时损伤了乳头及乳头孔堵塞，乳汁瘀结而变质，细菌便由乳头上的小伤口通过乳腺管侵入乳腺小叶，或经过淋巴侵入乳腺小叶的间隙组织而造成急性炎症。

【病因】本病多因挤乳方法不妥而损伤乳头、乳体腺，放牧、舍饲时划破乳房皮肤，病菌通过乳孔或伤口感染；母羊护理不当、环境卫生不良给病菌侵入乳房创造了条件。病菌主要有葡萄球菌、链球菌和肠道杆菌等。某些传染病如口蹄疫、放线菌病也可引起乳房炎。本病以产奶量高和经产的舍饲羊多发。

【症状】患侧乳房疼痛，发炎部位红肿变硬并有压痛，乳汁色黄甚至血红色，以后形成脓肿，时间愈久则乳腺小叶的损坏就愈多。贻误治疗的乳房脓肿，最后穿破皮肤而流脓，创口经久不愈，导致母羊终身失去产乳能力（彩图9.27、彩图9.28）。

【治疗】病初向乳房内注入抗生素效果好，在挤乳后将消毒过的乳导管轻插进乳头孔内，用青霉素40万单位，链霉素0.5克，溶于5毫升注射用水中注入。注后轻揉乳房腺体部，使药液均匀分布其中。也可采用青霉素普鲁卡因封闭疗法，在乳房基部多点注入药液，进行封闭治疗。为促进吸收，先冷敷2～3天，然后进行热敷，可用10%硫酸镁水溶液1 000毫升，加热至45℃左右，每天热敷1～2次，连用4次。对于化脓性乳房炎，应排脓后再用3%过氧化氢或0.1%高锰酸钾水冲洗，消毒脓腔，再以0.1%～0.2%雷佛奴尔纱布引流。同时以抗生素做全身治疗。

【预防】

（1）注意保持乳房的清洁卫生。母羊哺乳及泌乳期，乳房肿胀，加上产羔7～15天内阴道常有恶露排出，极容易感染疾病。因此，应特别注意保持乳房的清洁卫生，经常用肥皂水和温清水擦洗乳房，保持乳头和乳晕的皮肤清洁柔韧，羊圈舍要勤换垫土并经常打扫，保持圈舍地面清洁干燥，防止羊躺卧在泥污和粪尿上。羊羔吸乳损伤了乳头，暂停哺乳2~3天，将乳汁挤出后喂羊羔，局部贴创可贴或涂紫药水，能迅速治愈。

（2）坚持按摩乳房。在母羊哺乳及泌乳期，每日轻揉按摩乳房1~2次，随即挤净乳头孔及乳房瘀汁，激活乳腺产乳和排乳的新陈代谢过程，消除隐性乳房炎的隐患。

（3）增加挤奶次数。羊患乳房炎与每日挤奶次数少，乳房乳汁聚集滞留时间长，造成乳房内压及负荷量加重密切相关。因此，改变传统的每日挤奶1次为2~3次，这既可提高2%~3%产奶量，又减轻了乳房的内压及负荷量，可有效防止乳汁凝结引发乳房炎。

（4）及时做好羊舍的防暑降温工作。夏季炎热，羊常因舍内通风不良中暑热应激引发乳房炎等疾病。因此，要及时搭盖宽敞、隔热通风的凉棚，保持圈舍通风凉爽，中午高温时要喷洒凉水降温。供给羊充足清洁的饮水，并加入适量食盐，以补充体液，增加羊体排泄量，有利于清解里热，降低血液及乳汁的黏稠度。经常给羊挑喂蒲公英、紫花地丁、薄荷等清凉草药，可清热泻火，凉血解毒，防治乳房炎。

时常检查乳房的健康状况，发现乳汁色黄，乳房有结块，即可采取以下治疗措施：

患部敷药。用50℃的热水，将毛巾蘸湿，上面撒适量硫酸镁粉，外敷患部。亦可用鱼石脂软膏或中药芒硝200克，调水外敷，可渗透软化皮下细胞组织，活血化瘀，消肿散结。

通乳散结。羊患乳房炎，乳腺肿胀，乳汁黏稠瘀结很难挤出，可在局部外敷的同时，采取以下措施散瘀通乳：①给羊多饮0.02%高锰酸钾溶液水，可稀释乳汁的黏稠度，使乳汁变稀，易于挤出。并能消毒防腐，净化乳腺组织。②注射垂体后叶素10国际单位。③增加挤奶次数，急性期每小时挤奶1次，最多2小时挤奶 1 次，可边挤边由下而上地按摩乳房，用手指不住地揉捏乳房凝块处，直至挤净瘀汁，肿块消失。

挤净乳房瘀汁后，将青霉素 80 万单位，用生理盐水 5 毫升稀释后，从乳头孔注入乳房内，杀灭致病细菌。

为增加疗效，抗生素应联合 2 种以上药品。青霉素与氨苄西林联合注射，青霉素 1 次 160 万单位，氨苄西林 1 次 1 克，用 0.2% 利多卡因 5 毫升稀释后，加地塞米松 10 毫克，1 日 2 ~ 3 次，连续注射，直到痊愈。

六、羊其他常见病防治技术

（一）腐蹄病

【病原】病原为坏死杆菌，属于厌氧菌，广泛存在于土壤和粪便中，低湿条件适于其生存。抵抗力较弱，一般消毒药 10 ~ 20 分钟即可将其杀死。

【传染途径】细菌多通过损伤的皮肤侵入机体。常发于湿热的多雨季节。

【症状】主要表现为跛行。检查蹄部时见蹄间隙、蹄踵和蹄冠红肿、发热，有疼痛反应，以后溃烂，挤压有恶臭脓液流出。

【诊断】一般根据临床症状（发生部位、坏死组织的恶臭味）和流行特点，即可做出诊断。

【预防】加强蹄子护理，经常修蹄，以免蹄伤；注意夏季圈舍卫生，定期消毒；定期用 10% 福尔马林溶液进行蹄浴。

【治疗】除去患部坏死组织，到出现干净创面时，用食醋、4% 醋酸、1% 高锰酸钾、3% 来苏儿或双氧水冲洗，再用 30% 硫酸铜或 6% 福尔马林进行蹄浴。若脓肿部分未破，应切开排脓，然后用 1% 高锰酸钾洗涤，再涂擦浓福尔马林或撒以高锰酸钾粉。对于严重的病羊，在局部用药的同时，应全身使用磺胺类药物或抗生素。

（二）感冒

本病主要是由于对羊只管理不当，因寒冷的突然袭击所致。如厩舍条件差，羊只在寒冷的天气突然外出放牧或露宿，或出汗后拴在潮湿阴凉有过堂风的地方等。病羊精神不振，头低耳耷，初期皮温不均，耳尖、鼻端和四肢末端发凉，继而体温升高，呼吸、脉搏加快。鼻黏膜充血、肿胀，鼻塞不通，初流清鼻，鼻黏膜发痒不断喷鼻，并在墙壁、饲槽擦鼻止痒。食欲减退或废绝，反刍减少或停止，鼻镜干燥，肠音不整或减弱，粪便干燥。

治疗以解热镇痛、祛风散寒为主。

（1）肌内注射复方氨基比林 5～10 毫升，或 30% 安乃近 5～10 毫升，或复方奎宁、百尔定、穿心莲、柴胡、鱼腥草等注射液。

（2）为防止继发感染，可与抗生素药物同时应用。复方氨基比林 10 毫升、青霉素 160 万单位、硫酸链霉素 50 万单位，加蒸馏水 10 毫升，分别肌内注射，日注 2 次。当病情严重时，也可静脉注射 4 支青霉素（160 万单位），同时配以皮质激素类药物，如地塞米松等治疗。

（3）感冒通 2 片，一日 3 次内服。

（三）公羊睾丸炎

主要是由损伤和感染引起的各种急性和慢性睾丸炎症。

【病因】

（1）由损伤引起感染：常见损伤为打击、啃咬、蹴踢、尖锐硬物刺伤和撕裂伤等，继之由葡萄球菌、链球菌和化脓棒状杆菌等引起感染，多见于一侧，外伤引起的睾丸炎常并发睾丸周围炎。

（2）血行感染：某些全身感染如布鲁杆菌病、结核病、放线菌病、鼻疽、腺疫沙门杆菌病、乙型脑炎等可通过血行感染引起睾丸炎症。另外，衣原体、支原体、脲原体和某些疱疹病毒也可以经血流引起睾丸感染。在布鲁杆菌病流行地区，布鲁杆菌感染可能是睾丸炎最主要的原因。

（3）炎症蔓延：睾丸附近组织或鞘膜炎症蔓延；副性腺细菌感染沿输精管道蔓延均可引起睾丸炎症。附睾和睾丸紧密相连，常同时感染或互相继发感染。

【症状】

（1）急性睾丸炎睾丸肿大、发热、疼痛；阴囊发亮；公羊站立时拱背、后肢广踏、步态拘强，拒绝爬跨；触诊可发现睾丸紧张、鞘膜腔内有积液、精索变粗，有压痛（彩图9.29）。病情严重者体温升高、呼吸浅表、脉频、精神沉郁、食欲减少。并发化脓感染者，局部和全身症状加剧。在个别病例，脓汁可沿鞘膜管上行入腹腔，引起弥漫性化脓性腹膜炎。

（2）慢性睾丸炎睾丸不表现明显热痛症状，睾丸组织纤维变性、弹性消失、硬化、变小，产生精子的能力逐渐降低或消失。

【病理变化】炎症引起的体温增加和局部组织温度增高以及病原微生物释放的毒素和组织分解产物都可以造成生精上皮的直接损伤。

【预防】①建立合理的饲养管理制度，使公羊营养适当，不要交配过度，尤其要保证足够的运动；②对布鲁杆菌病定期检疫，并采取检疫规定的相应措施。

【治疗和预后】急性睾丸炎病羊应停止使用，安静休息；早期（24小时内）可冷敷，后期可温敷，加强血液循环使炎症渗出物消散；局部涂擦鱼石脂软膏、复方醋酸铅散；阴囊可用绷带吊起；全身使用抗生素药物；局部可在精索区注射盐酸普鲁卡因青霉素溶液（2%盐酸普鲁卡因20毫升，青霉素80万单位），隔日注射1次。

无种用价值者可去势。单侧睾丸感染而欲保留种用者，可考虑尽早将患侧睾丸摘除；已形成脓肿摘除有困难者，可从阴囊底部切开排脓。

由传染病引起的睾丸炎，应首先考虑治疗原发病。

睾丸炎预后视炎症严重程度和病程长短而定。急性炎症病例由于高温和压力的影响可使生精上皮变性，长期炎症可使生精上皮的变性不可逆转，睾丸实质可能坏死、化脓。转为慢性经过者，睾丸常呈纤维变性、萎缩、硬化，生育力降低或丧失。

（四）绵羊妊娠毒血症

绵羊妊娠毒血症是怀孕末期母羊由于碳水化合物和挥发性脂肪酸代谢障碍而发生的亚急性代谢病，以低血糖、酮血症、酮尿症、虚弱和失明为主要特征，主要发生于怀双羔或三羔的羊。在5~6岁的绵羊比较多见，主要临床表现为精神沉郁，食欲减退，运动失调，呆滞凝视，卧地不起，甚至昏迷、死亡等症状，给养殖户造成一定经济损失，该病主要发生于妊娠最后一个月，分娩前10~20天多发，发病后1天内即可死亡，死亡率可达70%~100%。

【病因】多种情况均能引起此病的发生。

（1）营养不足的羊患病的占多数。营养丰富的羊也可以患病，但一般在症状出现以前，体重有减轻现象，胎儿消耗大量营养物质，不能按比例增加营养。饲养管理不善，造成饲料单一，维生素及矿物质缺乏。冬草储备不足，母羊因饥饿而造成身体消瘦。孕羊因患其他疾病影响，食欲废绝。由于喂给精饲料过多，特别是在缺乏粗饲料的情况下饲喂含蛋白质和脂肪过多的精饲料时，更容易发病。

（2）气温过低，母羊免疫力下降等原因都可以导致该病发生。天气不好，舍饲多而运动不足。经常发生于小群绵羊，草原上放牧的大群羊不发病。

【症状】由于血糖降低，表现脑抑制状态，很像乳热病的症状。病初见离群孤立。当放牧或运动时常落于群后。表现为食欲减退，不喜走动，精神不振，离群呆立或卧地不起（彩图9.30），呼出气体有丙酮味。显出神经症状，特别迟钝或易于兴奋。

【病理变化】尸体非常消瘦，剖检时没有显著变化。病死的母羊，子宫内常有数个胎儿，肾脏灰白而软。主要变化为肝、肾及肾上腺脂肪变性。心脏扩张。肝脏高度肿大，边缘钝，质脆，由于脂肪浸润，肝脏常变厚而呈土黄色或柠檬黄色，切面稍外翻，胆囊肿大，瘀积胆汁，胆汁为黄绿色水样。肾脏肿大，包膜极易剥离，切面外翻，皮质部为土黄色，满布小红点（为扩张的肾小体），髓质部为棕红色，有放射状红色条纹。肾上腺肿大，皮质部质脆，呈土黄色，髓质部为紫红色。

【诊断】首先应了解绵羊的饲养管理条件及是否妊娠，再根据特殊的临床症状和剖检变化做出初步诊断。根据实验室检查血、尿、奶中的酮体、丙酮酸、血糖和血蛋白来确诊。

实验室检查时，血、尿、奶中的酮体和丙酮酸增高，以及血糖和血蛋白降低。血中酮体增高至 7.25 ~ 8.70 毫摩/升或更高（高酮血症）；血糖降低到 1.74 ~ 2.75 毫摩/升（低血糖症）；而正常值为 3.36 ~ 5.04 毫摩/升。病羊血液蛋白水平下降到 4.65 克/升（血蛋白过少症）。呼出的气体有一种带甜味的氯仿气味，当把新鲜奶或尿加热到蒸气形成时，氯仿气味更为明显。

【预防】加强饲养管理，合理地配合日粮，尽量防止日粮成分的突然变化。在怀孕的前 2 ~ 3 个月，不要让其体重增加太多。2 ~ 3 个月以后，可逐渐增加营养。直到产羔以前，都应保持良好的饲养条件。如果没有青贮料和放牧地，应尽量争取喂给豆科干草。在怀孕的最后 1 ~ 2 个月，应喂给精饲料。喂量根据体况而定，从产前 2 个月开始，每天喂给 100 ~ 150 克，以后逐渐增加，到临分娩之前达到 0.5 ~ 1 千克/天。肥羊应该减少喂料。

在羊怀孕期内不要突然改变饲养习惯。饲养必须有规律，尤其在怀孕后期，当天气突然变化时更要注意。一定要保证运动，每天应进行放牧或运动2小时左右，至少应强迫行走250米。当羊群中已出现发病情况时，应给孕羊普遍补喂多汁饲料、小米汤、糖浆及多纤维的粗草，并供给足量饮水。必要时还可加喂少量葡萄糖。

【治疗】绵羊妊娠毒血症发病较急，征兆不明显，死亡率高，冬、春季节母羊分娩时期是该病的高发期，该病发病原因复杂，治疗效果不佳，无特效药，建议养殖期间，加强饲养管理，增强营养，平衡营养水平，使用暖圈饲养技术，以提高母体免疫力。

（1）首先给予饲养性治疗，停喂富含蛋白质及脂肪的精饲料，增加碳水化合物饲料，如青草、块根及优质干草等。

（2）加强运动，对于肥胖的母羊，在病的初期驱赶运动，使身体变瘦，可以见效。

（3）大量供糖，给饮水中加入蔗糖、葡萄糖或糖浆，每天重复饮用，连给4~5天，可使羊逐渐恢复健康。水中加糖的浓度可按20%~30%计算。

为了见效快，可以静脉注射20%~50%葡萄糖溶液，每天2次，每次80~100毫升。只要肝、肾没有发生严重的结构变化，用高糖疗法都是有效的。

（4）克服酸中毒可以给予碳酸氢钠，口服、灌肠或静脉注射。

（5）服用甘油，根据体重不同每次用20~30毫升，直到痊愈为止。一般服用1~2次就可获得显著效果。

（6）注射可的松或促皮质素：醋酸可的松或氢化可的松为10~20毫克。前者肌内注射，后者静脉注射（用前混入25倍的5%葡萄糖或生理盐水中）。也可肌内注射促皮质素40单位。

（7）人工流产。因怀孕末期的病例分娩以后往往可以自然恢复健康，故人工流产同样有效。方法是用开膣器打开阴道，给子宫颈口或阴道前部放置纱布块。也可施行剖腹产术。

参考文献

[1] 权凯. 肉羊标准化生产技术. 北京：金盾出版社，2011.

[2] 赵兴绪. 兽医产科学. 4版. 北京：中国农业出版社，2010.

[3] 权凯. 农区肉羊场规划和建设. 北京：金盾出版社，2010.

[4] 王建辰，曹光荣. 羊病学. 北京：中国农业出版社，2002.

[5] 权凯. 牛羊人工授精技术图解. 北京：金盾出版社，2009.

[6] 张英杰. 羊生产学. 北京：中国农业大学出版社，2010.

[7] 权凯. 羊繁殖障碍病防治关键技术. 郑州：中原农民出版社，2007.

[8] 赵有璋. 羊生产学. 北京：中国农业出版社，2002.

[9] 赵有璋. 中国肉羊产业现状及发展建议. 新农业，2009，03：8-11.

[10] 王兆丹，魏益民，郭波莉，等. 中国肉羊产业的现状与发展趋势分析. 中国畜牧杂志，2009，10：19-23.

[11] 夏晓平，李秉龙，隋艳颖. 中国肉羊生产的区域优势分析与政策建议. 农业现代化研究，2009，06：719-723.

彩图3.1　小尾寒羊母羊

彩图3.2　小尾寒羊公羊

彩图3.3　湖羊

彩图3.4　白头杜泊羊公羊

彩图3.5　白头杜泊羊母羊

彩图3.6　黑头杜泊羊母羊

彩图 3.7 黑头杜泊羊公羊

彩图 3.8 东弗里生羊头型

彩图 3.9 东弗里生羊后躯

彩图 3.10 白头萨福克公羊

彩图 3.11 黑头萨福克公羊

彩图 3.12 特克赛尔羊

彩图 3.13　特克赛尔羊公羊

彩图 3.14　美利奴公羊

彩图 3.15　美利奴母羊

彩图 3.16　无角陶赛特羊

彩图 3.17　波尔山羊公羊

彩图 3.18　波尔山羊母羊

彩图3.19　黄淮山羊公羊　　　　　彩图3.20　黄淮山羊母羊

彩图3.21　南江黄羊公羊　　　　　彩图3.22　南江黄羊母羊

彩图3.23　努比亚山羊　　　　　　彩图3.24　马头山羊

彩图 3. 25　萨能奶山羊母羊　　　　彩图 3. 26　萨能奶山羊公羊

彩图 4.1　山羊发情症状

彩图4.2　绵羊发情时外阴红肿

彩图9.1　羔羊痢疾

彩图9.2　羔羊痢疾（黄色）

彩图9.3　羔羊佝偻病

彩图9.4　羔羊白肌病

彩图9.5　破伤风

彩图9.6　羊痘症状

彩图9.7　羊痘局部特征

彩图9.8　布病引起的流产

彩图9.9　肺部病变

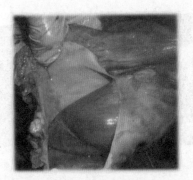

彩图 9.10 胸膜炎症状

彩图 9.11 蓝舌病

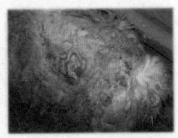

彩图 9.12 羊口疮　　　　彩图 9.13 羊疥螨

彩图9.14　羊局部疥螨感染

彩图9.15　羊捻转血矛线虫

彩图9.16　寄生虫性顽固性拉稀

彩图9.17　粪便中的绦虫节片

彩图9.18　血液寄生虫引起的消瘦，淋巴肿胀

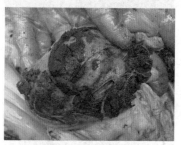

彩图9.20　瓣胃干结阻塞

彩图9.21 瘤胃酸中毒症状

彩图9.22 难产

彩图9.23 羊的助产

彩图9.24 羊的剖腹产

彩图9.25 胎衣不下

彩图9.26 产后瘫痪

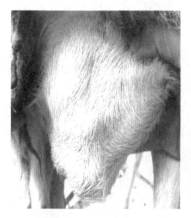

彩图9.27　乳房硬块

彩图9.28　乳房肿胀

彩图9.29　公羊睾丸炎

彩图9.30　绵羊妊娠毒血症